넘버스

THE NUMBERS BEHIND NUMB3RS

Copyright © Keith Devlin and Gary Lorden, 2007
All rights reserved

Korean translation copyright © 2017 by Korean translation rights arranged with
Ted Weinstein Literary Management through EYA (Eric Yang Agency).

이 책의 한국어판 저작권은 EYA (Eric Yang Agency)를 통한
Ted Weinstein Literary Management 사와의 독점계약으로
'바다출판사'가 소유합니다. 저작권법에 의하여 한국 내에서 보호를 받는 저작물이므로
무단전재 및 복제를 금합니다.

넘버스
NUMB3RS™

미드로 보는 수학 프로파일링

키스 데블린·게리 로든 지음
정경훈 옮김

바다출판사

머리말

수학자가 주인공이라고?

2005년 1월 23일 〈넘버스NUMB3RS〉라는 이름의 새로운 텔레비전 범죄 드라마가 첫선을 보였다. 닉 팔라치Nick Falacci와 셰릴 휴턴Cheryl Heuton[1] 부부가 창안한 이 시리즈는 파라마운트 네트워크 텔레비전사가 제작했으며, 〈에일리언〉〈탑건〉〈글래디에이터〉 등의 영화를 제작한 할리우드의 베테랑인 리들리 스콧과 토니 스콧 형제가 호평했다. 〈넘버스〉는 방영 기간 동안 금요일 저녁 동시간대에서 가장 많이 시청한 시리즈였으며 늘 경쟁자들을 물리쳤다.

많은 사람들은 이 드라마의 두 주인공 중 한 명이 수학자라는 점 그리고 찰리 엡스Charlie Eppes가 강력한 기술을 이용하여 자신의 형인 FBI 요원 돈 엡스Don Eppes를 도와 범인을 가

---

[1] 방송국에서 맨 처음에 내세운 제작자는 토니 스콧과 리들리 스콧 형제였으나, 실제 제작은 이들 부부가 담당했다. 부부는 〈넘버스〉를 제작하여 대중의 과학 이해를 증진한 공로로 2005년 칼 세이건 상을 공동수상했다. (옮긴이 주)

려내고 잡게 하면서 사건의 상당수가 수학을 중심으로 돌아간다는 사실에 놀랐다. 하지만 많은 시청자들과 다수의 비평가들은 줄거리는 재미있지만, 기본 전제는 믿기지 않는다고 말했다. 수학을 이용해서 범죄를 해결할 수는 없다고들 말이다. 이 책은 그들이 틀렸음을 입증할 것이다. 수학을 이용하여 범죄를 해결할 수 있으며, 사법기관 요원들은 그렇게(물론 항상 그렇지는 않지만, 범죄와의 끝나지 않는 전쟁에서 수학을 강력한 무기로 삼을 정도로 충분히 자주) 이용하고 있다. 1장에서 다루겠지만, 사실 이 시리즈의 첫 번째 에피소드는 실제 사건과 매우 가까운 이야기에 기초하고 있다.

이 책은 현재 경찰, CIA, FBI가 쓸 수 있는 주요 수학적 기법 몇 가지를 비전문적인 방식으로 설명하고자 한다. 이들 방법 대부분은 〈넘버스〉 에피소드 중에 언급되었으므로, 공중파에서 다룬 것과 관련해 설명하는 일이 많을 것이다. 하지만 우리의 초점은 수학적 기술에 맞춰져 있으며, 어떻게 사법기관에서 이것을 이용할 수 있는지에 맞춰져 있다. 이와 더불어 TV 시리즈에서는 (적어도 직접적으로) 사용되지 않았더라도, 범죄를 해결하는 데 수학이 역할을 맡은 실제 사건 몇 가지도 이야기할 것이다.

여러 가지 면에서 〈넘버스〉는 올바른 물리학이나 화학에 근거한 훌륭한 과학소설과 유사하다. 매주 〈넘버스〉가 제공하는 드라마의 전개 과정에서 현실의 수학이 중요한 역할을 했다.

〈넘버스〉의 제작자들은 대본에 쓰인 수학이 옳은지, 시청자가 보게 될 응용이 실제로 가능한 것인지 확인하는 데 대단한 노력을 기울였다. 비록 시청자들이 보는 몇몇 사건은 허구지만 실제로 일어날 수 있으며, 일어날 가능성이 높은 것들도 상당수 있다. 다만 TV 시리즈에는 극적인 장치가 몇 가지 허용되지만, 이 책에서는 그렇지 않다. 여러분은 이 책을 통해 범죄와 싸우며 범죄자들을 잡는 데 실제로 수학이 이용될 수 있고, 이용되고 있음을 알게 될 것이다.

감사의 말

우리 저자들은 텔레비전 사상 최초의 수학자 슈퍼히어로인 찰리 엡스를 창조해내고, 텔레비전의 황금시간대에 수학을 훌륭하게 표현해준 〈넘버스〉의 제작자 셰릴 휴턴과 닉 팔라치에게 감사를 표하고 싶다. 이들의 노력에 작가, 배우, 프로듀서, 감독, 전공자들로 이루어진 빛나는 팀이 더해져 우리가 이 책을 쓸 수 있게 고취시켰다. 재능 있는 배우 데이비드 크럼홀츠David Krumholtz는 찰리를 생기 있게 만들어서, 수백만 명에게 완전히 새로운 시각으로 수학을 보게 만들었고 수학이 불멸의 사랑을 받게 했다. 끝없는 수학의 응용을 제시하여 작가들의 꿈이 이루어지게 하는 훌륭한 일을 해낸 〈넘버스〉의 자료조사자 앤디 블랙Andy Black과 매트 콜로코프Matt Kolokov에게도 감사한다.

또한 코그니테크Cognitech 사의 수학자 레니 루딘Lenny Rudin 박사에게 특별한 감사를 표하고 싶다. 영상 화질 개선에 관한 세계 정상급 전문가인 그는 이 책의 5장을 쓰는 데 많은 도움을 주었으며, 그 장에 나온 이미지를 제공해주었다.

마지막으로 우리의 대리인 테드 와인스타인Ted Weinstein은 플룸 사의 뛰어난 출판인 데이비드 캐션David Cashion을 찾아주었다. 우리는 이 책이 수학책이지만 가능한 한 독자에게 쉽게 보이도록 쓰려고 노력했다. 우리의 초고를 좀 더 독자 친화적으로 탈바꿈시켜준 그들의 지칠 줄 모르는 노고에 감사한다.

키스 데블린, 캘리포니아 주 팰러앨토
게리 로든, 캘리포니아 주 패서디나

차례

머리말 수학자가 주인공이라고?   5
감사의 말   8

01 핫존 찾기_연쇄범죄의 지리적 프로파일링   14
스프링클러의 수학 | 사실인가 허구인가? | 로스모 공식의 의미

02 죽음의 천사_기초 통계학으로 범죄와 싸우기   35
야간병동의 수상한 죽음들 | 두 가지 종류의 통계학 | 가설검정의 놀라운 결과 | 그러나 통계가 결정적 증거는 아니다 | 통계의 함정 | 편향성을 어떻게 판단할 것인가?

03 데이터 마이닝   55
다량의 정보 속에서 의미 있는 패턴 찾기 | 인간 두뇌와 컴퓨터의 협업 | 연결고리 분석 | 기하학적 군집화 | 소프트웨어 에이전트 | 기계학습 | 신경망 | 신경망 훈련시키기 | 신경망을 이용한 범죄 데이터 마이닝 | 나, 저 얼굴 알아―신경망을 이용한 안면 인식 시스템 | 의심스러운 다자간 통화 추적하기 | 〈넘버스〉에서 선보인 또 다른 데이터 마이닝

04 변화의 조짐은 언제 처음 나타나는가?   98

야구 통계학의 천재 | 변화시점 탐지 | 생산라인 감시하기 | 수학, 행동을 취하다 | 생물학적 공격을 어떻게 조기에 발견할 것인가

05 화질 개선의 수학   117

LA 폭동과 레지널드 데니 폭행 사건 | 장미 문신 식별하기 | 눈으로 볼 수 없는 것을 수학으로 재구성하기 | 이미지 화질 개선의 원리 | 비디오 영상의 화질 개선 | 사진은 생각보다 많은 것을 말해준다

06 미래 예측하기   139

수많은 목격 신고 중 무엇이 진실일까 | 수학으로 미래 예측하기 | 수학은 어떻게 펜타곤에 대한 9/11 공격을 예측했나 | 테러 위험을 예측하는 위치 프로파일러 | 베이즈의 확률 계산법 | 예제: 가상의 뺑소니 사건 | 찰리는 탈출한 살인범을 어떻게 추적했을까

07 DNA 프로파일링   158

미국 정부 대 레이먼드 젱킨스 사건 | 유전자 일치를 판단하는 방법 | FBI의 코디스 시스템 | 다시 젱킨스 사건으로 | DNA 프로파일링의 수학 | DNA 증거는 얼마나 신뢰할 수 있는가 | 콜드히트 검색의 문제점 | NRC I과 NRC II | DNA 프로파일이 우연히 일치할 확률

08 암호의 제작과 해독 186

리만 가설의 해법 | www.cybercrime.gov | 암호체계의 간략한 역사 | 소수를 이용한 공개키 암호 | 전자문서와 디지털 서명 | 무엇이 암호를 안전하게 지켜주는가

09 지문 증거는 얼마나 믿을 만한가? 214

엉뚱한 사람이라고? | 지문이라는 신화 | 전문가는 어떻게 지문을 '대조'하는가 | 지문 전문가 대 수학자 | FBI의 지문 실패 사례: 브랜든 메이필드 사건 | 지문 감식에서 수학자가 하는 일은 무엇인가 | 디지털 지문 만들기

10 점 잇기의 수학 237

사회연결망 분석하기 | 새로운 종류의 전쟁, 새로운 종류의 수학 | 9/11을 통한 사례 연구 | 그래프 이론과 세 가지 중요성 척도 | 무작위 그래프: 거대 연결망을 이해하는 유용한 도구 | 여섯 단계의 분리: '작은 세계' 현상 | 점 잇기의 성공 사례

11 게임이론과 위험분석 262

죄수의 딜레마 | 수학자들이 게임을 정의하는 방법 | 협력의 메커니즘 | 위험평가와 최선의 전략 | 현실 세계에서의 대 테러 위험분석 | 컨테이너 속 핵무기를 찾는 최적의 방법 | 항공기 승객 사전심사 시스템 | MIT 학생 두 명이 찾아낸 시스템의 허점

12 법정에 선 수학   297

말총머리 금발의 날치기 사건 | 증거로서의 수학 대 마법으로서의 수학 | 검찰 측의 확률 계산은 왜 틀렸는가 | 19세기의 유명 수학자가 위조를 설명하다 | 배심원 선정에서 수학은 어떻게 활용되는가 | 배심원 프로파일링

13 카지노에서의 수 싸움_수학을 이용하여 시스템 깨기   326

카드를 세는 사람들 | 블랙잭의 비대칭적 규칙 | 수학자의 비밀 무기-카드 카운팅 | 로든의 이야기: 도박꾼이 파산하지 않을 수 있을까 | 조를 짜서 카지노와 겨루다 | 수학자들이 플레이하는 게임 | 다시 로든의 이야기: 캘리포니아 공대생들이 카지노와 겨루다

부록 〈넘버스〉 첫 세 시즌의 수학적 시놉시스   351

    〈넘버스〉의 주요 등장인물   390

옮긴이의 말   395

01 핫존 찾기
연쇄범죄의 지리적 프로파일링

스프링클러의 수학

미국연방수사국FBI 특수요원 돈 엡스는 아버지의 집 거실 탁자에 펼쳐놓은 로스앤젤레스 시가의 대형 지도를 다시 들여다본다. 지도에 가위표로 표시한 곳은 지난 몇 달 동안 잔인한 연쇄살인범이 많은 젊은 여성들을 폭행하고 강간한 뒤 살해한 장소를 보여주고 있다. 살인범이 다시 범행을 저지르기 전에 붙잡는 것이 돈의 임무다. 하지만 수사는 정체돼 있다. 돈에게는 단서가 없으며 어떻게 해야 할지 모른다.

"내가 도와줄까?" 돈의 동생이며 근처 칼사이CalSci 대학[1] 수학과의 젊고 뛰어난 교수인 찰리의 목소리다. 돈은 항상 동생의 놀라운 수학적 능력에 감탄해왔고, 솔직히 어떤 도움이든 받을 수 있다면 환영할 일이다. 하지만…… 수학자가 도와준다고?

"수와 관련 있는 사건이 아니야, 찰리." 분노보다는 좌절감에서 돈의 목소리에는 날이 서 있지만, 찰리는 눈치 채지 못한 듯 지극히 사무적이면서도 고집스레 대답한다. "모든 건 수야."

돈은 납득하지 못한다. 물론 수학이 패턴에 관한 모든 것, 즉 패턴을 식별하고 분석하고 예측하는 것이라는 찰리의 말을 종종 듣기는 했다. 하지만 굳이 수학 천재가 아니라도 지도 위의 가위표들이 마구잡이로 흩어져 있다는 것쯤은 알 수 있다. 패턴은 없으며, 어느 누구도 다음 번 가위표가 어디로 향할지, 다음 번 젊은 여성이 공격당할 정확한 장소가 어디일지 예측할 수 있는 방법은 없다. 어쩌면 바로 오늘밤 범행이 일어날지도 모를 일이다. 가위표의 배열에 모종의 규칙성이 있어야, 돈이 학창시절에 배운 방정식 $x^2+y^2=9$가 원을 그리듯 어떤 수학 방정식으로 패턴을 포착할 수 있을 것이다.

지도를 들여다본 찰리조차 살인범이 다음에 어디에서 범행을 저지를지 수학을 이용하여 예측할 방법은 없다는 데 동의할 수밖에 없다. 찰리는 거실을 거닐다 창문 너머로 마당을 쳐다본

---

1 드라마에서 로스앤젤레스 패서디나 지역에 존재하는 것으로 설정돼 있는 가상의 대학교. 캘리포니아 공대CalTech를 모형으로 했다. (옮긴이 주)

다. 잔디밭에 자동으로 물을 흩뿌리는 스프링클러가 끊임없이 내는 탓탓탓탓탓탓탓 소리만이 밤의 정적을 깨고 있다. 찰리의 눈은 스프링클러를 보고 있지만, 마음은 멀리 떨어진 곳에 있다. 어쩌면 형의 말이 옳을지 모른다. 대부분의 사람들이 깨닫는 것보다 훨씬 많은 것들에 수학을 이용할 수 있다. 하지만 수학을 이용하기 위해서는 모종의 패턴이 있어야 한다.

탓탓탓탓탓탓. 스프링클러는 계속 자기 일을 한다. 뉴욕의 뛰어난 수학자는 심장의 작동방식 연구에 수학을 이용하여, 환자가 심장 발작을 일으키기 전에 의사들이 심박에서 미세한 불규칙성을 찾아낼 수 있게 도움을 주었다.

탓탓탓탓탓탓. 은행에서 신용카드 구매내역을 추적하여 신분 도용이나 도난 카드임을 가리키는 갑작스런 패턴 변화를 찾아내는 데 활용하는 수학 기반의 컴퓨터 프로그램도 많이 있다.

탓탓탓탓탓탓. 뛰어난 수학 알고리듬이 없었다면 찰리의 주머니에 든 휴대전화는 두 배는 더 크고 훨씬 무거웠을 것이다.

탓탓탓탓탓탓. 사실 현대생활에서 수학에 (종종 결정적으로) 의존하지 않는 영역은 거의 없다. 하지만 패턴이 있어야 하며, 그렇지 않으면 수학을 시작할 수 없다.

탓탓탓탓탓탓. 그제야 처음으로 찰리는 스프링클러를 알아채고 갑자기 해야 할 일을 깨닫는다. 답을 얻은 것이다. 형이 사건을 해결하도록 도울 수 있으며, 해답은 줄곧 눈앞에서 자신을 바라보고 있었다. 다만 깨닫지 못했을 뿐이다.

찰리는 돈을 창문 쪽으로 데려오며 말한다. "우리는 엉뚱한 질문을 하고 있었어. 우리가 아는 것으로는 살인자가 다음에 어디에서 범행을 저지를지 예측할 방법은 없어." 찰리는 스프링클러를 가리킨다. "마치 각각의 물방울이 잔디밭 어디에 튀는지 아무리 많이 연구하더라도 다음 번 물방울이 어디에 떨어질지 예측할 방법은 없는 것처럼 말이야. 불확실성이 너무 많거든." 찰리는 형이 자기 말을 듣고 있는지 확인하기 위해 쳐다본다. "하지만 스프링클러가 보이지 않고, 물방울들이 튄 자리에 대한 패턴만을 가지고 있다고 가정해봐. 그러면 수학을 써서 스프링클러가 어디에 있어야 할지 정확히 계산할 수는 있어. 물방울의 패턴을 이용해서 다음 번 물방울이 떨어질 곳을 예측할 수는 없지만, 그 패턴을 이용해서 출발점을 되짚어 추적할 수는 있지. 살인자의 경우도 마찬가지야."

돈은 동생이 말하는 바를 선뜻 믿지 못한다. "살인자의 거주지를 알아낼 수 있다는 말이야?"

찰리의 대답은 간단하다. "그래."

돈은 찰리의 아이디어가 정말로 통할지 여전히 회의적이지만, 동생의 자신감과 열정에 마음이 흔들렸기 때문에 동생이 수사를 돕는 것에 동의한다.

범죄과학의 기초적 사실들을 배우는 것이 찰리의 첫 번째 단계였다. 먼저, 연쇄살인범은 어떤 식으로 행동하는가? 찰리는 수학자로서 다년간의 경험을 바탕으로 중요 요소를 식별하고 나머지는 무시하여, 겉으로는 복잡한 문제를 몇 개의 중요 변수만을 가지는 문제로 환원하는 법을 배웠다. 찰리는 돈 및 FBI의 요원들과 얘기하면서, 예를 들어 폭력적인 연쇄살인범은 범행장소를 고를 때 특정한 경향을 보인다는 것을 알게 된다. 범인은 자신의 집과 가까운 곳에서 범행을 저지르는 경향이 있지만 지나치게 가깝지는 않다. 너무 가까우면 불안하기 때문에 그들은 항상 자신의 거주지 주변에, 범행을 저지르지 않는 '완충지대buffer zone'를 둔다. 이 안전지대 밖에서 범행장소가 될 빈도는 집에서 멀어질수록 줄어든다.

칼사이 수학과에 있는 연구실로 돌아간 찰리는 수학 공식과 방정식으로 칠판을 뒤덮으며 열심히 작업하기 시작한다. 기존의 범죄장소들로부터 추론하여, 범인이 가장 살고 있을 만한 지도상의 지역인 '핫존hot zone'을 결정해줄 수학적 열쇠를 찾는 것이 찰리의 목표다.

어려운 수학 문제를 풀 때면 언제나 그렇듯이, 찰리가 수많은 시행착오를 거치는 동안 시간이 쏜살같이 흘러간다. 그리고 마침내 제대로 될 것 같은 아이디어가 떠오른다. 분필로 끼적였던 것을 한 번 더 지우더니, 칠판에 다음과 같이 복잡해 보이는 식을 적는다.[2]

$$p_{ij} = k \sum_{n=1}^{c} \left[\frac{\phi}{(|x_i - x_n| + |y_j - y_n|)^f} + \frac{(1-\phi)(B^{g-f})}{(2B - |x_i - x_n| - |y_j - y_n|)^g} \right]$$

"이거면 되겠어." 찰리는 속으로 말한다.

돈이 알려준 과거의 연쇄범죄 사례들을 대상으로 자신의 공식을 확인하면서 미세 조정하는 것이 다음 단계다. 찰리의 공식에 과거 사건들의 범죄장소를 입력하면, 범인이 살았던 곳을 정확히 예측할까? 찰리의 수학이 현실을 반영하는지 알게 되는 이때가 진실의 순간이다. 때로는 현실을 반영하지 못한다. 그러면 찰리는 고려해야 할 인자와 무시할 인자를 결정하던 최초의 시점에서 자신이 잘못을 저질렀음을 알게 된다. 하지만 이번 경우에는 찰리가 몇 가지 사소한 조정을 하자 공식이 통하는 것처럼 보인다.

다음 날 확신과 열정에 가득 찬 찰리는 '핫존'을 두드러지게 표시한 범행장소 지도 인쇄본을 들고 FBI에 모습을 드러낸다. 돈이 학창시절에 배운 방정식 $x^2 + y^2 = 9$는 원을 나타내며, 그 방정식을 적절히 프로그램한 컴퓨터에 입력하면 원을 그려 출력해준다. 마찬가지로 찰리도 자신의 방정식을 컴퓨터에 입력해 그림을 하나 얻었다. 다만 이번에는 원이 아니었다. 찰리의

---

2 잠시 후에 이 식을 더 자세히 들여다볼 것이다.

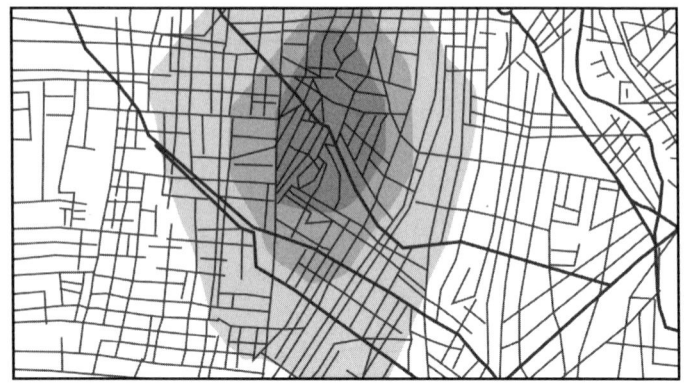

　방정식은 훨씬 더 복잡했다. 그 방정식은 돈이 가져왔던 로스앤젤레스 범죄 지도 위에 일련의 색칠한 동심원 영역을 그려 보여주었다. 바로 살인자가 살고 있는 핫존을 향해 좁혀 들어가는 영역을.

　이 지도가 있어도 돈과 요원들에게는 여전히 많은 일이 남아 있지만, 이제는 살인자를 찾는 일이 더 이상 건초더미에서 바늘 찾기가 아니다. 찰리의 수학 덕택에 건초더미가 갑자기 건초 한 부대 정도로 줄어들었다.

　찰리는 이 연쇄살인범이 자신의 거처를 드러내지 않으려고 하며 자기 딴에는 무작위의 장소에서 희생자를 고르지만, 그럼에도 이 수학 공식은 진실 즉 범죄자가 거주하는 핫존을 매우 높은 확률로 드러내준다는 걸 사건을 담당하는 돈과 FBI 요원들에게 설명한다. 돈과 팀원들은 감시와 미행 기법을 통해 핫존 내에 사는 일정 연령대의 남성들이 버린 담배꽁초, 음료수 빨대 등을 구해, 범죄현장 수사에서 얻어낸 DNA와 일치하는지 조사하기로 결정한다.

며칠 뒤, 몇 가지 숨이 멎을 듯한 순간 끝에 범인을 붙잡는다. 사건은 해결되었다. 돈은 동생에게 말한다. "꽤 괜찮은 공식이었어, 찰리."

사실인가 허구인가?

몇 가지 극적 반전을 제외하면 위에 얘기한 것이 바로 TV 시청자들이 2005년 1월 23일 방영된 〈넘버스〉의 첫 번째 에피소드에서 보는 내용이다. 수학의 도움으로 범죄자를 이런 식으로 잡을 수 있다고 믿은 시청자는 많지 않았을 것이다. 하지만 첫 번째 에피소드 전체가 하나의 수학 방정식을 이용하여 범죄자가 사는 핫존을 식별했던 실제 사건에 상당 부분 바탕을 둔 것이다. 찰리가 칠판에 적었던 것, 앞에서 옮겨 적은 것이 바로 그 방정식이다.

이 공식을 만들어낸 실제 수학자의 이름은 킴 로스모Kim Rossmo다. 로스모는 연쇄범죄자가 사는 곳을 예측하기 위해 수학을 이용하는 기법인 '지리적 프로파일링geographic profiling'을 수립하는 데 기여했다.

1980년대에 로스모는 캐나다 밴쿠버 경찰서의 젊은 순경이었다. 경관으로서 그가 남달랐던 것은 수학에 대한 재능이었다. 학창시절 그는 동료 학생들은 물론이고 가끔은 선생님들까지도 약간 두렵게 만드는 '수학 천재'였다. 고등학교 3학년 때 느린 수학 진도에 지루해진 로스모는 학기 둘째 주에 기말고사를 칠 수 있는지 물었다고 한다. 100점 만점을 받은 로스모는 나머지 수업을 면제받았다.

마찬가지로 연쇄 폭력 범죄에 관한 경찰 수사의 전형적인 느린 진행에 지루해진 로스모는 학교로 돌아가기로 결심했고, 사이먼 프레이저 대학에서 범죄학을 전공하여 캐나다에서 이 분야 박사학위를 받은 최초의 경찰이 되었다. 학위논문 지도교수인 폴Paul과 패트리샤 브랜팅햄Patricia Brantingham[3]은 범죄자의 행동에 대한 수학 모형(기본적으로 그들의 상황을 묘사하는 방정식들의 집합), 특히 범죄자가 살고 일하고 노는 장소에 근거하여 범죄가 일어날 법한 장소들을 말해주는 수학 모형 개발의 선구자들이었다. (찰리가 돈과 FBI 요원들에게 배운 연쇄범죄의 지리적 패

---

[3] 이들 부부의 아들 제프리Jeffrey는 수학을 이용한 범죄 예측 소프트웨어의 개발에 기여했다. (옮긴이 주)

턴을 알아낸 이가 브랜팅햄 부부였다.)

로스모의 관심은 브랜팅햄 부부의 관심과는 약간 달랐다. 로스모는 범죄자의 행동 패턴을 연구하고 싶어하지 않았다. 경관으로서 로스모는 미지의 범인과 관련 있는 범죄장소에 대한 실제 데이터를 '수사 도구'로 이용하여 경찰이 범죄자를 잡는 데 도움을 주고 싶어했다.

로스모는 과거의 사건들을 재분석하는 데서 초기 성과를 거두었고, 박사학위를 받고 경위로 승진한 후에는 '범죄자의 지리적 표지criminal geographic targeting'(CGT)라고 훗날 스스로 명명한 것을 개선한 수학적 방법을 개발하겠다는 개인적 관심사를 계속 추구했다. 다른 이들은 이 방법을 '지리적 프로파일링'이라고 불렀는데, 수사관들이 범죄자의 동기와 심리적 특성에 근거하여 범인을 찾아내는 데 활용하는 널리 알려진 '심리적 프로파일링' 기법을 보완해주기 때문이다. 지리적 프로파일링은 범죄장소를 분석하여 범죄자의 예상 활동 근거지를 찾아내려고 시도한다.

로스모는 1991년 어느 날 일본에서 초고속 열차를 타고 가다가 이 마법처럼 보이는 공식의 기본 아이디어를 떠올렸다. 적을 공책이 없었기 때문에 냅킨에 끼적였다. 이후 정제 과정을 거쳐 이 공식은 로스모가 작성한 컴퓨터 프로그램 '라이젤Rigel'[4](오리온자리에 있는 별에서 이름을 땄다)의 기본 요소가 되었다. 현재

로스모는 세계 각지의 경찰 및 여타 수사기관들이 범죄자를 찾는 일을 돕기 위해 라이젤을 판매하는 한편 훈련 및 자문도 해주고 있다.

로스모가 라이젤에 관심을 보이는 경찰기관에 이 프로그램의 작동 원리를 설명할 때 애용하는 비유가 있다. 바로 잔디밭에 흩뿌려지는 물방울들의 패턴을 분석하여 회전 중인 스프링클러의 위치를 알아낸다는 비유다. 〈넘버스〉의 공동제작자인 셰릴 휴턴과 닉 팔라치는 파일럿[5] 에피소드를 만들면서 찰리가 이 공식을 착안하고 형에게 설명해주는 방법으로 로스모의 이 비유를 채택했다.

로스모는 캐나다에서 연쇄범죄 수사를 다루면서 몇 차례 조기 성공을 거두었지만, 그가 북아메리카 경찰기관들 사이에서 누구나 아는 명사가 된 것은 미국 루이지애나 주 라파예트 남부 지역의 강간범 사건 때였다.

노상강도처럼 스카프로 얼굴을 가린 미지의 폭행범이 10년이 넘도록 그 마을의 여성들을 스토킹하고 폭행했다. 수천 건의

---

4 '리젤'이라 부르는 것이 맞지만, 로스모 본인은 '라이젤'이라고 부르길 원한다. (옮긴이 주)

5 드라마 등을 방송국에 판매하기 위해 시험 제작하는 에피소드를 말한다. 파일럿에 대한 반응이 방영 여부를 결정하는 중요 요소다. 그대로 방송되는 경우도 있지만 배우나 설정 등이 바뀌는 경우도 많다. 〈넘버스〉에서는 찰리 역의 데이비드 크럼홀츠를 제외한 배우들이 대거 바뀌었다. (옮긴이 주)

제보와 이에 맞먹는 용의자에 시달리던 지역 경찰은 1998년 로스모를 불러 도움을 청했다. 로스모는 라이젤로 범행장소 자료를 분석하여 핫존을 나타내는 색칠한 띠가 그려진(내부로 갈수록 더 진한 동심원 형태의) 지도를 만들어냈는데, 찰리가 〈넘버스〉에서 보여줬던 것과 상당히 비슷하다. 이 지도 덕에 경찰은 추적 범위를 1.3제곱킬로미터로 줄였고, 용의자도 10여 명으로 좁힐 수 있었다. 잠복 경관들은 〈넘버스〉에 묘사된 것과 똑같은 기법을 이용하여 핫존 내에서 적정 연령대 남성의 DNA 표본을 수집하기 위해 샅샅이 뒤졌다.

하지만 핫존 내의 모든 용의자가 DNA 증거를 통과하면서 수사는 좌초되었다. 다행히 이들은 운이 좋았다. 최고참 수사관인 매컬랜 '맥' 갤리엔이 전혀 그럴 법하지 않은 이를 용의자를 지목하는 익명의 제보를 받은 것이다. 바로 근처 경찰서의 부보안관이었다.

이미 쌓여 있는 산더미 같은 제보에 하나의 제보가 더 얹어진 것에 불과했지만, 맥은 충동적으로 부보안관의 주소를 조사해보기로 마음먹었다. 핫존과는 전혀 가깝지 않았다. 하지만 뭔가 찜찜했기 때문에 조금 더 깊이 파보았다. 그러다가 잭팟을 터뜨렸다. 부보안관이 전에 살던 주소가 바로 핫존 안에 있었던 것이다! 담배꽁초로부터 DNA 증거를 수집했더니 범행현장에서 채취한 것과 일치했다. 부보안관은 체포되었고, 로스모는 일약 범죄수사계에서 유명인사가 되었다.

흥미롭게도 휴턴과 팔라치는 이 실제 사건에 바탕을 둔 〈넘버스〉의 파일럿 에피소드를 집필하면서, 마지막에 이와 똑같은 극적 반전을 삽입하려는 유혹을 느꼈다. 찰리가 자신의 공식을 처음 적용했을 때 핫존 내의 용의자들 중에는 DNA가 일치하는 사람이 없었는데, 이는 라파예트에서 로스모의 공식에서도 일어났던 일이다. 자신의 수학적 분석에 대한 믿음이 너무 강했던 찰리는 수사가 허탕을 쳤다고 돈이 말하자 처음에는 그 결과를 받아들이길 거부하며 이렇게 말한다. "형이 그자를 놓친 거겠지."

좌절감에 속상한 찰리가 아버지 앨런의 집에서 돈과 얘기하고 있을 때 앨런이 충고한다. "찰리야, 문제는 수학이 아닌 것 같구나. 분명히 뭔가 다른 게 있을 거야." 이 말에 자극받은 돈은 살인범의 '거주지'를 찾는다는 것이 잘못된 목표일 수도 있음을 깨닫는다. "네가 만일 내가 '사는' 곳을 찾아내려 한다면 아마 실패하고 말 거야. 난 대부분 집에 안 있고 보통은 '직장'에 있으니까."라고 돈이 지적한다.

찰리는 돈의 아이디어를 받아들여 다른 공략법을 찾는다. 그리하여 자신의 계산을 수정하여 살인자의 거주지를 포함할 만한 곳과 그의 직장을 포함할 만한 곳이라는 '두 곳'의 핫존을 찾아낸다. 그리고 이번에는 찰리의 수학이 성공한다. 살인범이 다른 피해자를 살해하기 직전 돈은 가까스로 범인을 알아내고 잡아들인다.

오늘날 로스모가 설립한 환경범죄학연구소Environmental Criminology Research Inc(ECRI)는 특허를 받은 컴퓨터 패키지 라이젤과, 이를 효과적으로 이용하여 범죄를 해결하는 방법의 훈련법을 제공하고 있다. 로스모 자신도 아시아, 아프리카, 유럽, 중동 등 세계 곳곳을 다니며 경찰과 범죄학자들에게 강연을 하고 범죄수사를 돕고 있다. 이 프로그램을 적용하여 특정 범죄자의 행동에서 특이한 점을 알아내기 위해서는 로스모나 그의 조수들에게 2년간 훈련을 받아야 한다.

라이젤이 항상 대성공을 거두는 것은 아니다. 예를 들어 로스모는 악명 높은 벨트웨이 저격범 사건 때 도움을 요청받았는데, 그것은 2002년 10월의 3주 동안 워싱턴 DC와 그 주변에서 나중에 두 명으로 밝혀진 연쇄살인범들에 의해 10명이 죽고 3명이 중상을 입은 사건이었다. 로스모는 저격범의 근거지가 워싱턴 북부의 교외 어딘가라고 결론지었지만, 두 살인범 모두 그 지역에 살고 있지 않았으며 지나치게 자주 이사를 다녔으므로 지리적 프로파일링으로 집어낼 수 없었다.

지저분한 인간 세상에 수학을 적용하려고 할 때 벌어지는 일에 익숙한 사람이라면 라이젤이 항상 통하는 것은 아니라는 사실이 놀랍게 다가오지 않을 것이다. 많은 이들이 고등학교까지의 수학 교육을 졸업할 때쯤이면, 수학을 이용하여 문제를 푸는 옳은 방법이 있고 그른 방법이 있다고 생각한다. 즉 선생님의 방법이 옳은 것이며 자신들의 시도는 그른 방법으로 여기는 경우가 지나치게 많다. 하지만 그런 경우는 드물다. 로스앤젤레스에서 뉴욕까지 제트기로 비행하는 데 얼마나 많은 연료가 드는지 계산하는 것처럼 잘 정의된 물리적 상황에 적용하는 경우에 수학은 (제대로 계산한다면) 항상 옳은 답을 준다. (즉 비행기·승객·화물의 총 무게, 지역풍 등등에 대한 정확한 자료로 시작한다면 수학은 항상 옳은 답을 줄 것이다. 수학 방정식에 대입할 입력 자료에서 핵심 자료가 하나만 빠져도 거의 항상 부정확한 답을 줄 것이다.) 하지만 범죄와 같은 사회 문제에 수학을 적용하면, 그렇게 똑떨어지는 경우는 흔치 않다.

 현실세계의 활동에서 요소들을 포착하는 방정식을 세우는 것을 '수학 모형'을 만든다고 말한다. 어떤 것의 '물리적' 모형을 만들 때, 가령 풍동wind tunnel에서 가동할 연구용 항공기를 만들 때 중요한 것은 크기와 사용하는 재질을 포함해 모든 것을 제대로 갖추는 것이다. 수학 모형을 만들 때는 적절한 '반응'이 올바르게 나와야 한다. 예를 들어 날씨에 대한 유용한 수학 모형은 비가 내리는 날에는 비가 온다고 예측하고, 화창한 날에는 맑음을 예측해야 한다. 대개 처음 모형을 만드는 부분이 가장 힘들다. 모형으로 '수학을 하는 것', 즉 모형을 이루는 방정식을 푸는 것은 일반적으로 쉬우며, 특히 컴퓨터를 이용하는 경우 훨씬 쉽다. 날씨에 대한 수학 모형이 자주 틀리는 것은, 수학을 써서 높은 정확도로 포착하기에는 날씨라는 것이 지나치게 복잡하기(일상용어로는 '너무 변덕스럽기') 때문이다.

뒤따르는 글들에서 보겠지만 수학을 이용하여 실세계, 특히 사람과 관련된 문제를 푸는 '단 하나의 옳은 방법'이란 대개 없기 마련이다. 범죄자를 찾아내거나, 전염병이나 위조지폐의 확산을 추적하거나, 테러리스트의 다음 표적을 예측하는 등 〈넘버스〉에서 찰리가 마주치는 것 같은 난관들에 대처할 때, 수학자 한 명이 무작정 방정식을 써내려가서 해결할 수는 없다. 정보와 자료를 수집하고, 상황을 설명하는 수학적 변수를 선별하고, 그런 뒤에 이를 몇 개의 방정식으로 모형화하는 과정에는 상당한 기술이 필요하다. 일단 수학자가 모형을 세우더라도 그것을 근사치, 계산, 컴퓨터 시뮬레이션 등 어떤 방법으로 풀어야 하는가라는 문제가 남는다. 그 과정의 매 단계마다 판단력과 창조성이 필요하다. 독자적으로 연구하는 두 명의 뛰어난 수학자가, 설령 유용한 결과를 내놓는다 하더라도, 똑같은 결과를 내놓을 가능성은 별로 없다.

따라서 지리적 프로파일링 분야에서 로스모에게 경쟁자들이 있다는 사실은 놀랍지 않다. 《연쇄범죄자 추적하기 *Hunting Serial Predators*》라는 저서를 쓴 알래스카 대학 사법연구소의 그

로버 고드윈Grover M. Godwin 박사는 다변량 해석학이라 불리는 수리통계학 분야를 이용해 컴퓨터 패키지 '프레데터Predator'를 개발했다. 이 프로그램은 범행장소, 피해자가 마지막으로 목격된 장소, 시신이 발견된 장소를 분석하여 연쇄살인범의 근거지를 특정해낸다.

휴스턴 기반의 도시계획가 네드 레빈Ned Levine은 미국 법무부 산하 연구기관인 국립사법연구소National Institute of Justice를 위해 '크라임스탯Crimestat'이라는 프로그램을 개발했다. 연쇄범죄 자료를 분석하기 위해 공간적 통계학이라 불리는 것을 이용하는 프로그램인데, 요원들이 자동차 사고나 질병의 발발 패턴과 같은 것을 이해하도록 돕는 데 적용할 수 있다.

영국 리버풀 대학의 심리학 교수이며 동 대학의 수사심리학센터Centre for Investigative Psychology 소장인 데이비드 캔터David Canter는 독자적인 컴퓨터 프로그램 '드래그넷Dragnet'을 개발했는데 연구자들에게 무료로 제공하기도 한다. 캔터는 한 인터뷰에서 연쇄범죄자를 찾아내는 다양한 수학/컴퓨터 시스템들을 아직까지는 동일한 사건에 적용하여 비교 수행한 적이 없다는 사실을 지적하며, 결국에는 자신이나 다른 이들의 프로그램도 적어도 라이젤만큼 정확한 것으로 입증될 거라고 주장했다.

로스모 공식의 의미

드디어 로스모가 1991년 일본에서 초고속 열차를 타고 가다가 종이냅킨에 끼적였다는 공식을 면밀히 살펴보자.

$$p_{ij}=k\sum_{n=1}^{c}\left[\frac{\phi}{(|x_i-x_n|+|y_j-y_n|)^f}+\frac{(1-\phi)(B^{g-f})}{(2B-|x_i-x_n|-|y_j-y_n|)^g}\right]$$

이 식이 무슨 뜻인지 이해하기 위해서, 먼저 지도 위에 작은 사각형들로 이루어진 격자를 포개놓았다고 상상해보자. 각각의 사각형은 그 위치를 가리키는 두 개의 숫자를 갖는다. 즉 사각형이 속한 행과 열이 i와 j다. 식의 왼쪽에는 살인범의 거주지가 그 사각형 내에 있을 확률 p_{ij}가 쓰여 있으며, 오른쪽은 그 확률을 계산하는 방법을 보여준다. 첫 번째 범죄장소는 지도 위에 좌표 (x_1, y_1)로, 두 번째 범죄장소는 (x_2, y_2)로 나타내는 식이다. 이 식이 말해주는 것은 다음과 같다.

i번째 행과 j번째 열의 사각형에 대한 확률 p_{ij}를 얻기 위해서는 먼저 중심점 (x_i, y_j)로부터 각 범죄 장소 (x_n, y_n)까지 얼마나 많이 가야만 하는지를 계산해야 한다. 여기서 작게 쓴 n은 범죄 장소 중 하나를 나타낸다. $n=1$은 첫 번째 범죄를, $n=2$는 두 번째 범죄를 의미하는 식이다. 중심점에서 얼마나 떨어져 있느냐

는 질문에 대한 답이

$$|x_i - x_n| + |y_j - y_n|$$

이며, 이 값은 두 가지 방식으로 이용된다.

  공식을 왼쪽부터 오른쪽으로 읽어 내려갈 때, 이 거리값을 분모에 넣고 ϕ(파이)를 분자에 넣는 것이 첫 번째 항에서 이용된 방식이다. 거리값에는 f번 거듭제곱을 취했다. 이 f값으로 어떤 것을 택하느냐는 과거의 범죄 패턴 자료를 통해 가장 잘 통하는 것이 무엇이냐에 의해 좌우된다. (예를 들어 $f=2$를 택하면, 이 부분은 중력을 서술하는 '역제곱 법칙'을 닮을 것이다.) 이 부분은 일단 완충지대 밖에 있으면 거리가 증가할수록 범죄장소가 될 확률이 감소한다는 아이디어를 반영하고 있다.

  공식에서 각 범죄의 '이동 거리'를 이용하는 두 번째 항은 완충지대와 관련돼 있다. 두 번째 항의 분수를 보면 거리를 $2B$로부터 빼주고 있는데, 여기에서 B는 완충지대의 크기를 나타내기 위해 선택한 숫자이며, 이렇게 빼준 결과를 두 번째 분수에서 이용한다. 뺄셈의 결과, 거리가 증가할수록 더 작은 값이 나오므로 이를 g번 거듭제곱을 취해 식의 두 번째 항의 분모에 넣어준 결과 값은 더 커진다.

  공식에서 첫 번째 항과 두 번째 항을 합치면 일종의 '균형 작용'을 일으켜서, 범죄자의 근거지로부터 멀어질수록 (완충지대를 지나는 동안은) 범죄 확률이 증가하다가 나중에는 감소한다는 사실을 설명해준다. 공식의 두 항은 멋을 부린 수학 기호인 그리스 문자 $\sum$(시그마)를 이용하여 묶여 있는데, 이 기호는 '각 범죄가 ij 격자 사각형에 대한 확률 계산 값에 기여한 정도를 더하라'라는 것을 나타낸다. 그리스 문자 ϕ는 두 항 중에 어느 한쪽에 더 '가중치'를 부여하는 수단으로 이용된다. ϕ값을 크게 선택하는 것은 '거리가 증가할수록 확률이 감소한다'라는 현상에 가중치를 주는 반면, ϕ값을 작게 선택하는 것은 완충지대의 효과를 강조하는 것이다.

일단 공식을 이용하여 격자 내의 모든 작은 사각형에 대해 확률 p_{ij}를 계산하면, 핫존 지도를 만들어내는 것은 쉽다. 확률이 가장 높은 곳을 밝은 노란색으로 칠하고, 조금 더 낮은 확률에는 주황색, 더 낮으면 빨간색 등등으로 사각형에 색칠하며, 확률이 낮은 곳은 색칠하지 않고 두면 된다.

로스모의 공식은 실제 세계 현상에 대한 불완전한 지식을 수학을 이용하여 묘사하는 기교의 좋은 사례다. 주의 깊은 측정을 통해 '매번 똑같은 방식으로' 작동하는지 관찰할 수 있는 중력 법칙과는 달리, 개개 인간의 행동을 묘사하는 것은 기껏해야 근사에 불과하며 불확실하다. 로스모는 과거의 범죄들에 대해 자신의 공식을 점검하며 다양한 f, g, B, ϕ 값을 선택하면서 이들 자료에 가장 잘 맞는 것을 찾아내야만 했다. 그런 다음 로스모는 이렇게 찾아낸 값으로 미래의 범죄 패턴을 분석하는 데 이용했는데, 여전히 각각의 수사마다 미세 조정을 허용했다.

로스모의 방법은, 항상 대단히 정밀하게 옳은 답을 주느냐의 여부가 우주여행의 성패를 좌우하는 로켓 과학과는 분명히 다르다. 하지만 그럼에도 과학이다. 항상 통하지는 않으며, 내놓는 답은 확률이다. 하지만 범죄수사와 인간 행동과 관련된 영역들에서 이런 확률을 안다는 것이 때로는 전혀 다른 결과를 낳을 수도 있다.

02 죽음의 천사
기초 통계학으로 범죄와 싸우기

야간병동의 수상한 죽음들

1996년 7세와 10세의 두 아들을 둔 33세의 이혼녀이자 매사추세츠 주 노샘프턴의 보훈의료센터 C병동의 간호사였던 크리스틴 길버트는 병원 내 동료들로부터 상당한 명성을 쌓아가고 있었다. 그녀는 심장정지를 일으키는 환자를 맨 먼저 알아채고 '코드블루'를 발동하여 응급소생팀을 데려오는 일이 많았다. 그녀는 언제나 침착했으며, 환자를 관리하는 데 효율적이었고 능숙했다. 때로는 응급소생팀이 도착하기 전에 환자에게 심장이 다시 뛰게 만드는 강심제 약물인 에피네프린을 주사하여 환자의 생명을 구하기도 했다. 다른 간호사들은 그녀에게 '죽음의 천사'라는 별명을 붙여주었다.

  하지만 그해 세 명의 간호사들이 뭔가 이상하다고 점증하는 의혹을 표명하며 당국에 진정했다. 바로 그 병동에서 심장정지로 인한 사망자가 지나치게 많은 감이 있다는 것이었다. 또한 어떤 이유에서인지 에피네프린이 부족한 경우가 몇 차례 있었다. 이들 간호사는 길버트가 애초에 환자들에게 다량의 약물을 투여하여 심장정지에 이르게 한 후 그들을 구하는 영웅 역할을 하려 했다는 두려움을 느끼기 시작했다. '죽음의 천사'라는 별명[1]이 애초의 의도보다 훨씬 더 적절하게 들리기 시작한 것이다.

  병원에서는 조사에 착수했지만 별다른 것을 찾지 못했다. 특히 그 병동의 심장정지 횟수는 넓게 보아 다른 보훈병원의 비율과 비슷했다고 한다. 하지만 최초 조사의 이런 결론에도 불구하고 병원 임원들은 의심을 풀지 않았고 결국 2차 조사가 시작되었다. 이 조사에는 매사추세츠 대학의 전문 통계학자인 스티븐 겔바흐Stephen Gehlbach가 참여하여 병동의 심장정지 횟수와 사망자 수를 면밀히 들여다보게 되었다. 대체로 겔바흐의 분석 결과를 토대로 1998년 미국 검찰은 길버트에 대한 증언을 청취하는 대배심grand jury[2]을 소집하기로 결정했다.

  증거의 일부로 동기도 제기되었다. 코드블루 경보와 심폐 소

---

[1] Angel of Death. 죽음의 천사일 수도 있고, 죽음의 사자일 수도 있다. (옮긴이 주)

생 과정에서 느끼는 흥분과, 환자를 구하기 위해 용감하게 싸운다는 인식을 갈구했다는 점 외에도, 같은 병원에서 일하던 남자친구에게 좋은 인상을 심어주려 했다는 것이다. 더욱이 길버트는 에피네프린에 접근할 수 있었다. 하지만 아무도 그녀가 치사량을 주입하는 것을 본 적이 없으므로, 비록 의심스럽긴 했지만 그녀를 상대로 한 기소는 순전히 정황증거에 의지한 것이었다. 관련된 환자들이 대부분 심장정지를 일으킬 거라고 생각되지 않는 중년 남성들이긴 했으나, 심장정지가 자연적으로 발생할 수도 있었다. 이런 국면을 바꾸어 길버트를 다중살인으로 기소하라는 결정을 이끌어낸 것은 겔바흐의 통계적 분석이었다.

두 가지 종류의 통계학

사법당국은 다양한 방식으로 여러 가지 목적을 위해 통계학을 널리 이용한다. 〈넘버스〉에서 찰리는 통계적 분석을 자주 수행하는데, 이 책의 여러 장에서도 통계적 기법을 사용할 것이며 종종 그 사실을 구체적으로 언급하지 않을 때도 있을 것이다.

---

2   검사의 기소 내역을 듣고 재판에 회부할지 여부를 결정하는 사람들이다. 실제 재판에서는 따로 선정한 배심원이 참여한다. (옮긴이 주)

그런데 통계학은 정확히 무엇을 의미할까? 그리고 왜 통계학 statistics이라는 단어를 단수 취급하는 걸까?[3]

통계학이라는 단어는 '국가 평의회'를 뜻하는 라틴어 *statisticum collegium*과 '정치인'을 뜻하는 이탈리아어 *statista*에서 온 것인데, 이 기법의 최초 사용처가 반영된 단어다. 마찬가지로 독일어 Statistik도 원래는 국가에 관한 자료를 분석하는 것을 뜻했다. 19세기까지만 해도 여기에 대응하는 영어 단어는 '정치적 산수political arithmetic'였는데, 이후 온갖 종류의 자료 모음을 가리키는 말로 statistics라는 단어가 도입되었다.

오늘날 '통계학'은 사실 두 가지 의미를 가지는데 둘은 서로 연관돼 있다. 첫 번째는 자료의 취합 및 도표를 작성하는 것을 뜻하며, 두 번째는 도표화한 자료로부터 의미 있고 유용한 결론을 도출하기 위해 수학 등의 방법을 사용하는 것을 뜻한다. 어떤 통계학자들은 첫 번째 활동을 소문자로 statistics라 부르고, 두 번째 활동을 대문자로 Statistics라고 부른다. 소문자 통계학statistics이 수치들의 모음을 가리킬 때는 복수로 취급한다. 하지만 이들 수치를 모으고 도표화하는 활동을 가리킬 때는 단수다. 대문자 통계학Statistics은 활동을 가리키므로 단수로 취급한다.

많은 스포츠팬들을 비롯한 다양한 사람들이 수치 자료를 수

---

3 학문 이름은 복수형 ~s로 끝나지만 영어에서는 단수 취급한다. (옮긴이 주)

집하고 도표로 만드는 걸 즐기지만, 이런 소문자 통계학의 진정한 가치는 대문자 통계학을 위한 자료를 제공한다는 점에 있다. 대문자 통계학에 이용되는 많은 수학적 기법들에는 확률론이라 알려진 수학 분야가 연관돼 있다. 확률론은 16, 17세기에 도박의 가능한 결과들을 이해하여 승산을 높이려는 시도에서 시작됐다. 확률론이 명백한 수학 분야인데 반해, 대문자 통계학은 본질상 수학적 방법을 사용하는 응용과학이다.

사법기관의 전문가는 소문자 통계학을 위해 다량의 자료를 모으지만, 우리가 초점을 맞추려는 것은 범죄와 싸우는 도구로서 대문자 통계학의 쓰임새다. (앞으로는 대문자 통계학이니 소문자 통계학이니 하는 용어를 버리고 모두 '통계학'이라는 단어로 지칭할 것이다. 맥락을 통해 그 의미를 판단해주기 바란다.)

사법기관에서는 복잡한 방법들을 사용하여 통계학을 응용하지만, 보통 학부 통계학 강좌 첫 학기에 다루는 기본 기법이면 사건을 해결하기에 충분하다.

'미국 정부 대 크리스틴 길버트' 사건의 경우에는 확실히 그랬다. 이 사건에서는 크리스틴 길버트가 근무 중일 때 다른 때보다 병동의 환자가 유의미하게 더 많이 사망했느냐는 것이 대배심원들에게 중요한 질문이었다. 여기서 핵심 단어는 '유의미하게'다. 그녀가 근무할 때 한두 명 정도 더 사망했다면 우연일 수 있다. 길버트를 기소하기에 충분할 정도로 '유의미한' 수준에 도달하려면 몇 명이나 더 사망해야 할까? 이것은 통계학자만이 대답할 수 있는 질문이다. 그리하여 스티븐 겔바흐는 자신이 알아낸 것의 요점을 대배심원단에게 제시해 달라는 요청을 받았다.

가설검정의 놀라운 결과

겔바흐의 증언은 가설검정이라 부르는 기본적인 통계 기법에 근거하고 있었다. 이는 관측된 결과가 너무나 특이하여 자연적으로 발생할 가능성이 심하게 낮은지의 여부를 판단하기 위해 확률론을 이용하는 방법을 가리킨다.

  겔바흐가 맨 먼저 한 일 중의 하나는 1988년부터 1997년까지 교대근무 시간별로 쪼개(자정부터 오전 8시까지, 오전 8시부터 오후 4시까지, 오후 4시부터 자정까지) 병원에서의 연간 사망자 수를 도표화하는 것이었다. 그 결과 나온 그래프가 〈그림 1〉이다. 수직 막대는 연도별 해당 근무시간에서의 전체 사망자 수를 보여준다.

  이 그래프는 명백한 패턴을 보여준다. 처음 2년 동안은 각 근무시간마다 매년 10명 정도씩 사망했다. 그러다가 1990년부터 1995년까지 근무시간 세 가지 중 하나에서 매년 25명에서 35명 정도의 사망자를 보여주고 있다. 마지막 2년 동안에는 근무시간 모두에서 사망자 수가 대략 10명 정도로 다시 떨어졌다. 수

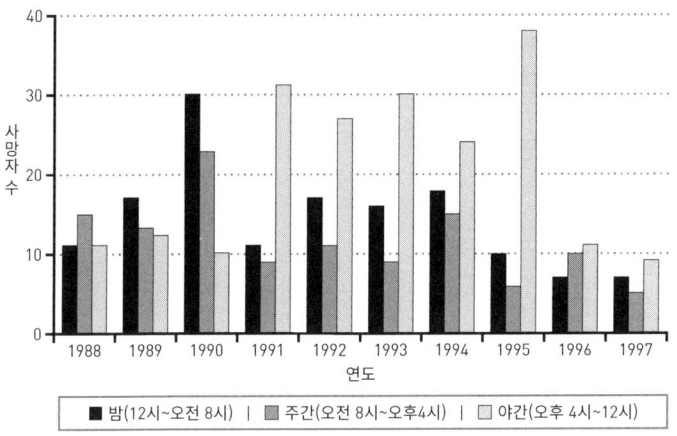

그림 1 근무시간별 및 연도별 병원 내 총 사망자 수

사관들이 조사한 크리스틴 길버트의 근무 기록에 따르면, 그녀는 1990년 3월부터 C병동에서 일하기 시작했으며 1996년 2월에 병원 일을 그만두었다. 더욱이 그녀가 보훈병원에서 일했던 연도 중에서 사망자 수가 극적으로 증가를 보인 근무시간이 바로 그녀가 일한 시간대였다. 보통사람에게는 길버트가 명백한 사망의 원인으로 보이겠지만, 이것만으로는 유죄 판결을 보장하기에는 부족하며, 실은 기소하기에도 불충분하다. 문제는 이것이 순전히 우연의 일치일 수도 있다는 점이다. 이 상황에서 그런 우연한 일이 발생했을 가능성이 얼마나 낮은지를 판단하는 것이 통계학자가 하는 일이다. 만일 그런 우연의 일치가 일

어날 가능성이 100분의 1이라면 길버트는 결백할 수도 있으며, 심지어 1000분의 1이라도 그녀가 유죄라는 의심을 유보할 사람도 있을 것이다. 하지만 예를 들어 그런 가능성이 10만분의 1이라면 대부분의 사람은 상당히 강력하게 그녀에게 불리한 증거라고 여길 것이다.

가설검정이 어떻게 작동하는지 보기 위해, 간단한 예인 동전 던지기로 얘기를 시작해보자. 만일 동전이 완벽하게 균형 잡혀 있으면(즉 치우쳐 있지 않고 공정하면) 앞면이 나올 확률은 0.5다.[4] 앞면이 나오기 유리하도록 치우쳐 있는지 알아보려고 동전을 연달아 10번 던져보기로 했다고 하자. 그러면 다양한 범위의 결과들이 나올 텐데, 이들 결과가 나올 가능성을 계산할 수 있다. 예를 들어 적어도 6번 이상 앞면이 나올 확률은 대략 0.38이다. (직접적으로 계산할 수 있지만 약간 까다롭다. 10번 던졌을 때 앞면이 6번 이상 나오는 방법을 모두 헤아려야 하기 때문이다.)[5] 10번 던진 동전에서 앞면이 6번 이상 나오는 것은 별로 놀랍지 않다는 직관적 수준의 사실을 0.38이라는 정확한 수치로 나타낸 것이다. 앞면이

---

[4] 실은 전적으로 확실한 사실은 아니다. 관성 성질로 인해 동전은 살짝 뒤집힘에 저항하는 경향이 있어서, 완벽히 균형 잡힌 동전이라도 처음 무작위로 튕길 경우 똑같은 면이 위로 오며 착지할 확률이 대략 0.51이다. 하지만 앞으로 이런 사소한 경고는 무시하기로 한다.

[5] 고등학교 때의 기호로 $(_{10}C_6 + {_{10}C_7} + {_{10}C_8} + {_{10}C_9} + {_{10}C_{10}})/2^{10} = 386/1024 = 0.37695\cdots$ 이다. (옮긴이 주)

적어도 7번 이상 나올 확률을 계산하면 0.17인데, 7번 이상 앞면이 나오는 일이 흔치는 않지만 동전이 편향돼 있다고 의심을 할 만한 사유는 아니라는 직관에 대응하는 값이다. 앞면이 9번 이상 나오면 대개 놀랍다고 여기는데, 이럴 확률을 계산하면 대략 0.01 즉 100분의 1이기 때문이다. 10번 모두 앞면이 나올 확률은 대략 0.001 즉 1000분의 1 정도이므로 그런 일이 일어나면 분명히 불공정한 동전이라는 의심이 들 것이다. 따라서 동전을 10번 던짐으로써 우리는 동전이 공정하다는 가정에 대해, 수학에 기초한 믿을 만하고 정확한 판단을 내릴 수 있다.

보훈의료센터의 의문스러운 사망 사건에서 조사관들이 알고 싶었던 것은 크리스틴 길버트가 근무 중일 때 발생한 사망자의 수가 단순한 우연이기에는 너무나도 가능성이 희박한 일이냐는 것이었다. 이때의 수학은 동전 던지기보다 조금 더 복잡하기는 하지만 아이디어는 같다. 조사관들이 이용할 수 있었던 자료가 〈표 1〉에 나와 있다. 이 표는 세 명의 간호사가 관리자에게 자신들의 우려를 털어놓은 직후 길버트가 병가를 냈던 1996년 2월까지 18개월 동안의 교대근무 횟수를 여러 가지 방식으로 분류한 것이다.

도합 1641회의 교대 근무시간 중에 사망자는 74명이었다. 사망이 무작위로 발생했다고 가정하면, 이들 숫자는 임의의 근무시간 중 사망자가 날 확률은 1641분의 74, 즉 0.045 정도라는

근무시간 중 사망자

		예	아니오	합계
길버트의 근무	예	40	217	257
	아니오	34	1350	1384
	합계	74	1567	1641

표 1   길버트 사건의 통계분석을 위한 자료

사실을 말해준다. 이제 길버트가 근무 중이었던 횟수를 보면 총 257회였다. 만일 길버트가 환자를 전혀 살해하지 않았다면, 그녀의 근무시간 중 사망자의 수는 대략 $0.045 \times 257 = 11.6$명, 즉 11명이나 12명 정도라고 예상할 수 있다. 실제 사망자 수는 훨씬 많았는데, 정확히 40명이었다. 이런 일이 일어날 가능성은 얼마일까? 통계학자 겔바흐가 동전 던지기와 비슷한 수학적 방법을 써서 사망자 74명 중 40명 이상이 길버트의 근무시간에 사망할 확률을 계산한 결과 1억분의 1보다도 작았다. 다시 말해, 길버트의 근무시간에 환자들이 그저 '불운했을' 뿐인 가능성은 극히 낮다는 것이다.

대배심원단은 길버트를 기소하기에 충분한 증거가 있다고 결론지었지만(아마도 통계분석이 가장 강력한 증거였을 것이다), 대배심의 숙의가 공공지식은 아니므로 진실이라고 확신할 수는 없다.

길버트는 구체적으로 네 건의 살인과 세 건의 살인미수 혐의로 기소되었다. 보훈병원은 연방시설이므로, 주 법정이 아닌 연방법정에서 연방법을 따르는 재판이 열려야 했다. 이 사실이 중대한 것은 매사추세츠 주에는 사형제도가 없지만 연방법에는 있기 때문이었는데, 실제로도 검사는 사형을 구형했다.

그러나 통계가 결정적 증거는 아니다

이 사건에서 흥미로운 점은 연방재판관이 사전심리에서 통계적 증거를 법정에 제시해서는 안 된다고 판시한 것이다. 재판관은 이 사건에 참여한 또 다른 통계학자인 마운트 홀리오크 대학의 조지 캅George Cobb이 제시한 의견서에 주목하여 이렇게 판시했다.

    캅과 겔바흐는 통계분석에 대해서는 의견이 다르지 않았다. (실제로 이들은 훗날 이 사건에 대해 공동논문을 쓴다.) 다만 이들의 역할이 달랐을 뿐이며, 둘은 서로 다른 쟁점을 얘기했다. 겔바흐의 과제는 길버트를 집단살인자로 의심할 합리적 근거가 있는지 통계학을 이용하여 판단하는 것이었다. 더 구체적으로 말해 겔바흐는 길버트가 교대근무 중이던 시간에 병원 사망자 수가 우연한 변동에 의해 증가한 것이 아니라는 것을 보여주는 분석을 수행했다. 이는 길버트가 이러한 사망자 수 증가의 원인이라는 의혹을 던지기에는 충분했지만, 그녀가 '정말로' 이런 증가를 일으켰는지를 입증하기에는 매우 불충분했다. 통계적 관련성을 수립했다고 해서 그 관련성의 인과성을 설명하지는 못한다는 것이 캅의 주장이었다.

길버트를 용의자로 볼 근거가 있는지의 여부를 가리자는 것이 재판의 목적이 아니었으므로(그것은 이미 대배심과 주 검사가 판단했다) 재판관은 캅의 주장을 받아들였다. 사실 문제의 사망자들을 길버트가 야기했는지 여부를 판단하는 것이 법정이 해야 할 일이었다. 재판관이 통계적 증거를 배제한 이유는, 대배심 때도 겪었듯 통계적 추론에 그리 정통하지 않은 배심원들이(거의 대부분의 배심원이 그랬을 것이다) 의심스러운 사망이 우연히 발생했을 확률이 1억분의 1이라는 사실과 길버트가 환자들을 죽이지 않았을 확률이 1억분의 1이라는 것의 의미가 '다름'을 이해하기 어려워했기 때문이다. 다른 원인에 의해서 전자의 확률이 발생했을 수도 있기 때문이다.

캅은 의사 및 과학자들이 오랫동안 강력한 담배회사의 로비를 극복하며 흡연이 폐암을 일으킨다는 것을 정부와 대중에게 확신시키기 위해 싸워왔던 유명한 사례를 들어 이 차이를 설명했다. 〈표 2〉는 비흡연자, 궐련 흡연자, 시가 및 파이프 담배 흡연자라는 세 부류의 사람들에 대한 사망률을 보여준다.

비흡연자	20.2
궐련 흡연자	20.5
시가 및 파이프 흡연자	35.3

표 2 1000명 당 연간 사망자 수

⟨표 2⟩의 수치를 언뜻 보면 궐련 흡연자는 위험하지 않지만, 시가 및 파이프 흡연자는 위험해 보인다. 하지만 사실은 그렇지 않다. 이 자료 뒤에는 숫자가 보여주지 않는 중요한 변수인 연령이 도사리고 있다. 비흡연자의 평균 연령은 54.9세였고, 궐련 흡연자의 평균 연령은 50.5세였으며, 시가 및 파이프 흡연자의 평균 연령은 65.9세였다. 통계학자들은 연령의 차이를 반영하는 통계학적 기법을 사용하여 이들 숫자를 조정하여 ⟨표 3⟩을 만들어냈다.

이제 궐련 흡연이 상당히 위험하다는 것을 보여주는 아주 색다른 패턴이 나타난다.

관찰 자료에 근거하여 확률을 계산할 때 일반적으로 내릴 수 있는 최상의 결론은 둘 또는 그 이상의 인자 사이에 상관관계가 있다는 것이다. 이는 추가 조사에 박차를 가하기에 충분하다는 뜻일 수 있지만, 그 자체로 인과관계를 수립하지는 못한다. 이 상관관계 뒤에 숨은 변수가 있을 가능성이 언제나 있기 때문이다.

비흡연자	20.3
궐련 흡연자	28.3
시가 및 파이프 흡연자	21.2

표 3 연령을 반영했을 때 1000명 당 연간 사망자 수

    연구를 할 때, 예를 들어 새로 개발한 약이나 의료 처치의 효용성이나 안정성을 연구할 때, 통계학자들은 관찰 자료에 의존하는 대신 무작위적인 이중맹검double-blinded trial을 수행하여 숨은 변수 문제를 다룬다. 이러한 연구에서는 완전히 무작위적인 절차를 통해 피험자 집단을 둘로 나누고, 누가 어느 집단에 속하는지의 여부를 실험 대상자 및 약이나 처치법을 처방하는 의료인 양측에 알리지 않는다(그래서 '이중맹'이라는 말이 나왔다). 한 집단에는 신약이나 신규 처치법을 처방하고, 다른 집단에는 위약이나 가짜 처치법을 처방한다. 이런 실험에서 집단을 무작위적으로 분류하면 숨은 변수가 야기할 수 있는 효과를 억제할 수 있으며, 순전히 우연한 변동에 의해 긍정적인 결과가 나와도 마치 그 약이나 처치법이 그러한 결과를 야기한 결정적 증거인 양 여길 가능성을 낮출 수 있다.

    범죄를 해결하려고 할 때는 당연히 가용한 자료를 가지고 일하는 수밖에 없다. 따라서 길버트 사건의 경우에서처럼 가설검

정 절차를 이용하는 것이 용의자를 식별하는 데는 상당히 효과적일 수 있지만, 유죄 판결을 확보하려면 일반적으로 다른 수단이 필요하다.

미국 정부 대 크리스틴 길버트 사건에서 겔바흐의 통계분석은 채택되지 않았지만, 배심원들은 세 건의 일급살인과 한 건의 이급살인 그리고 두 건의 살인미수에 대해 유죄 평결을 하기에 충분한 증거가 있다고 판결했다. 검찰 측은 사형을 구형했지만 이 문제에 대해 배심원들의 의견은 8 대 4로 갈렸고, 이에 따라 길버트에게는 가석방 없는 종신형이 선고되었다.

통계의 함정

사법기관이 사용하는 기본적인 통계 기법은 경찰 본인들부터 법을 준수하게끔 하는 중요한 문제와 관련되기도 한다.

동료 시민들에 비해 경찰들에게는 상당한 양의 권력이 주어지는데, 이들이 그 권력을 남용하지 않도록 하는 것은 사회의 임무 중 하나다. 특히 경찰관은 성별, 인종, 민족, 경제적 지위, 연령, 복장, 종교에 근거한 어떠한 편견도 없이 모든 사람을 평등하고 공정하게 다루어야 한다.

하지만 편향성을 판정하는 일은 까다로운 일이며, 흡연에 대한 앞서의 논의에서 보았듯이 통계학을 피상적으로 사용할 경우 완전히 잘못된 결론에 이를 수도 있다. 이는 다음 사례에서 상당히 극적인 방식으로 설명되는데, 경찰 활동과 관련돼 있는 사례는 아니지만 통계학에 접근할 때 다소간의 수학적 교양을 갖출 필요가 있음을 분명하게 보여준다.

1970년대에 누군가가 버클리 소재 캘리포니아 대학의 대학원에 지원한 남성 중 44퍼센트가 합격했지만, 여성 지원자는 35퍼센트만이 합격했음을 알아챘다. 표면적으로는 명백한 성차별 사례처럼 보였으므로, 당연히(특히 버클리는 오랫동안 성 평등에 대한 많은 선구적인 대변자들의 고향으로 여겨졌기 때문에) 입학 정책에서의 성차별을 두고 소송이 벌어졌다.

버클리 대학의 지원자들은 대학원에 지원하는 것이 아니라 공학, 물리학, 영문학 같은 개별 학과 과정에 지원하는 것이므로, 만일 입학에서 차별이 있다면 적어도 한 곳 이상의 개별 과정에서 차별이 있어야 했다. 〈표 4〉에는 각 과정별 입학 자료가 나와 있다.

하지만 각 과정을 개별적으로 살펴보면, 남성 지원자라고 해서 입학에서 이점이 있어 보이지 않는다. 사실 지원자가 많은 A 과정에서 여성 지원자의 합격률은 남성에 비해 상당히 높았으며, 다른 과정에서도 비율이 상당히 비슷했다. 그런데도 전체적으로는 왜 남성에게 유리한 것처럼 보인 걸까?

이 질문에 대답하기 위해서는 남성과 여성이 어떤 과정에 지

전공	남성 지원자	합격률(%)	여성 지원자	합격률(%)
A	825	62	108	82
B	560	63	25	68
C	325	37	593	34
D	417	33	375	35
E	191	28	393	24
F	373	6	341	7

표 4 버클리 소재 캘리포니아 대학의 과정별 입학 관련 수치

원했는지 들여다볼 필요가 있다. 남성은 A와 B 과정에 집중적으로 지원했고, 여성은 대체로 C, D, E, F 과정에 지원했다. 여성들이 지원한 과정은 남성들이 지원한 과정보다 입학하기 더 까다로웠고(두 성별 모두 합격률이 낮다), 이 때문에 전체 자료를 들여다보면 남성들이 입학에서 유리해 보인 것이다.

성별 요인이 실제로 있기는 했으나 대학의 입학 절차와는 아무 관련이 없었다. 오히려 지원자들 스스로의 선택, 즉 여성 지원자들이 A, B 과정을 기피했던 것과 관련이 있었다.

버클리 사건은 '심슨의 역설'이라고 알려진 현상의 예인데, 그 이름은 이런 흥미로운 현상을 연구하여 1951년에 유명한 논문[6]을 발표했던 E. H. 심슨Simpson에서 따왔다.

편향성을 어떻게 판단할 것인가?

경각심을 일깨워주는 위의 사례를 염두에 둘 때, 2003년 캘리포니아 주 오클랜드에서 시행한 연구를 우리는 어떻게 이해해야 할까? 그것은 경찰이 운전자를 단속할 때 조직적인 인종적 편향이 있는지 여부를 알아보기 위한 연구였다. (오클랜드 경찰청 산하 '인종적 프로파일링 대책위원회'의 요청으로 랜드 연구소RAND Corporation에서 조사했다.)

랜드의 연구원들은 2003년 6월부터 12월까지 오클랜드 경찰이 기록한 7607건의 차량 제지를 분석하면서, 인종적 프로파일링을 시사하는 증거가 있는지 밝히기 위해 수많은 변수를 검토하는 다양한 통계 도구를 이용했다. 그들이 얻어낸 수치에 따르면 조사된 전체 교통 단속 건 중 흑인이 차지하는 비중이 56퍼센트였다. 흑인은 오클랜드 거주 인구의 35퍼센트만을 차지하는데도 말이다.

이런 결과가 인종적 프로파일링을 암시하는 것일까? 그럴 수도 있다. 하지만 이들 수치에 어떤 다른 인자들이 반영될 수 있는지 좀 더 가까이 들여다보는 순간, 문제는 그렇게 명백하지

---

6 E. H. Simpson, "The Interpretation of Interaction in Contingency Tables," *Journal of the Royal Statistical Society*, Ser. B, 13 (1951) 238-241

않다.

　예를 들어 많은 도심 지역과 마찬가지로 오클랜드에도 다른 지역보다 범죄율이 더 높은 곳이 있으며, 경찰은 범죄가 적은 지역보다는 이들 우범지대를 훨씬 높은 비율로 순찰한다. 그 결과 이들 지역에서 더 많은 교통 단속을 하게 된다. 범죄가 많은 지역에 소수인종 집단이 더 많이 밀집하는 경향이 있으므로, 이들 지역에서 교통 단속률이 높으면 자연히 소수인종 운전자들을 더 높은 비율로 단속하게 된다.

　랜드 연구원들은 이런 불확실성을 우회하면서 혹시나 모를 인종적 편견을 찾기 위해 꽤 기발한 방법을 고안했다. 연구원들은 만약 경찰들이 인종적 프로파일링을 했다면, 경찰들이 차량을 제지하기 전에 운전자의 인종을 판단할 수 있을수록 소수인종 운전자들에 대한 단속이 더 잦았을 것이라고 추론했다. 따라서 연구원들은 해가 지기 전의 단속 자료와, 경관들이 운전자의 인종을 판단할 가능성이 더 적어지는 어두워진 이후의 단속 자료를 비교했다. 주간에 단속한 운전자의 50퍼센트가 흑인이었으며, 이에 비해 야간에는 54퍼센트가 흑인인 것으로 나타났다. 이 결과에 근거해 볼 때 교통 단속에서 조직적인 인종적 편향성은 없는 것으로 보인다.

　하지만 연구원들은 좀 더 파고들어서, 단속하기 전에 운전자의 인종을 판단할 수 있었는지 여부에 관한 경관 본인들의 보고서를 살펴보았다. 경관들이 차를 세우도록 지시하기 전에 인종을 알았다고 보고했을 경우에 단속된 운전자의 66퍼센트가 흑인이었던 반면, 사전에 인종을 알지 못했다고 보고했을 때는 44퍼센트에 불과했다. 이는 인종적 편향성이 있다는 상당히 강력한 지표다.[7]

---

[7] 불행히도 이 문제를 없애기 위한 많은 노력에도 불구하고, 경찰의 인종적 편향은 미국 전역에서 고질적인 문제인 것 같다. 최근 보고서 하나만을 인용하자면, 샌버너디노 소재 캘리포니아 주립대학의 래리 게인즈Larry K. Gaines가《계간 경찰Police Quarterly》 9권 2호, 2006년 6월호, 210~233쪽에 게재한〈캘리포니아 주 리버사이드 지역에서의 교통 단속 자료 분석An Analysis of Traffic Stop Data in Riverside, California〉을 보자. "인종적 프로파일링이나 교통 단속 연구의 결과는 상당히 일관돼 있다. 소수인종, 특히 아프리카계 미국인들이 백인들에 비해 더 높은 비율로 제지되고, 위반딱지를 받으며, 수색을 당한다. 예를 들어 램버스(1996년 미국 정부 대 페드로 소토 사건에서 인용)는 메릴랜드 주 경찰이 속도위반 비율에 비해 더 높은 비율로 아프리카계 미국인을 제지 및 수색했음을 알아냈다. 해리스(1999)는 오하이오 주의 애크런, 데이튼, 톨레도, 콜럼버스에서의 법정 기록을 조사하여 아프리카계 미국인들이 위반딱지를 떼인 비율이, 전체 운전자 중 이들이 차지하는 비율을 훨씬 뛰어넘는다는 것을 알아냈다. 코드너, 윌리엄스, 주니가(2000) 및 코드너, 윌리엄스, 벨라스코(2002)는 캘리포니아 주 샌디에이고에서도 유사한 경향을 발견했으며, 진그래프와 동료들(2000)은 노스캐롤라이나 고속도로 순찰대의 단속 건을 조사하여 아프리카계 미국인들이 제지 및 수색에서 지나치게 많은 수를 차지했음을 발견했다."

03 데이터 마이닝

다량의 정보 속에서 의미 있는 패턴 찾기

찰리 엡스는 수많은 컴퓨터와 텔레비전 모니터 앞에 앉아서 자신이 개발한 컴퓨터 프로그램을 시험하고 있다. 경찰이 대규모 군중을 감시하여 범죄나 테러 행위의 발생을 가리키는 특이 행동을 찾아낼 수 있도록 돕는 프로그램이다. 강, 호수, 바다, 탱크, 파이프, 심지어 혈관 내부의 유체 흐름을 설명하는 표준 수학 방정식을 이용하자는 발상이었다.[1] 캘리포니아 주 상원의원의 기금 마련 행사장에서 새로운 시스템을 시범적으로 사용하는 중이다. 실내에서 돌아다니는 사람들을 공중에 설치된 카메라들이 모니터하면, 찰리의 컴퓨터 프로그램이 사람들의 '흐름'

을 분석한다. 갑자기 실험은 예기치 못한 국면을 맞는다. FBI가 상원의원을 살해하려는 총기 소지자가 방 안에 있다는 경고 전화를 접수한 것이다.

찰리의 소프트웨어가 작동하고 총기 소지자를 가려낼 수 있었지만, 돈과 팀원들은 살인자가 상원의원을 쏜 뒤 총구를 자신에게 돌릴 때까지 그에게 미처 다가갈 수 없었다.

사망한 암살범은 전직 베트콩 소속의 베트남 이민자로 캘리포니아에서 수감됐음에도 미국 시민권을 얻어냈으며 미군에서 정기적으로 연금까지 수령했던 것으로 밝혀진다. 또한 암살이 벌어졌던 날 저녁 불법 마약을 복용했다.

무슨 일이 벌어지고 있는지 수사하려는 돈에게 CIA 요원이 방문하고, 이 사건에 대한 지나친 정보 유출을 막아달라고 요청한다. 사망한 살인범은 1960년대에 캘리포니아 교도소 수감자들을 훈련하여 암살자로 개조하려던 CIA의 비밀 행동수정 계획의 일원이며, 이들은 활성화되면 맡은 임무를 수행한 뒤 자살하도록 프로그램되어 있다는 것이다. (불행히도 이러한 발상은 군중의 행동을 연구하기 위해 유체역학 방정식을 이용하겠다는 찰리의 아이디

---

1 이러한 아이디어는 고속도로 교통 흐름, 대형 스포츠 경기장에 출입하는 관중들, 화재가 난 건물에서의 비상 탈출 등 다양한 종류의 군중 행동 분석에 유체의 흐름을 설명하는 방정식을 이용하려는 몇몇 실제 프로젝트에 근거를 두고 있다.

어보다는 상상력이 빈곤하다.)

그런데 왜 이 특정 개인이 갑자기 활성화되어 주 상원의원을 살해한 걸까?

두 번째 살인이 발생하자 그림이 좀 더 선명해진다. 이번 희생자는 저명한 정신과 의사였으며, 살인범은 쿠바 이민자였다. 이번 살인범 역시 캘리포니아 교도소에서 복역했으며, 정기적으로 미군 연금 수표를 수령해왔다. 하지만 이 사건에서는 암살자가 희생자를 살해한 후 자살하려고 했을 때 총이 발사되지 않자 현장에서 도망쳐야 했다. 총기로부터 지문을 감식하여 곧바로 범인은 체포된다.

돈은 사망한 상원의원이 수감자들에 대한 행동수정 기법 사용의 전국적 금지를 폐지할 것을 강력히 주장했다는 사실과, 사망한 정신과 의사도 범죄 성향의 극복을 위해 그 기법을 다시 채택하기를 권고했다는 사실을 알게 된다. 돈은 누군가 이 길들여진 암살범들을 동원하여 그들을 만들어낸 기술의 재사용을 압박하는 이들을 응징하려 한 것이라고 재빨리 결론내린다. 그런데 누구일까?

돈은 암살범 둘이 사용했던 총기의 공급책을 찾아내는 것이 최선의 수사 방법이라고 생각한다. 그 무기들이 네바다 주의 한 거래상으로부터 흘러나왔다는 것은 알고 있다. 두 암살범 배후의 인물을 가려내게끔 해줄 다음 단서를 제공하는 것이 찰리의 역할이다. 찰리는 그 무기거래상과 관련된 모든 총기 거래에 대한 자료를 얻어서, 그곳에서 시작된 모든 거래 사이의 관계를 분석한다. 찰리는 실제 사법기관에서도 자주 이용하는 방법인, 전화 연결망에서 통화 패턴을 분석할 때 이용하는 것과 유사한 수학적 기법을 채택했다고 설명한다.

여기까지가 2006년 11월 24일 첫 방송된, 〈넘버스〉 세 번째 시즌의 '브루투스'(CIA 암살자 육성계획을 가리키는 가공의 암호명) 에피소드에서 시청자들이 보는 내용이다. 늘 그렇듯이 드라마에서 찰리가 이용하는 수학은 실생활에 바탕을 두고 있다.

찰리가 총기 유통을 추적하기 위해 사용하는 방법은 일반적으로 '연결고리 분석link analysis'이라 불리는데, '데이터 마이닝 data mining'이라는 포괄적인 주제 아래 묶이는 여러 방법 중 하나다. 현대사회에서 (종종 공개적으로) 가용한 데이터 더미로부터 유용한 정보를 얻어내는 것이 데이터 마이닝이다.

인간 두뇌와 컴퓨터의 협업

데이터 마이닝은 원래 소매업자들이 고객들의 구매 패턴을 감지하기 위해 개발했다. (슈퍼마켓에서 할인해주는 대가로 고객들에게 적립카드나 회원카드라 부르는 것을 권하는 이유를 궁금해한 적이 있는가? 같은 가게에서 계속 구매하게끔 유도하려는 이유도 있지만, 그것은 가격만 낮춰도 가능하다. 업자들에게 중요한 요소는 그것이 고객의 자택 우편번호와 연결 지을 수 있는 자세한 구매 패턴을 추적할 수 있게 해주고, 데이터 마이닝 기법을 이용하여 분석할 정보를 얻게 해준다는 점이다.)

데이터 마이닝에서 많은 작업을 컴퓨터로 수행하긴 하지만, 그 컴퓨터들이 저절로 돌아가는 것은 아니다. 인간의 전문지식도 중요한 역할을 하는데, 전형적인 데이터 마이닝에는 인간 전문가와 기계 사이의 이러한 끊임없이 주고받는 상호작용이 수반된다.

데이터 마이닝에 이용되는 컴퓨터 응용프로그램의 대부분은 인공지능이라고 알려진 일반적인 분야에 속한다. 하지만 이 용어는 컴퓨터가 인간처럼 사고하고 행동한다는 인상을 주기 때문에 다소 오해의 소지가 있다. 인공지능이 개발되기 시작하던 1950년대에는 많은 사람들이 그럴 가능성이 있다고 믿었지만, 결국 가까운 미래에 그런 일이 일어날 리 없다는 것이 점차 명백해졌고 어쩌면 영원히 그러지 못할 것이다. 하지만 그런 깨달음이 많은 '자동화된 추론' 프로그램의 개발을 막지는 못했으며, 그중 일부 프로그램이 데이터 마이닝에서 강력하고 중요한 도구로 이용되었다. 데이터 마이닝에서 종종 인간 전문가는 컴퓨터 프로그램에게 수많은 작업을 하도록 이끄는 '고도의 지능'을 제공한다. 데이터 마이닝은 인간의 두뇌가 컴퓨터와 협력했을 때 강력한 결과를 얻어낼 수 있음을 보여주는 훌륭한 사례다.

데이터 마이닝에서 몇 가지 비교적 중요한 방법 및 도구로 다음과 같은 것들이 있다.

- 연결고리 분석: 예를 들어 범죄자나 테러리스트들 사이의 연계 및 기타 연관 관계를 찾는다.
- 기하학적 군집화: 연결고리 분석의 특별한 형태
- 소프트웨어 에이전트: 정보를 감시하고, 추출하고, 그에 따라 조치를 취할 수 있는 소규모의 독립적 컴퓨터 코드
- 기계학습: 범죄자의 프로파일이나 범죄 관련 그래픽 지도를 뽑아내는 알고리듬
- 신경망: 범죄나 테러 공격 가능성을 예측하는 특별한 종류의 컴퓨터 프로그램

이들 주제들에 대해 하나씩 간략하게 살펴보자.

연결고리 분석

신문에서는 연결고리 분석을 보통 '점들을 잇기connecting the

dots'라고 부른다. 이는 사람, 사건, 장소, 조직들 사이의 연관성을 추적하는 과정을 일컫는다. 여기서 연관성이란 혈연관계, 업무관계, 범죄 연루, 금융 거래, 직접 대면, 전자우편 교환 등 여러 가지다. 연결고리 분석은 테러리즘, 조직범죄, 돈세탁('자금 추적'), 전화사기 등과 싸우는 데 특히 강력하다.

연결고리 분석은 기본적으로 인간 전문가가 주도하는 과정이다. 수학 및 전문기술은 인간 전문가에게 강력하고 유연한 컴퓨터 도구를 제공하여 가능한 연관성을 밝혀내고, 조사하고, 추적하게 해준다. 일반적으로 분석가들은 이들 도구를 써서 연결된 자료를 컴퓨터 화면에서 보고 (그 전체나 부분을) 검토할 수 있는 하나의 연결망network으로 나타낸다. 이 연결망의 노드node들은 개인이나 조직이나 관심 지역을 가리키며, 연결고리link는 이들 노드들 사이의 관계나 거래를 나타낸다. 분석가는 또한 이들 도구를 써서 각 연결고리에 대한 세부사항을 조사하고 기록하며, 기존의 노드들과 연결되는 새로운 노드를 발견하거나 기존의 노드들 사이의 새로운 연결고리를 찾아낸다.

예를 들어 수사관이 의심스러운 범죄조직을 조사할 때 어떤 용의자가 걸거나 받은 통화 내역에 대해 연결고리 분석을 수행할 수 있다. 즉 통신사의 통화기록 자료를 이용하여 그가 통화한 전화번호, 통화 시간 및 지속시간, 다음에 통화한 전화번호 등을 들여다보는 것이다. 이후 수사관은 통화 연결망을 따라 추가 조사를 계속하기로 판단할 수 있다. 최초의 용의자와 전화 통화를 했던 사람들이 걸거나 받은 통화도 들여다보는 것이다. 이런 과정을 통해 기존에는 알려지지 않았던 개인들에게 수사관의 이목이 돌아갈 수 있다. 일부는 완전히 무고한 것으로 밝혀질 수도 있으나, 어떤 이들은 공범으로 밝혀질 수도 있다.

또 다른 수사관들은 국내 및 국제 은행계좌로 입출금된 금전 거래를 추적할 수도 있다.

뿐만 아니라 그 용의자가 방문했던 장소나 사람들 사이의 연결망을 조사할 수도 있다. 열차나 항공기 표 구매 내역, 각 국가별 입국 및 출국 시점, 렌터카 대여 내역, 신용카드 구매 내역, 방문한 웹사이트 등의 자료를 이용해서 말이다.

요즘에는 전산상에 흔적을 남기지 않는 것이 거의 불가능하므로 연결고리 분석에서 자료가 모자랄 어려움은 별로 없지만, 가용한 수많은 자료 중에서 어떤 것을 선택하여 추가 분석할지 결정하는 문제는 까다롭다. 연결고리 분석은 경찰 정보원이나 유력 용의자의 이웃의 제보 같은 다른 종류의 정보로 뒷받침될 때 주효하다.

일단 초기의 연결고리 분석으로 범죄나 테러 조직을 가려냈다면, 그 연결망 내에서 다른 이들과 가장 많이 연결돼 있는 개인이 누군지 조사하여 핵심 인물을 파악하는 것도 가능하다.

기하학적 군집화

일반적으로 경찰은 자원의 한계 때문에 대부분의 이목을 중대 범죄에 집중하고 있으며, 그 결과 들치기나 빈집털이 같은 경범죄는 주목을 덜 받는다. 하지만 어떤 개인이나 범죄조직이 그런 범죄를 수차례 꾸준히 저지른다면, 이들의 범죄 전체는 경찰 수사를 집중할 만한 중대한 범죄행위일 수 있다. 이 경우 당국이 부딪히는 문제는 매일매일 일어나는 수많은 경범죄들 사이에서 특정 개인이나 조직의 소행인 범죄군을 식별하는 일이다.

보통 두세 명이 함께 정기적으로 저지르는 경범죄의 예로 이른바 '기관원 사칭 절도'(혹은 '혼란 절도')가 있다. 공공기관원(통신사 기사, 공익시설 검침원, 지방정부 직원 등)인 체하며 집주인(보통 노인들을 대상으로 한다)의 현관에 나타나, 한 명이 집주인의 이목을 끄는 동안 다른 이가 집 안을 재빨리 돌아다니며 현금이나 쉽게 수중에 넣을 수 있는 귀중품을 가져가는 범죄다.

기관원 사칭 절도의 피해자들은 경찰에 신고하는 것이 보통이며, 경찰에서는 피해자의 집에 경찰관을 보내 진술서를 받는다. 피해자는 범인들 중 한 명(이목을 빼앗는 역할)과 상당한 시간을 보내기 마련이므로, 진술서에는 성별, 인종, 키, 체형, 대강의 연령, 일반적인 외모, 눈이나 머리카락 색깔, 머리카락 길이, 헤어스타일, 억양, 알아볼 수 있는 신체적 특징, 버릇, 신발, 의복,

특이한 장신구 등의 상당히 자세한 사항과, 공범의 수 및 성별도 담기게 된다. 이런 종류의 범죄처럼 정보가 풍부한 경우 원칙상 데이터 마이닝, 특히 단일 범죄조직이 저지르는 여러 건의 범죄를 식별하려는 '기하학적 군집화geometric clustering'라고 알려진 기술을 적용하기에 적합하다. 하지만 이 방법의 실제 적용에는 난관이 산재해 있으며, 오늘날까지 이 방법의 적용은 한두 건의 실험적 연구로만 제한돼 있는 듯하다. 이제 그런 연구 중 하나를 살펴보면서, 이 방법이 어떻게 작동하는지 보여주고 데이터 마이닝을 실제 적용할 때 흔히 마주치는 문제들을 설명하고자 한다.

다음은 영국에서 2000년과 2001년 울버햄프턴 대학과 웨스트미들랜즈 경찰이 합동으로 연구한 내용이다.[2] 이 연구는 해당 경찰 관할 구역 내에서 3년 동안 일어난 기관원 사칭 절도의 피해자 진술서를 조사했다. 그러한 절도 기록은 800건이었으며, 관련 절도범은 1292명이었다. 연구에 가용한 자료의 수가 지나치게 많았으므로, 이목을 빼앗는 사람이 여성인 사건으로 제한하여 89건의 절도와 105명의 절도범 진술서를 분석했다.

---

2 참고문헌: R. Adderley, P. B Musgrove, General Review of Police Crime Recording and Investigation Systems, *Policing: An International Journal of Police Strategies and Managements*, 24 (1), 2001, pp. 110-114

연구자들이 처음 부딪힌 문제는 피해자의 진술을 청취한 조사 경관이 범인에 대한 인상착의를 대부분 서술형으로 작성했다는 점이었다. 문서 마이닝이라 부르는 데이터 마이닝 기법을 사용하려면 이들 진술서를 어떤 구조적인 형태로 바꿔야만 했다. 가용한 문서 마이닝 소프트웨어의 제한 때문에 많은 수의 항목을 사람이 입력해야 했다. 예를 들어 철자법 오류, 임기응변적이거나 일관성이 없는 약어 표기법(예를 들어 '버밍엄 Birmingham'을 'Bham'으로 쓰기도 하고 'B'ham'으로 쓰기도 했다), 동일한 것을 다른 방식으로 표현한 것(예를 들어 'Birmingham 억양' 'Bham 억양' '지방 억양' '사투리: 지방' 등)은 사람이 처리해야 했다.

몇 가지 초기 분석 후 연구자들은 나이, 키, 머리카락 색깔, 머리카락 길이, 체격, 억양, 인종, 공범의 수라는 8개의 변수에 초점을 맞추기로 결정했다.

일단 자료를 적절히 구조화한 포맷으로 처리한 뒤, 기하학적 군집화를 이용해 절도범 105명의 신상명세를 같은 사람을 가리킬 법한 무리로 구분하는 것이 다음 단계였다. 이것이 어떤 식으로 행해졌는지 이해하기 위해 먼저 언뜻 실현가능해 보이는 방법부터 살펴보려고 하는데, 이것은 머지않아 심각한 약점이 있음이 입증될 것이다. 그런 뒤 그런 약점을 극복할 방법을 살펴보면 우리는 이 영국의 연구에서 사용된 방법에 도달할 것이다.

먼저 8개의 변수를 각각 숫자로 바꿔서 부호화한다. 추정치인 연령은 하나의 숫자나 범위로 기록돼 있는데, 범위라면 평균 값을 취한다. 성별의 경우에(웨스트미들랜즈 연구에서는 여성이 이 목을 끄는 역할인 사건만 조사했기 때문에 고려되지 않았다) 남성은 1, 여성은 0으로 부호화할 수 있다. 키 역시 어떤 숫자나 범위 혹은 '크다' '중간' '작다'와 같은 용어로 주어질 것이므로, 이들을 하나의 숫자로 바꾸기 위해 어떤 방법을 채택해야 한다. 마찬가지로 다른 변수들 각각도 숫자 하나로 나타내는 방책을 고안해야 한다.

숫자로 부호화하는 작업이 끝나면, 각 범인의 신상은 8-벡터, 즉 8차원의 기하학적 (유클리드) 공간 내에서 점 하나를 나타내는 좌표로 볼 수 있다. 유클리드 기하학에서 익숙한 거리 척도인 피타고라스 거리를 써서 두 점 사이의 기하학적 거리를 측정할 수 있다. 즉 두 벡터 $(x_1,\cdots,x_8)$과 $(y_1,\cdots,y_8)$의 거리는 다음과 같다.

$$\sqrt{(x_1-y_1)^2+\cdots+(x_8-y_8)^2}$$

이 거리가 서로 가까운 점들은 여러 가지 특징을 공통으로 지니는 가해자 한 명의 신상명세에 대응할 가능성이 크며, 점들이 가까울수록 더 많은 특징을 공통으로 가질 가능성이 크다. (머지않아 얘기하겠지만, 이런 접근법에는 문제가 있음을 기억하라. 하지만 당분간은 방금 서술한 것과 비슷하게 흘러간다고 가정해보자.)

이제 어려운 문제는 서로 가까운 점들의 군집을 가려내는 문제다. 변수가 두 개뿐이었다면 쉬웠을 것이다. 모든 점을 단일한 x, y 그래프에 표시하고 눈으로 살펴보면 군집을 알아볼 수 있다. 하지만 소프트웨어 시스템 설계자가 제공하는 자료의 시각화 도구의 도움을 받더라도 인간은 8차원 공간을 완전히 시각화할 수 없다. 이 어려움을 피해가는 방법은 점(신상명세)의 8차원 배열을 2차원 배열(즉 행렬이나 표)로 줄이는 것이다. 자료상의 점들(즉 가해자의 신상명세를 벡터로 표현한 것)을 다음과 같은 방식으로 2차원 격자에 배열하자는 아이디어다.

1. 8차원 공간에서 극히 가까운 점들의 쌍은 같은 격자 영역에 들어가야 한다.
2. 격자에서 이웃한 점들의 쌍은 8차원 공간에서도 가까워야 한다.
3. 격자에서 떨어져 있는 점들일수록 8차원 공간에서도 멀리 떨어져 있어야 한다.

이는 신경망으로 알려진 특별한 종류의 컴퓨터 프로그램, 특히 코호넨Kohonen의 '자기조직화 지도Self-Organizing Map'(SOM)를 써서 수행할 수 있다. (SOM을 포함한) 신경망은 이 장의 후반부에서 설명할 것이다. 당분간 우리는 이들 시스템이 반복적으로 작동하며, 반복을 거치면서 우리의 관심사인 기하학적 군집화와 같은 패턴으로 좁혀 들어가는 데 대단히 유용하다는 것만 알면 충분하다. 따라서 실제로 위에서 서술한 종류의 8차원 배열을 입력 받아 2차원 격자 내에 점들을 적절하게 위치시킬 수 있다. (이와 같은 경우에 SOM을 효과적으로 이용하기 위해서는, 최종 격자의 적절한 차원을 사전에 혹은 초창기의 시행착오를 거쳐 결정하는 데 어느 정도 숙련이 필요하다. SOM 작업을 시작하려면 그런 정보가 필요하다.)

일단 자료를 격자 속에 집어넣으면, 경찰은 항목이 다수 들어 있는 격자 사각형, 즉 일련의 범죄를 일으킨 단일한 범죄집단의 소행일 가능성이 큰 영역을 조사할 수 있고, 범죄조직의 활동일 가능성이 있는 군집을 격자상에서 시각적으로 파악할 수 있다. 어느 경우든 경관들은 이에 대응하는 원래의 진술서 항목들을 조사하여, 이들 범죄가 정말 단일 범죄집단의 소행인지 여부를 조사할 수 있다.

이제 지금까지 서술한 방법에 무슨 잘못이 있을 수 있으며 어떻게 개선할 수 있는지 살펴보자.

원래 항목을 부호화한 숫자가 체계적이지 않다는 것이 첫 번째 문제다. 이는 8차원 공간에서 기하학적 거리(피타고라스 거리)를 이용하여 항목들이 군집될 때, 하나의 변수가 다른 변수를 압도하는 일이 생길 수 있다. 예를 들어 키를 측정한 차원이

(150센티미터에서 190센티미터 사이일 것이다) 성별 항목(0 또는 1)을 압도하게 된다. 따라서 여덟 개의 수치 변수가 각각 0부터 1 사이의 값을 가지도록 조정하는(수학 용어로 '정규화'하는) 것이 첫 번째 단계다.

그렇게 하는 한 가지 방법은 각 변수(키, 나이 등)를 그것이 나타내는 특징에 적합한 배율로 축소하는 것이다. 하지만 이럴 경우 거리를 계산할 때 다른 문제를 야기한다. 예를 들어 다른 변수들은 대충 비슷하고 성별과 키 변수만 있을 경우, 키가 아주 큰 여성은 키가 아주 작은 남성과 가깝다고 나올 것이다. (왜냐하면 여성에게는 0을 남성에게는 1을 부여했으며, 키가 크면 1에 가까우며 키가 작으면 0에 가까울 것이기 때문이다.) 따라서 좀 더 복잡한 정규화 과정을 이용해야만 한다.

웨스트미들랜즈 연구에서는 결국 모든 수치 항목을 그냥 0 아니면 1의 이진수로 만드는 접근법을 채택했다. 이것은 나이와 키 같은 연속변수를 (각각 몇 세 혹은 몇십 센티미터씩) 중첩된 범위로 쪼개고, 특정 범위의 항목에 1을 할당하고 그 범위 밖에는 0을 할당한다는 뜻이다. 또한 머리카락 색깔, 머리카락 길이, 체격, 억양, 인종 등의 요인을 부호화하기 위해 이진 변수의 쌍을 이용했다.

이들이 선택한 부호화 방식은 연구하려던 자료에 맞춤한 것이었으므로, 여기서 세세하게 언급해봤자 얻을 것은 별로 없다. (나이 및 키의 범위를 겹치는 영역으로 선택한 것은 선택된 범위의 끝단에 위치하는 항목을 고려하기 위함이었다.) 이런 정규화 과정 끝에 46개의 2진 변수 집합이 나왔다. 따라서 이 연구에서 기하학적 군집화는 기하학적으로 46차원 공간 위에서 행해졌다.

빠진 자료를 어떻게 다루느냐는 것이 또 다른 문제였다. 예를 들어 피해자 진술서에서 범인의 억양에 대한 얘기가 없다면 어떻게 할 것인가? 만일 0을 입력한다면, 그 자체로 억양을 할당하는 것이 되고 만다. 하지만 항목을 비워두면 군집화 프로그램이 무엇을 할 수 있을까? (웨스트미들랜즈 연구에서는 빠진 항목을 0으로 처리했다.) 자료가 빠져 있는 것은 사실 데이터 마이닝을 하는 이들에게는 주요 골칫거리 중 하나이며, 보편적으로 좋은 해결책은 사실상 없다. 만일 겨우 몇 항목만 빠진 거라면, 그런 항목을 무시할 수도 있고 값들을 이리저리 입력해 어떤 답이 얻어지는지 살펴볼 수도 있을 것이다.

앞서 언급한 대로, SOM을 실행하기 전에 결정해야 하는 중요한 사항이 그 결과로 얻어질 2차원 격자의 크기다. 격자 사각형은 충분히 작아야만 하는데, 그래야 SOM이 동일한 격자 사각형에 여러 개의 자료를 밀어 넣을 수 있고, 그 결과 이웃이 있으며 비어 있지 않은 격자 사각형들이 나오게 된다. 웨스트미들랜즈 연구자들은 결국 5행 7열 격자를 채택하기로 결정했다. 가해자 진술서가 105개였기 때문에, SOM은 다항 군집을 여러 개 만들어낼 수밖에 없다.

  웨스트미들랜즈 연구에서는 이 과정이 얼마나 잘 수행됐는지 판단하기 위해, 경험 많은 경관들이 그 결과를 검토하고 원래의 피해자 진술서 및 다른 관련 정보(예를 들어 범죄가 짧은 시간 동안 지리적으로 근접한 곳에서 발생했느냐는 정보는 범죄조직 활동의 또 하나의 지표이지만, 군집 분석에서는 이용되지 않았다)와 비교하는 것으로 결론을 맺고 있다. 이 연구와 관련된 당사자들이 입을 모아 성공적인 연구였다고 선언했지만, 사람이 상당한 시간을 들여야 했다는 사실은 이 연구가 초점을 맞춘 종류의 범죄 수사에 널리 이용되기 위해서는 방법을 더욱 개선하고 여러 단계를 더 자동화할 필요가 있음을 뜻한다. 하지만 이 방법은 테러와 같은 다른 종류의 범죄 활동에서 군집을 탐지하는 데에도 이용될 수 있다. 그런 범죄는 상당히 큰 위험이 따르기 때문에, 이 방법이 제대로 효과를 발휘할 수 있도록 인력과 자원을 투자할 가치는 충분하다.

소프트웨어 에이전트

인공지능AI 연구의 산물 중 하나인 소프트웨어 에이전트software agent는 기본적으로 특별한 목표를 달성하기 위해 설계된 자립적인(따라서 일반적으로는 비교적 작은) 컴퓨터 프로그램이며, 환경의 변화에 따라 반응하며 자율적으로 동작한다. 특정한 입력 값에 따라 이들이 택할 수 있는 다양한 범위의 행동을 반영한 결과 자율성이 생긴다. 노골적으로 말하자면 이들은 조건 명령문 if/then을 많이 포함하고 있다.

예를 들어 미국 재무부 산하 금융범죄단속반FinCEN은 돈세탁을 잡아내는 것이 업무인데, 1만 달러 이상의 현금 거래를 모두 검토한다. 매년 그런 거래가 1000만 건 정도이므로, 수작업으로는 할 수 없다. 그 대신 기관에서는 먼저 연결고리 분석을 써서 소프트웨어 에이전트로 자동으로 감시하여 사기일 가능성이 있는 이상 행동을 찾는다.

은행에서는 소프트웨어 에이전트를 이용하여 신용카드 활동을 감시하여 도난 카드일 가능성이 있는 이상한 지출 패턴을 찾아낸다. (여러분은 새로운 환경, 즉 해외나 시외나 외국에서 신용카드를 사용하려다가 거부됐던 경험이 있을지 모른다. 여러분은 아마 몰랐겠지만 그곳에서 최근에 가짜 신용카드 사용이 발생했기 때문이다.)

국방부는 다른 어떤 정부기관이나 비정부조직보다, 첩보 수집과 분석을 위한 소프트웨어 에이전트 개발에 많은 자금을 투자해왔다. 일반적으로 이 개발 계획에서 하나의 구체적인 부분 업무를 수행하게끔 고안된 에이전트들이 서로 정보를 주고받을 수 있는 조직적 체계를 구축하는 것이 전략이다. 예를 들어 생물학적 공격을 조기 경보하기 위한 조직적 감시체계라면 다음과 같은 것들이 포함될 것이다.

- 여러 데이터베이스에서 나온 자료를 수합하고 연관 짓는 에이전트
- 이들 데이터베이스로부터 관련돼 있을 가능성이 큰 자료를 추출하는 에이전트
- 선택된 자료를 분석하여 이상 패턴을 보이는 생물학적 사건을 찾는 에이전트
- 기형적 패턴들을 분류하고, 구체적인 병원체를 식별하는 에이전트
- 긴급 대응 요원들에게 경보를 보내는 에이전트

의사들의 보고서나 환자들의 징후, 병원 외래환자 보고서, 학교 출석 기록, 약국에서의 특정 약품 판매량 등이 초기 자료에 포함될 것이다. 각 자료에 이미 정립된 패턴에서 벗어난 갑작스런 변화가 있으면, 그것은 자연적으로 발생한 감염병에 의한 것일 수도 있지만 생물학적 공격의 첫 번째 징후일 수도 있다. 사람이 방대한 자료를 요약하고 결과를 살펴, 변화하는 상황을 감지하여 늦지 않게 대응조치를 개시할 수 있게 만들 수는 없을 것이다. 이런 종류의 일은 소프트웨어를 이용해야만 한다.

기계학습

범죄자들과 테러리스트들을 프로파일링하여 체포하거나 막고자 할 때, 경찰의 데이터 마이닝 무기고에서 가장 중요한 도구 하나를 고르라면 아마도 인공지능의 또 다른 분야인 기계학습 machine learning일 것이다.

 기계학습 알고리듬의 위력은 대체로 다량의 자료에서 핵심 특징을 찾고 식별해내는 과정을 자동화할 수 있다는 점에서 나온다. 숙련된 사람도 이런 일을 (보통은 더 잘) 할 수 있지만, 자료의 양이 적을 때나 그렇다. 기계학습 알고리듬은 말 그대로 건초더미에서 바늘을 찾아내는 것을 가능하게 해준다.

 예를 들어 테러리스트나 마약 밀수범의 특유의 특징들을 밝혀내고 싶다면, 알려진(즉 이미 붙잡힌) 테러리스트나 마약 밀수범의 데이터베이스에 적절한 기계학습 시스템(상업용으로 쓸 만한 것이 많다)을 적용할 수 있다.

 특징이 될 만한 범위를 결정해주는 몇 가지 초깃값을 입력하면 소프트웨어는 데이터베이스를 상대로 스무고개 놀이와 상당히 비슷한 방식의 질문을 던진다. 이 과정에서 나온 출력물은 이러하면 저렇게 하라는 식의 조건들의 모임인데, 각각에는 확률 추정값이 할당돼 있다. 이것은 용의자가 밀수할 가능성이 있는지를 검사하는 프로그램(국경수비대에서 이용할 수 있을 것이다)

의 기초를 제공한다. 혹은 데이터베이스의 질문 과정에서 결정나무decision tree를 만들어내어 테러리스트나 마약 밀수범일 가능성이 있을 때 사법기관 요원에게 경고를 보내는 프로그램의 기초로 이용될 수도 있다.

간단한 예를 통해 이 과정의 첫 단계를 한결 쉽게 이해할 수 있다. 주어진 항목이 사과인지, 오렌지인지, 바나나인지 예측하는 기계학습 시스템을 만든다고 하자. 시작점은 대상의 무게, 모양, 색깔을 살펴보라는 지시일 것이다. 시스템은 적절한 항목들의 목록(이 경우에는 과일들의 목록)을 훑어보고, 먼저 무게부터 검사한다. 그러나 이 특징으로는 세 가지 과일을 구별하지 못한다는 사실을 알게 된다. 그러면 이번에는 모양을 목록과 대조한다. 이 특징은 (원통형의 굽은 물체 대 공 모양의 물체로) 바나나와 나머지 두 과일을 구별할 수 있게 해준다. 하지만 그 특징은 모든 경우에 과일을 식별하기에는 충분치 않다. 어떤 시험 항목에 대해, 모양에 대한 검사는 다음과 같은 출력값을 낼 것이다. 항목이 바나나라면

바나나: 100%

로 나오지만, 그렇지 않으면

사과: 50%, 오렌지: 50%

이다. 마지막으로 시스템은 색깔을 검사한다. 이번에는 색깔이 세 가지 과일을 100퍼센트 정확하게 구별하는 특징임을 알게 된다.

과거의 사례들로 이루어진 충분히 큰 데이터베이스를 상대로 기계학습 알고리듬을 돌리면 적은 개수의 점검표나 결정 나무를 만들어낼 수 있으며, 범죄자나 테러리스트와 마주하는 국경수비대나 사법기관 요원들은 시스템에게 범죄자 가능성이 있는지를 실시간으로 판단하도록 지시할 수 있다. 시스템은 용의자가 범죄자일 종합적 확률에 기초하여 요원에게 '그냥 통과'에서 '즉시 체포'에 이르는 여러 행동 중 어떤 행동을 취할지를 조언할 수 있다.

실제로 어떤 시스템이 사용되는지는 공개되지 않았지만, 예를 들어 입국하려는 사람에게 다음과 같은 특징이 있으면 추가 조사를 받을 가능성이 클 것이다.

나이: 20~25
성별: 남성
국적: 사우디아라비아
거주 국가: 독일

비자 상태: 학생

대학: 미상

지난해 입국 횟수: 3회

지난 3년간 방문한 국가: 영국, 파키스탄

비행 훈련: 받았음

시스템은 처음의 7가지 특징에 근거하여 요원에게 추가 조사를 제안할 수도 있겠지만, 아마도 마지막 2가지 특징이 좀 더 실질적인 행동을 촉발할 가능성이 크다. (앞선 특징들 중 몇 가지 때문에 테러리스트일 가능성이 높아졌을 때에만 마지막 특징들이 활성화될 것이라고 짐작할 수 있다.)

물론 위의 예는 전반적인 아이디어를 설명하기 위해 상당히 단순화한 것이다. 인간 요원이라면 놓쳤을지 모를 상당히 복잡한 프로파일을 구축할 수 있다는 점이 기계학습의 강점이다. 더욱이 이 시스템은 확률을 갱신하는 베이즈 방법(6장을 보라)을 이용하여 각각의 결과들에 확률을 부여할 수도 있다. 위에서 예로 든 프로파일로부터 다음과 같은 권고가 나올 수 있다.

평가: 테러리스트일 가능성 있음(확률 29%)

행동: 억류 후 보고할 것

우리의 예는 허구지만, 국경수비대나 사법기관 요원들은 마약 밀수범이나 테러리스트일 가능성이 있는 사람이 입국하는 것을 걸러낼 때 기계학습 시스템을 일상적으로 사용하고 있다. 경찰은 금융사기를 찾아낼 때도 기계학습을 이용한다. 사업계에서도 마케팅, 고객 프로파일링, 품질관리, 공급망 관리, 유통 등에 이런 시스템을 광범위하게 사용하고 있다. 한편 주요 정당들도 어디에서 어떻게 선거운동을 할지 결정하는 데 이런 시스템을 사용한다.

어떤 응용에서는 기계학습이 위에서 서술한 것처럼 작동하지만, 다른 응용에서는 이제부터 살펴볼 신경망을 이용한다.

신경망

2006년 6월 12일자 《워싱턴포스트》에는 비자카드 사의 전면광고가 실렸는데, 자사의 신용카드 사기 건수가 사상 최저치에 가깝다고 공표하면서 신용카드 사기를 막기 위한 첨단 보안 방책으로 신경망neural network을 언급하는 내용이었다. 이 회사의 성공은 1993년부터 시작한 신경망 기반의 사기 예방책의 장기 개발의 결과였다. 비자카드 사는 카드 사기 사건을 감소시키기 위해 이런 시스템의 활용을 실험한 최초의 회사였다. 전형적인 카드 사용 패턴을 분석하여 수상한 활동이 발생하면 신경망 기반의 위험 관리도구가 은행 측에 즉시 고지하여, 합법적인 카드 소지자가 아닌 다른 사람이 사용하고 있는 것으로 보인다면 은행이 고객에게 알릴 수 있게 하자는 아이디어였다.

신용카드 사기 탐지는 신경망을 이용하는 데이터 마이닝의 여러 응용 중 하나에 불과하다. 그런데 신경망이란 정확히 무엇이며 어떻게 작동하는 걸까?

신경망은 원래 인간의 두뇌 작동방식을 흉내 내려는 시도로 개발된 특별한 종류의 컴퓨터 프로그램이다. 신경망은 기본적으로 전류가 흐르는 복잡한 회로의 컴퓨터 시뮬레이션이다(〈그림 2〉를 보라).

신경망은 패턴을 인식하는 데 특히 적합한데, 자금대출 지원자의 위험도가 낮은지 높은지 분류하거나, 합법적인 금융 거래인지 불법 거래인지 구분하거나, 신용카드가 훔친 것인지 식별하거나, 서명을 인식하거나, 지역 슈퍼마켓에서 구매 패턴을 식별하는 등의 작업을 위해 1980년대부터 시장에 도입되었다. 뒤이어 사법기관에서도 신경망을 사용하기 시작하여, 서로 다른 방화 사건이 동일한 개인의 소행일 가능성을 알려주는 '법의학적 지문forensic fingerprint'을 식별하거나, 마약 밀수나 테러 사건이 발생할 가능성을 알려주는 행동 패턴이나 활동을 식별하는 등의 작업에 응용했다.

이 기술을 좀 더 자세히 살펴보자. 신경망은 2개 혹은 그 이상의 '나란한 층parallel layers'으로 배열된 수많은(보통은 수백 혹은 수천 개의) 노드node들로 구성돼 있는데,[3] 각 노드는 자신이 속한 층에 인접해 있는 층의 노드들과 연결돼 있다. 한쪽 끝단의 층이 입력층이고, 반대 끝단의 층이 출력층이다. 이외의 층은 사이intermediate 층이나 숨은hidden 층이라 부른다. (노드로 뉴런을, 연결선으로 수상돌기를 흉내 내어 뇌를 모델링한다는 아이디어다.) 〈그림 2〉가 전체적인 아이디어를 보여주고 있는데, 다만 이처럼 노드의 개수가 적은 신경망이라면 실질적 쓸모는 적을 것이다.

입력층의 노드에 입력 신호들이 공급되면, 신경망의 동작 사이클이 시작된다. 망 내의 어느 노드에서든 입력 신호가 접수되면, 자신과 연결된 다음 층의 노드로 출력 신호를 내보낸다. 전체 망을 통해 이런 신호가 전파되고 출력 노드에서 출력 신호가 하나 발생하면(망의 구조에 따라 출력층의 노드가 여러 개일 수도 있다) 사이클이 끝난다. 입력 신호 및 노드로부터 나오는 신호 각각에는 1부터 100 사이의 수로 표현할 수 있는 모종의 '신호 강도'가 할당돼 있다. 노드들 사이의 연결들마다 역시 수로 표

---

[3] 전체 '신경망'을 보통의 디지털 컴퓨터에 시뮬레이션할 수 있으므로, 사실은 '구성돼 있다'는 말보다는 '간주할 수 있다'가 더 정확하다.

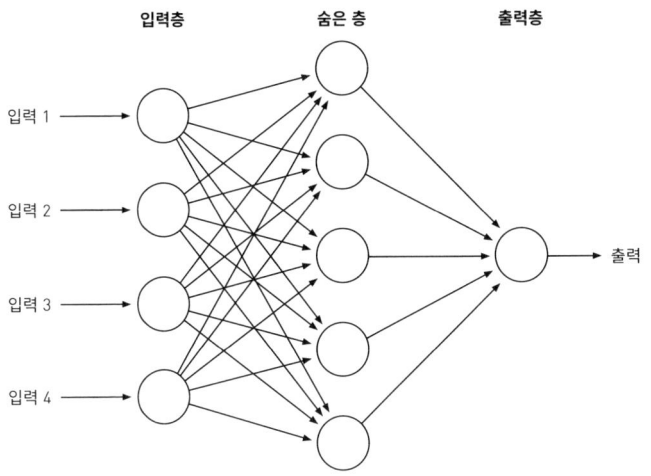

그림 2 숨은 층이 하나이고 출력 노드가 하나인 간단한 신경망

현되는 '전달 강도'가 주어져 있으며, 연결을 따라 지나가는 신호의 강도는 출발 노드에서의 신호 강도와 연결의 전달 강도에 의해 결정되는 함수다. 신호가 연결을 따라 전달될 때마다 이 연결의 강도(흔히 '가중치'라 불린다)는 신호의 세기에 비례하여 미리 정해놓은 수식에 따라 증가하거나 감소한다. (살아있는 뇌가 경험을 하면 뇌 속의 뉴런 사이의 시냅스 연결의 강도에 변화가 초래되는 방식에 비유할 수 있다.) 따라서 매 동작 사이클마다 전체 신경망의 연결 강도의 배치가 바뀐다.

신경망을 이용하여 특정한 계산 작업을 수행하기 위해서는 계산하기 위한 입력값을 입력층의 입력 신호로 부호화해야 하며, 대응하는 출력 신호를 계산 결과로 해석해야 한다. 망의 행동 즉 입력값에 따라 이 망이 취하는 행동은 다양한 연결에 준 가중치에 따라 달라진다. 기본적으로 이들 가중치의 패턴이 이 망의 '기억'을 구성한다. 언제든 시간 내에 특정 업무를 수행할 수 있느냐의 여부는 신경망의 아키텍처 및 현재의 기억에 좌우된다.

신경망 훈련시키기

신경망은 보통의 의미에서의 컴퓨터 프로그래밍처럼 프로그래밍하지 않는다. 대다수의 경우, 특히 분류에 이용되는 신경망의 경우 신경망을 적용하기 위해서는 다양한 연결 가중치를 설정하기 위해 '훈련' 절차가 선행되어야 한다.

예를 들어 어떤 은행에서 인가되지 않은 신용카드 사용을 식별하려고 신경망을 훈련하고 싶다고 하자. 먼저 은행은 신경망에게 진짜인지 가짜인지 알려져 있는 기존의 수많은 신용카드 거래내역(사용자의 집 주소, 신용 전력, 지출한도, 소비, 날짜, 금액, 장소 등)을 제시한다. 신경망은 각각의 거래가 진짜인지 추측해야 한다. 만일 망 내의 연결 가중치가 무작위로 혹은 중립적으로 설정돼 있다면, 이들 추측의 일부는 옳을 것이고 일부는 틀릴 것이다. 신경망은 훈련 과정을 통해 추측이 옳을 때마다 '보상'을 받고, 틀릴 때마다 '벌'을 받는다. (다시 말해, '옳은 등급'—즉 추측에 대한 긍정적인 피드백—은 연결 가중치를 계속 기존처럼 조정하도록 만드는 반면, '틀린 등급'은 다르게 조정하게 만든다.) 여러 차례(수천 번 이상) 사이클을 반복한 후에는, 대다수의 경우(일반적으로는 어마어마한 다수) 신경망이 내리는 결정이 옳게끔 연결 가중치가 조정돼 있을 것이다. 여러 차례 훈련 사이클을 거치는 동안 망 내의 연결 가중치가 합법적 신용카드 사용과 불법 사용 프로파일에 대응하도록 조정될 것이다. (이때 프로파일의 내용은 상관이 없으며, 또한 프로그래머가 그 내용을 알 필요가 없다는 것이 중요하다.)

이런 일반적인 아이디어를 작동 가능한 시스템으로 변모시키려면 몇 가지 기술이 필요한데, 특정한 분류 작업에 적합한 시스템을 만들어주는 수많은 신경망 아키텍처가 개발돼 있다.

훈련 사이클을 성공적으로 끝낸 후에는 (예를 들어 우리의 예에서) 인간 운영자조차 신경망이 신용카드 거래에서 어떤 특징의 패턴을 포착해서 사기의 징후를 식별하는지 파악하는 게 불가능할 수도 있다. 운영자는 시스템이 어느 정도의 오류 범위에서, 예를 들어 95퍼센트 정도로 정확하게 예측한다는 것만 알게 될 것이다.

예를 들어 의사처럼 특정한 영역에서 고도로 훈련되고 경험이 풍부한 인간 전문가들에게도 비슷한 현상이 일어날 수 있다.

경험이 풍부한 의사라면 환자를 진찰한 뒤 어느 정도 확신에 차서 이 환자에게 이러이러한 것이 잘못됐다고 믿는다고 말하면서도, 구체적으로 어떤 징후 때문에 그런 결론에 이르게 됐는지 정확히 설명하지 못할 때가 있다.

신경망의 가치 대부분은 인간은 발견할 수 없는 특징적 패턴을 포착하는 능력을 습득할 수 있다는 점에서 발생한다. 한 가지 예를 들면, 5만 건의 신용카드 거래 당 사기는 단 1건에 불과한 경우가 대부분이다. 인간이라면 이렇게 많은 양의 활동을 감시하여 사기를 찾아낼 수 없을 것이다.

하지만 신경망의 이러한 불투명성, 즉 인간이라면 인식하지 못했을 패턴을 밝혀낼 수 있다는 바로 이 사실이 때로는 예상치 못한 결과를 낳을 수 있다. 자주 반복되는 이야기 하나를 들어보자. 몇 년 전 미군은 탱크에 색칠을 하여 배경과 구분되지 않게 위장하더라도 식별할 수 있도록 신경망을 훈련시켰다. 미군은 탱크가 있는 사진과 없는 사진을 많이 보여주어 시스템을 훈련시켰다. 많은 훈련 사이클이 끝난 후 신경망은 대단히 정확한 탱크 인식능력을 보여주기 시작했다. 마침내 실제 장소에서 실제 탱크로 시스템을 현장 시험하는 날이 왔다. 시스템은 탱크가 있을 때와 없을 때를 전혀 구별하지 못하며 형편없이 작동해 모두를 놀라게 했다. 얼굴을 붉힌 시스템 개발자들은 연구실로 돌아가 무엇이 잘못됐는지 찾아내기 위해 애썼다. 결국 누군가가 무엇이 문제였는지 깨달았다. 시스템 훈련용으로 사용했던 사진은 서로 다른 날에 촬영된 것이었다. 탱크가 있는 사진은 화창한 날에 찍은 것이었고, 탱크가 없는 사진은 흐린 날에 찍은 것이었다. 신경망이 두 종류의 사진 사이의 차이점을 배운 것은 분명했지만, 시스템은 탱크가 있느냐 없느냐는 패턴을 포착한 게 아니었다. 시스템은 맑은 날의 장면과 흐린 날의 장면을 구별하는 방법을 배웠던 것이다. 물론 이 이야기의 교훈은 신경망이 식별한 패턴을 정확히 해석하려 할 때 주의해야 한다는 것이다. 이런 주의사항을 별도로 할 경우 신경망은 산업이나 상업, 사법기관과 방어시설에서 극히 유용한 것으로 입증돼왔다.

신경망에게 일을 시키기에 앞서 초기 훈련을 하는 과정의 속도를 높이기 위해 다양한 신경망 아키텍처들이 개발되어왔지만, 훈련을 마치려면 시간이 좀 걸리는 것이 대부분이다. 중요한 예외로 (아이디어 개발자인 코호넨 박사의 이름을 딴) '코호넨 망'이 있는데, '자기조직화 지도SOM'로도 알려져 있다. 이는 군집을 식별하는 데 이용되는데, 어떤 범죄가 개인의 범죄인지 조직의 범죄인지 집단으로 분류하는 것과 관련하여 앞에서 언급한 바 있다.

코호넨 망은 거리 측정에 해당하는 것을 아키텍처에 반영하고 있기 때문에, 기본적으로 외부에서의 피드백이 없어도 스스로 훈련한다. 피드백이 필요 없기 때문에 덩치 큰 예비 자료도 필요하지 않다. 이 망은 적용할 자료로부터 반복적으로 사이클을 거쳐 자신을 훈련시킨다. 그럼에도 더 자주 이용되는 여타 신경망과 마찬가지로 연결 가중치를 조정하며 기능한다.

데이터 마이닝 시스템보다 신경망이 가지는 한 가지 이점은 인간이 수집한 덩치 큰 기록에서는 필연적으로 나오기 마련인 '이가 빠진 자료'라는 문제를 훨씬 더 잘 다룬다는 점이다.

신경망을 이용한 범죄 데이터 마이닝

경찰을 도와 범죄를 해결하거나 방지하도록 개발된 상업용 시스템이 몇 가지 있다.

그중 하나가 연쇄범죄 패턴 분류 시스템Classification System for Serial Criminal Patterns(CSSCP)인데, 시카고 드폴 대학교의 전산과학자 탐 무스카렐로Tom Muscarello와 카말 다버Kamal Dahbur가 개발했다. CSSCP는 확보 가능한 사건 기록을 면밀히 살펴보면서, 각 범죄에서 공격의 종류, 가해자의 성별, 신장, 연령, 사용된 흉기, 도주에 사용된 차량 등의 서로 다른 면마다 수치를 부여한다. 이들 수치로부터 범죄 묘사 프로파일이 만들어진다. 코호넨 형의 신경망 프로그램은 이를 이용하여 비슷한 프로파일의 범죄를 찾는다. 만일 CSSCP가 두 범죄 사이에 연관

가능성을 발견하면, 이들 범죄가 발생한 시간과 장소를 비교하여 한 곳의 범죄현장에서 다른 곳으로 이동할 만한 시간이 충분했는지의 여부를 살펴본다. 3년 치의 무장강도 사건 자료를 이용하여 시스템이 실험실에서 시험한 결과, 똑같은 자료에 접근할 수 있었던 노련한 형사 팀보다 10배나 많은 패턴을 포착할 수 있었다.

CATCH도 이런 프로그램의 하나인데, '컴퓨터의 도움을 받은 강력사건 추적 및 특징화Computer Aided Tracking and Characterization of Homicide'의 약자다. CATCH는 퍼시픽 노스웨스트 국립연구소가 법무부 사법연구소 및 워싱턴 주 지방검찰청을 위해 개발한 것이다. 이 프로그램은 진행 중인 사건과 이미 해결된 사건 자료 사이에 연관성이 있는지 판단하여 사법기관원을 도울 목적으로 개발됐다. CATCH는 워싱턴 주 강력사건 조사 추적 시스템에 설치되었는데, 여기에는 미국 북서부 지역의 7000건의 살인과 6000건의 성폭행 사건의 세부사항이 담겨 있다. CATCH는 코호넨 스타일의 신경망을 이용하여 범행수법이나 가해자의 특징과 같은 매개변수를 이용하여 범죄를 군집으로 나누어, 분석가들이 사건을 데이터베이스 내의 유사 사건과 비교할 수 있게 해준다. 이 시스템은 기존 범죄, 범죄 장소, 범행의 특징을 익힌다. 이 프로그램은 각각 어떤 특징이나 특징 모임에 주안점을 둔 서로 다른 도구들로 쪼개져 있다.

이 때문에 인간들이 무관하다고 판단하는 특징들을 사용자가 제거할 수 있다.

또한 테러리즘에 특히 초점을 맞춘 것도 있다. 2005년 8월 8일자 《비즈니스위크》 표지기사는 다음과 같이 보도했다. "FBI에 따르면 9/11 이후 3000명이 넘는 알카에다 공작원들이 체포되었으며, 세계적으로 테러리스트의 공격이 100건 정도 차단되었다. 차단한 방식에 대한 세부사항은 비밀이다. 하지만 비밀 에셜론Echelon 망을 이용한 전자 염탐과 컴퓨터 데이터 마이닝 두 가지가 핵심임은 의심의 여지가 없다."

에셜론은 미국 국가안보국National Security Agency(NSA) 및 캐나다, 영국, 오스트레일리아, 뉴질랜드의 유사 기관이 운영하는 세계적인 감청 시스템이다. NSA의 슈퍼컴퓨터가 에셜론이 모아들인 데이터의 홍수 속을 훑고 지나가면서 테러 계획의 단서를 찾아낸다. 시스템에서 주시해야 한다고 판단한 문서들은 인간 번역가와 분석가들에게 가며, 나머지는 버려진다. 관련 자료의 양이 어마어마하므로 인간 분석가들보다 시스템이 더 뛰어날 때가 있으며, 너무나 빨리 중요 정보들을 생산해 인간이 미처 다 조사하지 못한다고 해도 놀랍지 않다. 예를 들어 2001년 9월 10일 수집된 아랍어 메시지 두 개는 다음 날 중대한 사건이 일어난다는 암시를 주고 있었는데 9월 12일에야 번역되었다. (이 끔찍한 날 이후, 정통한 소식통에 의하면 번역의 지체가 대략 12시간 정도로 감소되었다고 한다. 물론 거의 실시간으로 분석하는 것이 목표다.)

이런 데이터 마이닝 시스템을 개발하는 궁극적인 목적은 다수의 데이터베이스를 들여다보아 연관성을 찾아내어 계획이 도모되고 있다고 경고하게 하는 것이다. 원래 그런 목적의 계획으로 테러정보인지Terrorism Information Awareness(TIA) 계획이 있었지만, 사생활 침해 우려 때문에 2003년 의회에서 파기됐다. TIA 계획은 다수의 상업용 및 정부 데이터베이스를 조사하는 것에 덧붙여, 예를 들어 뉴욕 항에 대한 공격과 같은 독자적인 테러 시나리오를 만들어낸 뒤 그 계획을 밝혀내고 약화시키기 위한 효과적 수단을 판단할 수 있도록 설계됐다. 다이빙 학교와 스쿠버 장비 대여 시설의 고객 명단을 검색하고, 비자 신청자나 항공사 승객 명단에 유사한 이름이 있는지 찾는 것이 한 가지 예가 될 수 있다.

나, 저 얼굴 알아 – 신경망을 이용한 안면 인식 시스템

안면 인식 시스템은 종종 신경망을 이용한다. 현재의 인식 시스템은 사람의 얼굴을 '안면 프린트' 또는 '특징 벡터'라고 부르는 수열로 환원한다. 이들 숫자는 눈의 중심, 눈구멍의 깊이, 광대

뼈, 아래턱선, 턱, 코의 폭, 코끝 등과 같은 안면의 핵심 특징으로 '마디점nodal point'이라고 부르는 80개의 점들 쌍 사이의 거리를 측정한 값들이다(〈그림 3〉을 보라).

빠른 컴퓨터를 이용하면 대상이 되는 인물의 안면 프린트를 몇 초 내에 계산하여 데이터베이스 속의 안면 프린트와 대조할 수 있다. 데이터베이스 내의 안면 프린트를 만들어낼 때 이용됐던 사진의 관측각과, 대조할 대상을 관측하는 각이 다르기 때문에 정확히 비교할 수는 없다. 물론 이런 효과는 몇 가지 초등적인 삼각함수 계산을 써서 일부 극복할 수 있다. 하지만 '가장 근접한 일치'인지 비교하는 이런 종류의 작업은 신경망이 잘 다룰 수 있는 작업이다.

신경망을 이용하여 안면 프린트를 비교하는 안면 인식 시스템의 이점 중 하나는 모자를 쓴다든지, 수염을 기른다든지, 나이가 든다든지 하는 것과 같은 표면적인 변화에 의한 영향을 받지 않는다는 점이다. 안면 인식 시스템을 최대한 활용하려고 했던 최초의 조직은 카지노였는데, 이들은 이 시스템을 이용하여 사기꾼임이 알려진 참가자들을 감시하는 데 이용했다. 더 최근에는 공항 출입국 심사에서 이용하는데, 이 기술에 대한 응용이 빠르게 성장하고 있다.

현대의 안면 인식 기술은 영화나 텔레비전 드라마에 묘사된 정도에는 전혀 가까이 다가가지 못했지만(특히 군중 속에서 안면

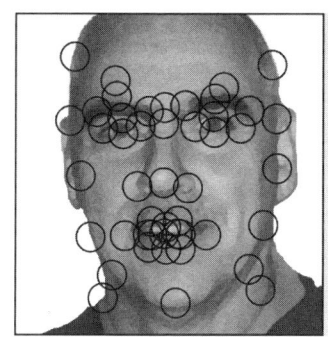

그림 3 다수의 안면 인식 시스템은 마디점이라 부르는 핵심 지점들 사이의 거리를 측정한 것에 기반을 두고 있다.

을 인식하는 경우에는 까다로운 난관이 있다), 몇 가지 상황에서는 유용했으며 앞으로 몇 년 동안 정확도의 개선이 기대되고 있다.

카지노나 공항 입국심사대에서는 단독으로 중간색의 배경에서 대상자의 얼굴 전면 사진을 찍을 수 있기 때문에 안면 인식 시스템이 비교적 유용하다. 하지만 그런 경우에도 어려움은 있다. 예를 들어 2005년 독일에서는 생체 여권을 발급하기 시작했는데, 사람들이 짓는 미소 때문에 머지않아 문제가 발생했다. 독일 당국은 "무표정하게 있어야 하며 카메라를 똑바로 응시하라."고 경고하는 지침을 마련해야 했다.

반면 성공담도 있다. 2004년 12월 25일 《로스앤젤레스타임스》는 로스앤젤레스 다운타운 서부에서 경찰이 제지한 사건을 보도했는데, 당시 경찰은 신형 휴대용 안면 인식 시스템을 시험하여 두 명의 용의자를 심문했다. 경관 한 명이 카메라가 부착된 소형 컴퓨터 시스템을 두 사람 중 한 명을 향해 가리켰다.

장치 내의 안면 인식 소프트웨어는 이 영상을 최근 도주자들과 두 곳의 악명 높은 갱단 조직원 수백 명을 포함한 데이터베이스 내의 사진과 비교했다. 몇 초도 안 되어 화면에는 용의자와 비슷한 윤곽을 가진 9명의 얼굴 목록이 표시되었다. 컴퓨터는 이들 중 한 명이 94퍼센트의 확률로 매우 일치한다는 결론을 내렸다.

의심스러운 다자간 통화 추적하기

전화사기를 적발하는 것도 신경망의 중요한 응용 중 하나다.

수년 동안 버지니아 주 리치몬드 소재 리치몬드 경찰서 범죄 분석반의 프로그램 매니저였던 콜린 매큐Colleen McCue 박사는 사법기관에서 데이터 마이닝 기법의 사용을 개척했다. 그녀는 저서 《데이터 마이닝과 예측 분석Data Mining and Predictive Analysis》에서 자신이 연구했던 특별한 계획을 설명하면서, 가용한 자료로부터 유용한 정보를 추출하기 위해 반드시 거치기 마련인 여러 단계를 설명하고 있다. 자료 내의 군집을 식별하는 데 코호넨 신경망을 이용했으나, 분석을 위해서는 대체로 수작업으로 해야만 했던 단계들도 많았다고 매큐 박사는 설명한다. 통상적인 경찰 수사업무가 대개 그렇듯이, 영화나 TV로 극화된 화려하고 짜릿한 부분보다는 세부사항에 대한 통상적인 '끈기'와 집중에 훨씬 많은 시간이 들어가는데, 데이터 마이닝도 마찬가지다. 일반적인 프로젝트에서 복잡한 첨단 수학 기술을 구현하는 것보다, 노동 집약적으로 인간이 자료를 처리하고 준비하는 데 상당한 분량의 시간이 소요된다. (물론 이는 수학이 중요하지 않다는 뜻이 아니며, 실은 수학이 종종 결정적이다. 하지만 수학을 적용하기 위해서는 일반적으로 상당한 준비 작업이 필요하다.)

매큐가 설명한 사건은 일련의 국제 전화회의를 안내하기 위해 이용됐던 사기성 전화 계정의 설치와 관련 있다. 다자간 전화회의 서비스 회사에서 경찰에 37쪽짜리 미납된 다자간 통화료 청구서를 보내면서 수사가 시작됐다. 청구서에 나열된 국제 다자간 전화회의의 대다수가 3시간 정도 지속되었다. 다자간 통화 회사에서는 계정을 열기 위해 사용됐던 정보가 가짜라는 것을 발견했다. 회사는 조사를 통해 다자간 통화회의가 범죄 기획에 이용됐다는 의심을 품었지만, 범죄자들이 누구인지 알아낼 만한 구체적인 증거는 없었다. 매큐와 동료들은 다자간 통화에 대한 데이터 마이닝 분석으로 이들의 신원에 대한 단서가 나올지 알아보는 작업에 착수했다.

전화요금 청구서의 전자 사본을 다루기 쉬운 문서 형식으로 획득하는 것이 분석의 첫 번째 단계였다. 통화기록이 있으니 비교적 쉬운 작업이었지만, 전 세계의 데이터 마이닝 전문가들이라면 다른 사건의 경우에는 착수 단계부터 자료의 재입력 및 출력한 원본과 비교하기 위한 이중 검증에 막대한 시간과 노력이 들었을 거라고 증언해줄 것이다.

청구서 문서에서 반복되는 서두나 지불 절차에 대한 안내처럼, 분석과 직접적으로 관련이 없는 정보들을 제거하는 것이 다음 단계였다. 그 결과 나온 문서에는 전화회사에서 각 통화에 발급한 다자간 통화 ID, 참가자들의 전화번호, 통화 날짜와 통화 지속시간 등이 담겼다. 고객의 이름이 들어 있는 목록은 5퍼센트 미만이었는데 분석가들은 가명일 것이라고 추정하면서도 추가 연결고리 파악에 유용할 수도 있기 때문에 남겨두기로 했다.

그런 뒤 문서를 통계분석에 적합하게 구조화된 형식으로 포맷을 바꿨다. 특히 다른 정보들과 지역번호를 분리했는데, 지역의 위치에 근거하여 이들 정보를 연결할 수 있었기 때문이다. 또한 실제 전화번호에서 처음 세 자리는 따로 부호화했는데, 이들 역시 구체적인 위치 정보와 연결되기 때문이었다. 요일 패턴이 나타날 수도 있으므로 날짜에는 요일을 덧붙여 보강했다.

이 시점에서 문서의 통화 내역은 총 2017건이었다. 그런데 초기에 육안으로 자료를 점검했더니, 한 사람이 두 차례 이상 다자간 통화를 건 경우가 수차례 드러났다. 이런 통화의 상당수가 1분이 넘지 않게 짧게 지속되었으며, 더 길게 지속된 건 딱 한 번이었다. 이 경우 통화자들이 다자간 통화에 연결하거나 연결을 유지하는 데 어려움을 겪었다는 것이 가장 그럴듯한 설명이었다. 이에 따라 이러한 중복은 제거되었고, 도합 1047회의 통화 내역만 남았다.

이 시점에서 이 자료들을 분석하기 위해 코호넨 형의 신경망에 입력했다. 통화가 이루어진 매달의 날짜와, 특정한 통화에 관여한 참가자의 수에 근거하여, 유사한 통화 군집 3개가 드러났다.

세 군집 내의 통화를 추가 분석하자 매달 초에 이루어진 짧은 통화들은 주도자와 관련돼 있으며, 매달 말에 이루어진 통화에는 전체가 가담했을 가능성이 있어 보였다. 경찰과 요금을 받지 못한 전화회사에게는 불행하게도, 그때쯤 이들 조직이 활동을 중단했으므로 조사를 더 진행할 기회가 없어졌다. 분석가는 이들이 청구서 대금을 내지 않을 경우 당국에서 조사에 나서리라 짐작했을 것이므로, 이러한 갑작스러운 중단도 사전에 계획된 것이라고 보았다.

그 사건에서 범인은 체포되지 않았다. 하지만 당국은 그런 종류의 활동과 관련된 다자간 통화 패턴의 전체적인 그림을 알게 되었고, 이 연구에서의 발견을 토대로 전화회사는 이후 자신들의 신경망을 훈련시켜 유사한 패턴이 발생하는지 살펴보게 하여 범죄행위를 즉각 잡으려고 시도할 수 있게 되었다. (물론 회사에서는 이런 사실을 비밀로 유지하는 경향이 있다.)

이와 같은 싸움은 결코 끝나지 않는다. 범행 의도를 지닌 사람들은 계속해서 통신사를 사취할 방법을 찾으려고 할 것이기 때문이다. 회사가 자신들의 적을 따라잡기 위한 비장의 무기가 바로 데이터 마이닝이다.

〈넘버스〉에서 선보인 또 다른 데이터 마이닝

범죄 탐지 및 예방을 포함하여 현대생활의 많은 영역에서 데이터 마이닝 기술이 널리 이용되고 있기 때문에, 찰리가 〈넘버스〉의 여러 에피소드에서 이를 자주 언급한다고 해도 별로 놀랍지 않다.

예를 들어 2005년 11월 11일 방영된 '수렴Convergence' 에피소드에서는, 로스앤젤레스 상류층 저택들을 털던 일련의 강도들에 의해 급기야 집주인 한 명이 살해되는 사건이 발생한다. 강도들은 자신들이 터는 저택 내의 귀중품과 집주인의 자세한 이동경로에 대해 상당한 양의 내부 정보를 가진 듯 보였다. 하지만 목표가 된 집들 사이에는 아무 관련이 없어 보였으며, 이 범죄자들이 정보를 얻어내는 출처를 짐작케 할 만한 것은 더더욱 없었다. 찰리는 자신이 작성한 데이터 마이닝 프로그램을 써서 지난 6개월 동안 지역 내 저택 절도에서 패턴이 있는지 찾아보는데, 결국 일련의 차량 절도가 동일 집단의 소행으로 보인다는 결과가 나오게 되고, 이 덕분에 체포로 이어지게 된다.[4]

---

[4] 데이터 마이닝에 대해 더 자세히 알고 싶다면 다음 책들을 참고하라.
Colleen McCue, *Data Mining and Predictive Analysis*, Butterworth-Heinemann(2007).
Jesus Mena, *Investigative Data Mining for Security and Criminal Detection*, Butterworth-Heinemann(2003).

04　　　　　　변화의 조짐은 언제 처음 나타나는가?

야구 통계학의 천재

〈넘버스〉세 번째 시즌의 '하드볼'[1]이라는 제목의 에피소드에서는 마이너리그에서 몇 년간 별 볼일 없이 지내다가 메이저리그로 복귀하려고 애쓰던 노장 야구선수가 훈련 도중 사망한다. 사망한 선수의 로커를 열었던 코치가 주사 바늘과 스테로이드 약병을 숨겨둔 것을 발견하고 즉시 경찰에 연락한다. 검시관의 조사 결과 이 선수는 메이저리그로 복귀할 가능성을 높이려고 스테로이드를 과다 투여하다가 뇌출혈을 일으킨 것이었다. 하지

1　소프트볼에 대응하는 말로 '야구'를 가리킴. (옮긴이 주)

만 이는 우발적인 과다 투여가 아니었다. 로커에 있는 약은 보통의 투여량보다 30배나 더 강력한 것이었으며, 특별히 준비된 것이었다. 선수는 살해된 것이었다.

이 사건에 배당된 돈 엡스는 선수의 노트북 컴퓨터에서 익명으로 보내온 이메일을 몇 건 찾아낸다. 이메일의 발신자는 선수가 경기력 향상 약물을 복용하고 있다는 것을 알고 있으며 당국에 알리겠다고 협박하고 있었다. 협박 사건처럼 보였다. 하지만 이 익명의 금품 협박자가 가지고 있다고 주장하는 증거가 독특했다. 이메일에는 한 페이지짜리 수학공식을 적은 문서가 첨부돼 있었는데, 발신자는 이 선수가 프로선수 경력 중에서 약물을 복용하기 시작한 시기를 정확히 보여주는 공식이라고 주장했다.

동생의 도움이 필요한 사건임이 분명했다. 찰리는 무엇에 대한 수학인지 즉시 알아챈다. "이건 야구에 대한 고급 통계분석이야."라고 무심결에 말한다.

돈은 야구 성적을 분석하기 위해 통계학을 이용하는 기술을 가리키는 일반적 용어를 언급하며 "그럼 세이버메트릭스겠군."이라고 대답한다.

'세이버메트릭스sabermetrics'라는 용어는 미국야구연구협회 Society for American Baseball Research를 가리키는 약자 SABR에서 파생된 용어다. 이는 야구 통계학의 개척자이며 숫자를 이용한 야구 분석을 열렬히 주창한 빌 제임스Bill James가 붙인 이름이다.

찰리는 그 공식을 고안한 사람이 자신만의 수학적 축약 기호를 쓰고 있다는 것을 비롯해, 그 고안자를 찾아내는 데 도움이 될 만한 것들을 알아낸다. 불행히도 찰리는 세이버메트릭스 세계를 별로 몰랐기 때문에 이메일의 배후가 누구인지 짐작할 수 없었다. 하지만 칼사이의 동료 한 명이 힘들이지 않고 찰리에게 빠진 정보를 채워 넣어주었다. 가상야구fantasy baseball와 관련된 몇 개의 웹사이트를 검색했더니 동일한 수학 기호를 이용하는 사람이 작성한 글이 드러났다.

이제 돈에게 그림이 떠오르기 시작한다. 사망한 선수는 그를 비롯한 다른 선수들에게 불법 약물을 제공하고 있던 조직이 자신들에 대해 발설하지 못하도록 하기 위해 살해된 것이다. 익명의 세이버메트릭스 천재가 보낸 이메일 때문에 약물 조직이 발각될까봐 두려워진 것이 분명했다. 그런데 누가 살인했을까? 이메일을 보낸 사람일까, 약물 공급자였을까, 아니면 다른 사람이었을까?

돈이 이메일을 추적하여 고등학교 중퇴자로 오스월드 키트너라는 이름의 25세의 괴짜를 찾아내는 데는 그다지 시간이 많이 걸리지 않았다. 그는 독학한 수학 실력을 이용하여 가상야구 리그에서 승리하면서 적잖은 생활비를 벌고 있었다. 이 가상의 경기장에서 사람들은 실제 선수들로 구성된 가상의 팀들을 만들어, 실제 선수들의 현재 통계를 바탕으로 한 컴퓨터 시뮬레이션을 통해 서로 시합을 벌인다. 키트너는 자신의 수학 공식에 근거하여 성공을 거두고 있었는데, 선수의 성적에서 갑작스러운 변화를 식별할 수 있을 정도로(통계 분야에서는 '변화시점 탐지 changepoint detection'라 부른다) 대단히 좋은 공식으로 드러난다.

찰리는 특히 야구에서는 개인의 경기력과 우연의 역할(예를 들어 매 투구에 따라 상당히 무작위적인 결과가 나온다)이 결합되어 풍부한 자료가 만들어지기 때문에 통계분석에 잘 맞는다고 언급한다.

하지만 키트너는 가상야구 게임에서 승리하여 돈을 버는 것 이외에도 자신의 수학이 더 도움이 될 수도 있다는 것을 발견한다. 어떤 선수가 성적 향상 약물을 사용하기 시작하면 탐지할 수 있었기 때문이다. 스테로이드를 사용한 것으로 알려진 선수들의 성적 및 행동에 대한 주의 깊은 연구를 통해 키트너는 스테로이드 사용을 암시하는 가늠자, 예를 들어 홈런 개수나 투구에 맞았을 때 보이는 공격적인 행동, 말싸움이나 퇴장당할 때 보이는 짜증 등을 통해 살펴보아야 할 최적의 통계치가 무엇인지 알아낸다. 그가 관심을 둔 모든 선수에 대해 이 최적의 통계치를 추적하는 수학적 감시 시스템을 만들어내어, 이들 중 누가 스테로이드를 사용하기 시작할 경우 통계값의 변화를 탐지하여 재빨리 행동할 수 있게 했다. 선수가 스테로이드를 사용한다는 것이 널리 알려지기 전에 믿을 만한 정보를 손에 쥐게 되는 것이다.

그 수학을 들여다보던 찰리가 "이거 놀라운데."라고 말한다. "키트너는 시리야예프-로버츠Shiryayev-Roberts 변화시점 탐지 절차를 재고안한 거야!"

그런데 키트너는 자신의 방법을 이용하여 선수들을 협박한 것일까, 아니면 극적으로 개선되려고 하는 핵심 선수의 성적을 미리 알아내어 가상야구 게임에서 이기려던 것뿐이었을까? 어느 쪽이든 이 젊은 야구팬이 자신의 새로운 계획을 실행으로 옮기기도 전에 목표로 삼았던 선수가 살해되었다. 또한 이 괴짜 수학 천재는 살해 용의자가 되었다.

키트너는 재빨리 자수했고 당국에 협조하기 시작했으며, 돈은 그다지 오래 걸리지 않아 사건을 해결했다.

변화시점 탐지

범죄에 관한 한, 범죄가 일어난 후 범인을 잡으려고 하는 것보다 예방하는 것이 항상 더 낫다. 어떤 경우에는 예방으로 인한 혜택이 대단히 클 수도 있다. 예를 들어 2001년 9월 11일의 테러와 같은 경우, 이런 공격을 미연에 방지할 유일한 방법은 모의자들이 공격을 감행하기 전에 정보를 취득하는 방법뿐이다. 2006년 여름에 그런 일이 발생했다. 영국 당국에서는 청량음료와 세면도구로 위장하여 반입한 액체 폭발물을 이용하여 대서양을 횡단하는 비행기에 대해 가하려던 여러 건의 공격을 막아냈다.

한편 생물학적 공격의 경우에, 병원체가 사람들을 통해 작용하여 완전한 효과를 내기 위해서는 몇 주 혹은 몇 달씩 걸리기도 한다. 만일 당국에서 유행을 일으킬 비율에 도달하기 전에 비교적 확산의 초기 단계에서 병원체를 찾아낸다면 봉쇄할 수도 있다.

이를 위해 다양한 기관에서 일명 '증후군 감시syndromic surveillance'에 착수했다. 병원 응급실 및 여타 의료기관 사이에서 회람되는 기확인 증후군 목록에 포함된 증상이 발견되면 공중보건기관에 반드시 보고해야 한다. 기관에서는 이들 자료를 계속 주시하며, 경보 발령을 포함하여 사전에 지정된 조치를 취해야 할 만큼 특정 부류의 증상이 보통 이상으로 자주 발생하는지 알기 위해 통계분석을 이용한다.

현재 운영 중인 증후군 감시 시스템들 중에서는 펜실베이니아 주의 '실시간 발병·질병 감시Realtime Outbreak and Disease Surveillance'(RODS), 워싱턴 DC의 '지역사회 기반 감염병 조기

통보Early Notification of Community-Based Epidemics'(ESSENCE), 질병통제예방센터가 구현한 바이오센스BioSense 시스템이 가장 잘 알려져 있다.

이런 감시 시스템의 설계자들은, 예를 들어 질병으로 인해 결근하는 사람들이나 특정 증상을 보이며 의사를 찾는 사람들의 갑작스러운 증가 등의 활동 패턴 중에서 어떤 것이 통상적인 변동을 넘어서는 이상 패턴인지 식별해야 한다는 중요한 난관에 부딪히기 마련이다. 통계학자들은 보통의 요동에 반하는 뚜렷한 변화가 일어났음을 판별하는 이런 작업을 '변화시점 탐지'라고 부른다.

응급실을 찾는 환자들의 증상 등의 의료 자료를 계속 수집하여 잠재적인 생물학적 공격에 빠르게 대응하는 증후군 감시 이외에도, 변화시점 탐지에 대한 수학적 알고리듬을 이용하여 다른 종류의 범죄나 테러 활동을 집어내는 사례로는 다음과 같은 것들이 있다.

- 특정 지역에서 특정 범죄율의 증가를 탐지하기 위해 사건보고서를 감시하는 것
- 금융 거래 패턴에서 변화를 찾아내어 범죄 활동의 조짐을 찾는 것

생산라인 감시하기

그렇지만 변화시점 탐지 시스템을 처음으로 진지하게 이용한 것은 범죄와 싸우기 위해서가 아니라 제조 상품의 품질을 개선하기 위해서였다. 1931년 월터 슈하트Walter A. Shewhart는 관리도에서 자료를 계속 추적함으로써 제조 공정을 감시하는 법을 설명하는 책을 펴냈다.

슈하트는 일리노이 주 뉴캔턴에서 1891년에 태어났는데, 일리노이 대학과 캘리포니아 대학에서 물리학을 공부했으며 결국 박사학위를 받고 몇 년 동안 대학 교수로 지내다가 벨 전화사를 위한 장비를 만들었던 웨스턴 일렉트릭 사에서 일하기 시작했다. 초창기 전화에서 중요한 문제는 장비 고장이었는데, 제조 과정 개선이 성공의 열쇠라는 것은 누구나 인식하고 있었다. 통계학을 기발하게 이용하면 문제 해결에 도움이 된다는 것을 보인 것이 슈하트가 한 일이다.

생산라인 등의 활동을 감시하여 변화가 생기는지 보자는 것이 아이디어였다. 이상한 수치가 나올 경우, 세상이 종종 우리를 방해하기 위해 일으키는 무작위적 교란에 의한 단순 이상인지, 아니면 뭔가가 변했다는 신호(변화시점)인지를 판단하는 것이 까다로운 부분이었다(〈그림 4〉를 보라).

이를 알기 위해서는 이후의 수치 몇 개를 더 살펴봐야 한다

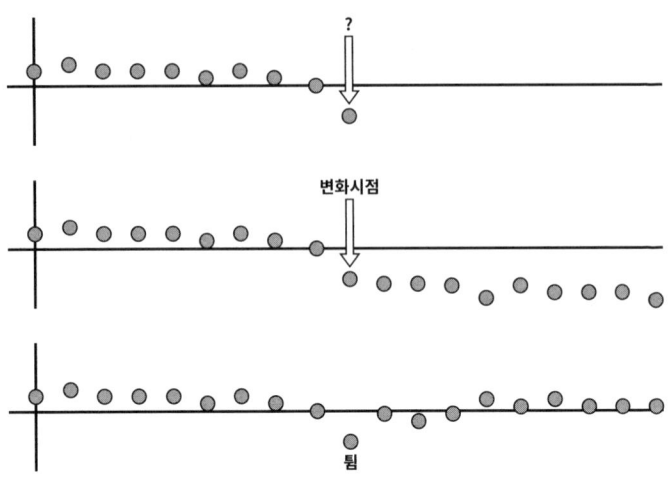

그림 4 이상한 자료점이 단순한 튐일까, 변화의 징후일까?

는 것은 당연하다. 그런데 얼마나 더 살펴봐야 할까? 또한 그것이 정말로 변화시점인지, 아니면 단순한 불운이었으며 결국에는 별로 의미가 없는 예기치 못한 수치의 연속이었는지 어떻게 확신할 수 있을까? 이 시점에서 절충이 필요하다. 수치를 더 많이 살펴볼수록 변화가 있었음을 더 자신할 수 있는 반면, 행동을 취하기 전까지 기다려야 하는 시간은 더 길어진다. 슈하트가 제시한 간단한 방법은 잘 통했다. 통계적으로 평균을 한참(예를 들어 표준편차의 3배) 벗어난 특이한 결과가 보일 때까지 기다리자는 것이다. 획기적인 개선을 보인 방법이었지만 여전히 변화를 탐지하려면 긴 시간이 걸릴 수도 있었고, 특히 범죄를 탐지하거나 테러의 예방 등의 많은 응용에서는 지나치게 긴 시간이 걸린다. 수학을 이용하는 것이 진정한 진보를 위한 핵심이었다.

수학, 행동을 취하다

슈하트의 책이 나온 지 대략 25년 뒤 영국의 E. S. 페이지Page, 소비에트 연방의 시리야예프, 미국의 로버츠 등의 수학자가 변화시점을 탐지하는 훨씬 더 효율적인(수학적으로는 더 복잡한) 방법을 몇 가지 찾아냈다.

 수학 이론이 꽃을 피우면서 산업체 및 사법기관을 포함한 여러 정부기관에서 변화시점 탐지 방법을 구현하여 광범위한 현실 문제에 적용할 수 있게 됐다. 이러한 방법들은 현재 산업체의 품질관리로만 제한되지 않으며 다음과 같은 영역에도 유용하다.

- 의료 감시
- 군사적 응용(예를 들어, 통신 채널 감시)
- 환경 보호
- 전자 감시 시스템
- 범죄 의심 활동 감시

- 공중보건 감시(예를 들어, 생물학적 테러 방지)
- 대테러

더 효율적인 변화시점 탐지가 어떻게 작동하는지 보기 위해 페이지의 방법에 집중하기로 하자(찰리가 언급한 시리야예프와 로버츠의 방법은 조금 더 기술적이어서 설명하기 까다롭다). 품질관리보다 더 쉬운 예로, 어떤 사건의 빈도 증가를 탐지하는 예를 살펴보자.

상당한 기간 동안 특정 사건이 한 달에 한 번 꼴로 일어나는 것으로 관찰됐다고 가정해보자. 다른 말로 하면 주어진 날에 그 사건이 일어날 확률은 대략 30분의 1 정도다. 그런 예는 충분하다. 뉴욕 거주자가 자신의 숙소 앞에 비어 있는 주차공간을 발견한다든지, 남편이 쓰레기를 버리겠다고 '기꺼이' 제안한다든지, 지방 TV 뉴스가 자연재해나 폭력적인 범죄로 시작하지 않는다든지 하는 등등이 그렇다.

이제 주어진 사건의 빈도가 극적으로, 예를 들어 일주일에 한 번 꼴로 증가할 수 있다고 하자. 우리는 오인 경보를 지나치게 자주 발령하지 않으면서도 가능한 한 빨리 반응하는 변화시점 탐지 시스템을 원한다.

실제로는 변화가 없음에도 한 달에 3~4회 정도의 우연한 변동이 발생하여, 매 30일마다 발생하던 일이 매 7일마다 발생하는 것처럼 빈도가 변한 징조로 비칠 수 있다는 점이 우리가 다루어야 할 핵심 문제다.

페이지의 절차에서는 변동을 추적하는 수치 지수 S를 도입한다. 초기에는 S를 1로 설정하고, 곧 보게 될 방법으로 매일 확률을 계산하여 S를 개정한다. S의 값이 미리 정한 어떤 수준에 도달하거나 넘게 되면(우리의 예에서는 이 값을 50이라고 정하자) **변화가 일어났다고 선언한다.** ('언제' 변화가 일어났는지 정확히 추정할 필요는 없으며, 변화가 일어났는지의 '여부'만 판단하면 된다는 데 주목하라.)

매일 S를 업데이트하는 방법은 무엇일까? 그날 일어났던 일이 무엇이든, '이미 변화가 일어났다고 가정했을 때의' 확률을 곱한 뒤 '변화가 아직 일어나지 않았다고 가정했을 때의' 확률로 나눈다.

우리의 예에서는 다음과 같이 계산한다. 만일 사건이 일어나면 S에 1/7을 곱한 뒤 1/30로 나눈다. (즉 4.286만큼 곱한다.) 만일 사건이 일어나지 않으면 S에 6/7을 곱한 뒤 29/30로 나눈다. (즉 0.8867만큼 곱한다.) 사건이 일어난 경우 S의 값은 증가할 것이며, 사건이 일어나지 않은 경우 S의 값은 감소할 것이다. 만일 새로운 S의 값이 1보다 작으면 S를 1로 재조정한다. (S를 1보다 작게 만들지 않아야, 언제든 변화에 반응할 준비를 갖추게 된다.)

우리가 관심을 두는 사건은 '일단 변화가 일어나면 발생할 가능성이 높아지기' 때문에 그런 사건이 일어난 날에는 S가 커진다. 또한 그런 사건이 일어나지 않으면 S가 작아지는 것도 놀랍지 않다.

이 과정은 계산기로 쉽게 수행할 수 있다. 예를 들어 다음과 같은 날이 이어졌다고 하자.

아니오, 아니오, 예(사건 발생), 아니오, 아니오, 아니오, 아니오, 아니오, 아니오, 예……

$S=1$로 시작한다. 처음 '아니오'로부터 $S=1\times.8867=.8867$이므로 $S=1$로 재설정한다. 두 번째 '아니오' 역시 $S=.8867$을 주므로 이번에도 $S=1$로 재설정한다. 그러다가 '예'를 만났다. 이제는 $S=1\times 4.286=4.286$으로 설정한다. 그 뒤의 '아니오'로부터 $S=4.286\times.8867=3.800$이 나온다.

관찰한 순서를 따라 계속하면, 뒤따르는 값은 3.370, 2.988, 2.649, 2.349, 2.083인데 이 시점에서 '예'이므로 $S=8.927$이 된다.

만일 '예'가 자주 계속 나온다면, S는 설정해둔 문턱값, 예를 들어 50에 빨리 도달하게 될 것이다. 하지만 매일 확률이 1/7로 변한 '후'에도 2주 동안 아무 일도 없이 지나가는 것이 드문 일은 아니므로, 그런 날에는 S가 1 이하로 내려가지 않는 한 S에 .8867을 곱하는 규칙이 발동된다.

만일 컴퓨터를 써서 매일 1/30의 확률을 가지도록 무작위적으로 날짜를 생성하고 매일 과거와는 독립되게 새로운 시행을 할 경우, S에 대한 문턱값을 50으로 잡았을 때 변화가 일어났다고 잘못 알리는 경우는 대략 1250일(대략 3년 반) 간격으로 일어난다. 반면 매일의 확률이 1/7로 변화한 이후에는, 변화가 일어난 날의 S가 과정을 시작한 날의 값과 같은 1일 때 평균적으로 33일, 대략 한 달이 지나면 변화를 감지할 수 있다. 이는 슈하트의 방식으로 할 수 있는 것보다 훨씬 낫다.

페이지의 방법에서는 변화를 감지하기 위해 늘어난 시간에 비해, 오류 감지 사이의 간격(통계학자들은 평균지속길이average run length, 약자로 ARL이라 부른다)이 늘어나는 비용이 그다지 크지 않는 것으로 밝혀졌다. ARL이 크게 증가하더라도 감지 시간은 상당히 작게 증가한다. 우리의 예에서 이런 상충됨을 설명하는 몇 가지 결과가 〈표 5〉에 나와 있다.

슈하트의 방법에 비해 커다란 개선이긴 하지만 페이지의 방법도 여전히 믿을 만하게 변화를 감지하기에는 오랜 시간이 걸리는 것처럼 보인다. 더 개선할 수는 없을까? 불행히도 1986년 수학자 G. V. 무스타키데스Moustakides는 도달할 수 있는 이론적 한계가 있음을 증명했다. 그는 우리의 예와 같이 변화 가능성 이전과 이후의 자료 값의 분포가 알려져 있는 경우, 페이지의 절차가 최선의 방법임을 보였다.

문턱값	ARL	감지 신속도
18.8	1.3년	25.2일
40	2.5년	30.3일
50	3.4년	32.6일
75	5.2년	36.9일
150	10.3년	43.8일

표 5 평균지속길이와 감지 속도 사이의 관계

 신뢰할 만한 변화시점 탐지 능력에 대한 이러한 근본적인 한계 때문에 생물학적 테러와 같은 위험에 돌이킬 수 없는 취약점이 내포될 수밖에 없으며, 통계학자들은 좌절감을 느낀다.

생물학적 공격을 어떻게 조기에 발견할 것인가

이번 장의 전반부에서 언급했던 '증후군 감시'가 변화시점 탐지를 긴요하게 사용하는 좋은 예다. 많은 주와 미국 전역의 지역 보건부서에서 연방정부 요원들과 협력하여 적용되고 있는데 기본적인 아이디어는 다음과 같다. 만일 테러리스트가 탄저병이나 천연두처럼 즉각적인 경보를 유발시키지 않기 때문에 병원이나 공중보건 당국이 알아채지 못하는 사이 질병이 퍼질 수 있는 병원체로 공격한다고 가정하자.

그런 공격이 발생한 경우 당국, 특히 공중보건 당국은 무슨 일이 벌어지고 있는지 파악해야 가능한 한 빨리 적절한 조치를 취할 수 있다. 환자에게서 무엇을 찾아야 하는지, 어떤 영역에서 얼마나 많은 사람이 감염될 수 있는지, 진단과 치료에는 어떤 방법을 쓰는지 등을 일반인이나 의료인과 병원에 공고하는 것들이 조치에 포함할 수 있다.

당국이 신속하게 반응하도록 해주는 시스템이 마련돼 있지 않으면 상당한 지연이 발생하기 쉽다. 의학적 실험을 수행하고 확진하는 데 시일이 걸릴 수 있으며, 최초의 환자 수가 적거나 흩어져 있는 탓에 위협이 커지고 있다는 걸 인지하기 어려울 수도 있기 때문이다.

무스타키데스의 1986년 결과가 함축하는 한계에 부딪혀 있기 때문에, 변화시점 탐지 분야의 연구자들은 가능한 한 조기에 변화시점을 탐지하자는 궁극의 목표를 위해 끊임없이 더 나은 자료원을 찾고 있다.

2006년 10월 제5차 증후군 감시 연례 학회가 메릴랜드 주 볼티모어에서 열렸다. 이 학회에 제출된 연구논문들은 다음과 같은 주제들을 다루고 있었다. 가용성 자료 지연에 대한 모델링 및 교정에 의한 탐지시간 개선, 증후군 예측 능력: 공변인

covariate 및 기준선 비교, 질병 발발에 대한 효율적인 대규모 망 기반 시뮬레이션, 네바다 주 와슈 카운티의 세 가지 증후군 감시 시스템 표준 절차.

자연적인 변동성이 클수록 오인 경보의 문제가 더 심각하다. 이런 상황을 악화시키는 요인이 하나 더 있다. 바로 감시 시스템이 너무 많다는 것이다. 학회에 참석한 연구자들은 미국 전역에서 동시에 돌아가는 그런 시스템이 가까운 미래에 수천 가지가 될 것이라고 지적했다. 설령 각 시스템 내에서 오인 경보의 빈도가 잘 통제되어 있다고 하더라도 전체 오인 경보의 비율은 수천 배 커질 수 있으며, 당연히 고전적인 '양치기 소년' 현상을 포함한 염려와 비용이 따르는 것은 분명하다. 지나치게 많은 오인 경보는 실제 사건 때 대응을 둔감하게 만들기 때문이다.

증후군 감시와 관련된 의학적 문제, 정치적 문제, 수학적 난점을 어떻게 다룰 수 있을까?

최근의 몇 가지 연구에서 연구자들은 서로 다른 수학적 방법이 현실에서 얼마나 효과적인지 추정하기 위해 컴퓨터 시뮬레이션을 이용했다. 일관된 결과에 따르면, 슈하트와 페이지의 접근법을 비교할 경우 후자의 것이 우월한 것으로 나타났다. 이것은 뻔한 결론이 아닌데, 페이지의 방법이 최적이라는 것을 밝힌 무스타키데스의 정리는 연구자들이 풀려고 애쓰는 복잡한 문제에 곧이곧대로 적용되지는 않기 때문이다. 하지만 수학자들은 이러한 현상에 익숙하며, 간단한 상황에서 최적인 것으로 입증된 방법이나 알고리듬이 좀 더 복잡한 상황에서도 최적에 가까울 가능성이 높다.

연구자들은 증후군 감시 시스템 이용의 성공을 위해 더 좋은 기반을 구축하기 위해 막대한 노력을 기울이고 있다. 변화 이전의 시나리오를 알려면 특정 조합의 증후군을 보이는 환자의 응급실 도착과 같은 기준 자료에 대한 정확한 지식이 필요하다. 전문가들은 변화 이전 부분의 계산에 들어가는 확률 추정치를 개선하는 데에도 상당한 주의를 기울이고 있다. 이들 감시 시스템이 찾고자 하는 가장 흔한 증후군 중 몇 가지는 계절에 따라—예를 들어 감기철이나 독감철이냐 아니냐에 따라—거짓 양성일 확률이 변하므로, 계절 효과를 반영하는 방식으로 기준 확률이 정의되어 있어야 훨씬 정확하다.

변화 이후의(공격 이후의) 시나리오에 대한 확률 추정을 다듬는 것이 이들 시스템을 개선하는 또 하나의 열쇠다. 최근의 한 연구에서 조사한 바로는 지리적인 정보를 반영하여 분석하면 생물학적 감시가 개선될 여지가 있다. 증후군이 군집을 나타내는 방식을—공간적인 분포뿐만 아니라 특히 시간적 분포까지도—통계적으로 측정하는 방법을 구축하면, 감시 시스템은 질병 창궐이나 질병에서 비정상적 패턴을 감지하는 데 더 큰 힘을 발휘할 수 있다.

수학자들은 몇 가지 도움이 될 만한 비장의 기법을 보유하고 있다. 6장에서 논의할 베이즈 통계적 방법을 이용하여 변화시점 탐지 계산에 특정 종류의 유용한 정보를 반영할 수 있다. 일련의 자료들을 감시하며 변화시점을 찾고 있을 때, 변화가 일어날 가능성이 높은지 혹은 낮은지 귀띔해주는 누군가가 있다고 해보자. 국토안보부의 '색 부호 공개 경보'[2]가 하는 일이 그런 것이다. 첩보기관에서 수집하고 평가한 정보들을 이용하면, 특정 종류의 질병 기반 테러 공격에 대해 더 집중된 경고를 보낼 수 있다. 베이즈 방법을 써서 이러한 첩보를 아주 자연스럽고 조직적인 방식으로—특정한 종류의 생물학적 공격의 가능성이 높아졌을 경우 그 기간 동안 경고 문턱값을 낮추어—반영할 수 있다.

어떤 수학자는 최근 증후군 감시에서의 현재 상황을 다음처럼 요약했다. "변화시점 탐지는 죽었다. (더 나은) 변화시점 탐지여, 영원하길!"

---

[2] 이 책이 나온 뒤인 2011년에 '국가 테러 위험 경보 시스템National Terrorism Advisory System'으로 대체되었는데, 예를 들어 빨간색이면 심각, 주황색이면 높음 등으로 색깔을 이용하여 테러 공격을 경보하는 시스템이다. (옮긴이 주)

05 화질 개선의 수학

LA 폭동과 레지널드 데니 폭행 사건

1992년 4월 29일 오후 5시 39분, 39세의 백인 트럭 운전사 레지널드 올리버 데니는 자신의 빨간색 18륜 공사용 트럭에 캘리포니아 주 잉글우드의 한 공장으로 배달할 27톤의 모래를 싣고 출발했다. 데니는 약 한 시간쯤 뒤 자신이 폭도들에게 폭행을 당해 사망 일보직전까지 이르게 되며, 이를 수백만 명이 TV로 시청하게 될 줄 알지 못했다. 또한 폭도들을 형사 소추하는 데 매우 주목할 만하게 수학이 응용될 줄도 몰랐을 것이다.

데니의 폭행에 이르게 된 일련의 사건을 거슬러 올라가면 1년쯤 전인 1991년 3월 3일에 이르게 된다. 당시 캘리포니아 고속도로 순찰 경관들은 210번 주간 고속도로에서 과속으로 운전한 26세의 젊은 흑인 남성 로드니 글렌 킹을 포착한다. 경관들은 시속 160킬로미터가 넘는 속도로 13킬로미터 정도 킹을 추적하여 마침내 레이크뷰 테라스에서 제지할 수 있었다. 고속도로 순찰 경관들이 킹에게 엎드리라고 지시했지만 킹은 거부한다. 이 시점에서 로스앤젤레스 경찰 4명을 태운 순찰차가 도착하고, LA 경찰 소속 스테이시 쿤 경사가 이 상황을 지휘하게 된다. 엎드리라는 지시에 따르라는 쿤 경사의 말을 킹이 거부하자, 쿤은 경찰들에게 무력을 사용하라고 말한다. 그러자 경찰들은 곤봉으로 킹을 때리기 시작했고, 킹이 땅에 쓰러진 후에도 한참 동안 폭행한다. 주변에 있던 조지 홀리데이가 사건 전체를 비디오테이프로 찍고 있었으며, 나중에 녹화한 것을 TV 방송국에 팔게 된다는 사실을 경찰은 알지 못했다.

  미국 전역의 TV 시청자가 본 이 비디오테이프가 주요 근거가 되어, 세 명의 백인과 한 명의 라틴계로 이루어진 네 명의 경찰은 '신체에 중상해를 야기할 수 있는 폭력' 및 '공권력에 의한' 폭력 혐의로 기소되었다. 경찰 측 변호인이 법정에서 주장한 대로, 이 비디오는 킹이 시종일관 거칠고 난폭하게 행동했음을(이로 인해 중죄 도주 혐의로 기소되었지만 나중에 취하된다) 보여주고 있었다. 하지만 홀리데이의 비디오테이프에 쏠린 막대한 이목의 결과로, 초점은 킹이 아니라 경찰들의 행위에만 맞춰져 있었다. 인종 간의 긴장이 높고, 흑인 사회와 대개는 백인으로 구성된 LA 경찰 사이의 관계가 아주 껄끄러웠던 도시의 휘발성 강한 뒷모습을 여과 없이 드러낸 소송 사건이었다. 10명의 백인과, 한 명의 라틴계, 한 명의 아시아계로 이루어진 배심원에 의해 1992년 4월 29일 경찰 세 명이 무죄로 방면되자(배심원단은 경찰 한 명의 기소 내역 한 가지에 대해서는 무죄 평결에 동의할 수 없었다), 로스앤젤레스 전역에서 대규모 폭동이 발발했다.[1]

폭동은 사흘 동안[2] 지속되었고, 로스앤젤레스 역사상 최악의 시민 소요 중 하나가 되었다. 경찰, 해병대, 주 방위군이 질서를 회복할 때까지 폭동과 관련하여 58명의 사망자, 2383명의 부상자가 발생했으며, 7000건 이상의 화재가 있었고, 3100여 개의 상점에서 10억 달러를 상회하는 피해가 발생했다. 미국의 다른 도시에서도 소규모 인종 폭동이 발발했다. 1992년 5월 1일, LA 폭동이 사흘째 되던 날 로드니 킹은 텔레비전에 출연해 평온을 호소하며 평화를 되찾자고 애타게 말했다. 킹은 이렇게 물었다. "여러분, 하고 싶은 말은 이렇습니다. 우리 모두 잘 지낼 수는 없는 걸까요?"

---

[1] 폭동 이후 네 명의 경관을 시민권 위반으로 연방정부가 기소했다. 스테이시 쿤 경사와 로렌스 파월 경관은 유죄 평결을 받았고, 나머지 두 명은 무죄였다.
[2] 보통은 엿새 동안 지속된 것으로 간주한다. (옮긴이 주)

그렇지만 트럭 운전사 레지널드 데니가 산타모니카 고속도로를 벗어나 플로렌스 가를 가로지르는 지름길로 가고 있었을 때는 폭동이 발발한 지 몇 시간도 채 안 된 때였다. 오후 6시 46분 노르망디 가 교차로에 진입한 그를 흑인 폭도들이 둘러싸고 차창을 향해 돌덩이를 던지기 시작했다. 데니는 사람들이 자신에게 멈추라고 소리치는 걸 들었다. 머리 위에서는 밥 터Bob Tur 기자가 조종하는 뉴스 헬리콥터가 이어지게 될 사건을 촬영하고 있었다.

한 사람이 트럭 문을 열었고, 다른 이들이 데니를 끌어내렸다. 폭행자들 중 한 명이 땅에 부딪힌 데니의 머리를 자신의 발로 짓눌렀다. 데니는 폭력을 살 만한 행동을 전혀 하지 않았는데도 배를 걷어 채였다. 누군가가 데니의 머리에 2킬로그램짜리 의료기구를 던졌고, 장도리로 세 번 가격했다. 또 다른 사람이 데니의 머리에 콘크리트 덩어리를 던져서 의식을 잃게 만들었다. 나중에 데미언 윌리엄스라고 신원이 밝혀진 남자는 데니 위에서 승리의 춤을 추면서 위쪽에서 돌고 있는 뉴스 헬리콥터를 향해 갱단 특유의 손짓을 보냈다. 헬리콥터의 카메라는 데니 쪽을 향해 있었고 TV 생중계로 방송하고 있었다. 또 다른 폭도가 데니에게 침을 뱉었고 윌리엄스와 함께 떠났다. 지나가던 사람 몇 명이 공격 장면의 사진을 찍었으나 데니를 구하러 간 사람은 없었다.

구타가 끝난 후 여러 사람이 의식을 잃은 데니에게 맥주병을 던졌다. 누군가 다가와서 데니의 주머니를 뒤지고 지갑을 가져갔다. 또 다른 남자가 데니 근처에 멈춰 서더니 데니의 트럭의 주유 탱크를 쏘려고 시도했지만 빗나갔다. 결국 폭행자들이 모두 가버린 뒤 TV로 사건을 지켜보던 네 사람이 데니를 구하러 왔다. 그중 한 명에게 트럭 운전면허가 있어서 데니의 트럭을 몰 수 있었다. 네 명의 구조자는 쓰러져 있던 데니를 태우고 차를 운전하여 병원까지 갔다. 병원에 도착하던 당시 데니는 발작을 일으키고 있었다.

데니를 보살폈던 긴급 의료원은 그가 사망 직전이었다고 말했다. 데니의 두개골은 91곳에 금이 갔고, 뇌 쪽으로 함몰돼 있었다. 왼쪽 눈은 심하게 탈구되어서 외과의가 으깨진 뼈를 플라스틱으로 대체하지 않았더라면 비강 속으로 떨어질 뻔했다. 교정하려는 시도를 여러 차례 했지만 아직도 그의 머리에는 영구적인 함몰 자국이 남아 있다.

밥 터의 헬리콥터에서 찍은 TV 뉴스 비디오로부터 신원을 확인하여, 데니에게 가장 직접적인 공격을 가한 남자 세 명이 체포되었고 재판에 회부됐다. 세 명 중 오직 한 사람 데미언 윌리엄스만 유죄 평결을 받았는데, 그것도 한 건의 중범죄에 그쳤다. 법정은 (옳든 그르든) 그들의 행위가 사전에 계획된 것이 아니었고 시 전역에 걸친 군중심리의 결과라고 보았던 것 같다.

그렇지만 우리의 현재 목적에 비추어 이 사건에서 가장 흥미로운 점은 몇 가지 놀랍고 새로운 수학의 결과로 윌리엄스의 신원이 확인되었으며, 법정은 그런 방법을 수용하여 법조계 역사에서 이정표를 세웠다는 사실이다.

장미 문신 식별하기

TV 생중계와 수도 없이 반복된 뉴스 프로그램을 통해 수백만 명이 데니에 대한 폭행을 시청했으며, 윌리엄스 및 그와 함께 기소된 공범 두 명에 대한 재판에서 검찰은 40분가량의 사건 녹화분을 증거로 제출했지만, 유죄 평결을 이끌어낼 정도로 충분히 신뢰할 만큼 가해자들을 식별하는 것은 까다로운 것으로 밝혀졌다. 비디오 녹화분은 현장 위를 맴돌고 있던 헬리콥터에서 터의 아내 마리카가 소형 휴대용 카메라를 손에 들고 찍은 것이었다. 그 결과 영상은 거칠고 흐릿했으며, 마리카 터는 한 번도 폭행범의 얼굴을 깨끗이 찍지 못했다. 데니의 머리에 커다란 콘크리트 조각을 던지고, 의식을 잃은 피해자 위에서 승리의 춤을 추는 것처럼 보였던 사람이 윌리엄스일 '가능성'은 있었다. 하지만 전체적인 체격과 외모가 그와 비슷하며 로스앤젤레스에 거주하는 젊은 흑인 남성 수백 명 중 어느 한 명일 가능성도 그에 맞먹었다.

이들 가능한 용의자와 윌리엄스가 달랐던 한 가지 특징은 왼팔의 커다란 장미 문신이었다. (문신으로 인해 윌리엄스가 악명 높은 로스앤젤레스 갱단 '에이트 트레이 갱스터 크립스Eight Tray Gangster Crips' 소속임이 드러났다.) 불행히도 뉴스에 보도된 비디오에 가해자의 왼팔이 보이긴 했지만, 어떤 문신인지 파악할 정도로 영상이 뚜렷하지는 않았다.

이 시점에서 좌절 중이던 검찰 측에 큰 행운이 찾아왔다. 산타모니카의 한 기자가 400밀리미터 장거리 렌즈로 헬리콥터에서 찍은 정지사진들을 제공한 것이다. 정지사진의 해상도는 훨씬 높았으며, 덕분에 사진을 한 장씩 면밀히 정밀 조사한 결과, 쓰러져 있는 데니의 몸통 위에 서 있는 공격자의 왼팔에 희미한 회색 영역을 확대경뿐 아니라 육안으로도 볼 수 있었다(〈그림 5〉를 보라). 전체 사진 면적에서 겨우 6000분의 1에 불과한 이 회색 영역은 정말로 문신이었을 수도 있지만, 불행히도 먼지 자국이거나 사진에 묻은 잡티였을 수도 있다. 여기에서 수학이 등장한다.

원래 군사위성이 찍은 감시사진의 화질을 개선하기 위해 개발했던 상당히 복잡한 수학적 기술을 이용하여, 이 사진에서 중요한 부분을 고성능 컴퓨터로 처리한 결과 훨씬 뚜렷한 영상이 만들어졌다. 그 결과로 얻은 영상을 통해 용의자의 왼팔에 모양

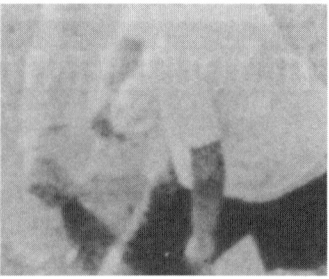

그림 5 레지널드 데니에 대한 폭행을 담은 항공사진을 수학적으로 화질 개선한 것으로, 오른쪽의 확대 사진에서 가해자의 왼팔에 있는 흐릿한 표식이 보인다.

과 색깔을 지닌 분명한 표식이 있다는 것, 그리고 그것이 정말로 ('합리적 의심을 넘어' 법적인 기준을 상회하여) 데미언 윌리엄스의 팔에 있던 것과 같은 장미 문신이라는 것이 드러났다.

   레지널드 데니 사건에서 사진 이미지를 처리하는 데 사용한 방법은 일반적으로 '이미지 화질 개선image enhancement'으로 알려진 분야에 속한다. 이는 포토샵과 같은 형태의 프로그램으로 밝기·색채를 조절하거나 콘트라스트나 혹은 사진을 비트는 기법과는 다르며, 신형 디지털 카메라에 종종 부가돼 있으며 특허를 받은 사진 처리 소프트웨어도 아니다. 이미지 화질 개선이란 원래 사진에서 광학적으로 흐려져서 저하된 영상의 세부사항을 수학적 기법을 이용하여 '재구성'하는 것이다.

   여기에서 사용한 '재구성'이라는 용어는 이 기술에 익숙하지 않은 일반인들의 오해를 부를 여지가 있다. 데미언 윌리엄스의 재판에서 중요 단계 중 하나는, 이런 과정이 신뢰할 만한 과정이며 결과로 얻은 이미지는 '그럴듯하게' 보여주는 것이 아니라 '실제로 있었던' 것을 드러낸다는 사실을 판사와 배심원들에게 설득하는 것이었다. 이 사건에서 화질 개선 기술로 만들어진 이미지가 실제로 받아들일 수 있는 증거라는 재판장의 판시는 사법 역사에서 이정표가 되었다.

수학을 이용하여 원래 사진에서는 포착되지 않은 이미지의 특징을 보충하자는 것이 화질 개선에 깔린 일반적인 아이디어다. 보이는 장면의 모든 것을 나타낼 수 있는 사진은 없다. 대부분의 사진은 충분한 정보를 포착하고 있기 때문에, 인간의 눈으로는 종종 사진과 원래 장면 사이의 차이를 알지 못하며, 개인을 식별하기에는 충분하다. 하지만 우리가 현실의 장면이나 사진을 볼 때 우리가 보는 것의 상당 부분은 뇌가 제공하는 것이며, 눈을 통해 실제로 들어오는 시각 신호에 (이런저런 이유로) 빠진 것이 있으면 (대개는 믿을 만하고 정확하게) 채워 넣는다고 인지과학자들은 설명한다. 적어도 이미지 내의 어떤 특징에 관한 문제에 대해서는 수학이 훨씬 더 유능하며, 애초에 사진이 완전히 담아내지 못했던 세부사항 역시 믿을 만하고 정확하게 제공해 줄 수 있다.

1988년 이미지 처리에 특화된 산타모니카 기반의 회사 코그니테크Cognitech를 공동설립한 레오니드 루딘Leonid Rudin 박사가 데이언 윌리엄스 재판에서 피고인을 특정화해낸 검찰 측 핵심 증인이었다. 1980년대 캘리포니아 공대에서 박사과정 학생이었던 루딘은 사진 이미지에서 흐릿함을 제거하는 참신한 방법을 개발했다. 루딘은 코그니테크에서 동료들과 같이 연구하면서 이 접근법을 더욱 발달시켰다. 윌리엄스 재판이 열리자 코그니테크 팀은 폭행이 담긴 비디오 영상을 받아서 원래 비디오에서는 폭행자 중 한 명의 팔뚝에 있던 간신히 알아볼 만한 흐린 자국을 수학적으로 처리하였다. 그리하여 그것이 윌리엄스가 팔에 새긴 장미 문신과 분명히 식별 가능할 정도로 동일함을 보여주었다. 그렇게 재구성된 사진이 신원확인용으로 배심원 앞에 제시되자, 윌리엄스의 변호인들은 '사진과 비디오의 사람은 윌리엄스가 아니다'라는 논지에서 '미리 계획하지 않았던' 폭행이라는 논지로 선회했다.

눈으로 볼 수 없는 것을 수학으로 재구성하기

단순히 사진을(혹은 사진의 일부분을) 원래 크기의 두 배로 확대하라는 상대적으로 간단한 문제를 접했다고 상상해보면, 코그니테크의 기술자가 직면한 종류의 문제가 무엇인지 감을 잡을 수 있다. (사실 루딘과 동료들이 분석 때 했던 일 중 하나가 윌리엄스의 사진에서 핵심 부분을 확대하는 것이었다.)

    모종의 간단한 규칙에 따라 픽셀을 추가하는 것이 가장 쉬운 접근법일 것이다. 예를 들어 650×500픽셀 그리드에 저장된 이미지로 시작해서 1300×1000픽셀에 달하는 확대 이미지를 만들고 싶어한다고 하자. 첫 번째 단계는 $(2x, 2y)$ 픽셀 자리에 원래 이미지의 (x, y) 자리의 색깔을 칠하여 이미지의 크기를 두 배로 하는 것이다. 이렇게 하면 크기가 두 배인 이미지가 만들어지지만, 많은 '구멍'이 생기므로 상당히 성긴 이미지가 된다(적어도 하나의 좌표가 홀수라면 색깔이 없다). 이런 성김을 제거하기 위해서 남은 자리에(적어도 하나의 좌표가 홀수인 곳에) 인접한 짝수-짝수 그리드의 픽셀 색깔 값의 평균을 취할 수 있을 것이다.

    이미지 내에서 한 픽셀로부터 이웃 픽셀로의 변화가 작은 상당히 균질한 영역에는 그런 순진한 방식으로 구멍을 채우는 방법이 잘 통하겠지만, 경계가 있는 곳이나 색깔이 갑자기 변하는 곳에서는 재앙일 수 있으며, 잘 되더라도 경계가 흐려질 것이며, 최악의 경우에는 이미지가 심각하게 왜곡될 것이다. 예를 들어 경계인 곳에서는 (경계의 모양을 보존하기 위해서) 경계를 따라 평균을 취해야 하며, 반대편에 속한 두 영역에서는 따로 평균을 취하는 과정을 수행해야 한다. 몇 개의 잘 정의돼 있고 본질적으로 선분인 경계를 가지는 이미지라면 이런 작업은 손으로도 할 수 있지만, 더 전형적인 이미지에 대해서는 경계 여부를 자동으로 탐지해야 할 것이다. 그러기 위해서는 경계를 인식할 수 있는 이미지 처리 소프트웨어가 필요하다. 사실상 이미지에서 몇 가지 특징을 컴퓨터가 '이해'할 능력을 가지도록 프로그래밍해야 한다. 가능한 작업이긴 하지만 쉽지 않으며, 조금 복잡한 수학이 필요하다.

원래 이미지에서 서로 다른 대상에 대응하는 구별된 영역으로 이미지를 가르는 분할segmentation이라 부르는 기법이 주요 기술이다. (배경과 대상을 구별하는 것이 분할의 특별한 경우다.) 일단 이미지를 분할하면, 적당한 평균화 기술을 써서 주어진 분할 내의 빠진 정보를 채워넣을 수 있다. 이미지를 분할하는 방법은 여러 가지가 있으며 이 모두가 대단히 기술적이지만, 일반적인 아이디어는 설명할 수 있다.

디지털 이미지는 고유의 x, y 좌표의 쌍이 주어진 픽셀들의 직사각형 배열로 나타낼 수 있으므로, 이미지 내의 매끄러운 경계나 직선은 고전 기하학의 대수방정식으로 정의된 곡선으로 볼 수 있다. 예를 들어 직선이라면 픽셀은 다음 꼴의 방정식을 만족할 것이다.

$$y = mx + c$$

따라서 이런 방정식을 만족하는 동일한 색깔의 픽셀의 모임을 찾아, 직선의 한쪽 편의 픽셀의 색깔은 같지만 반대쪽의 색깔은 다른 것이 있는지 찾는 것이 이미지 내에서 직선 경계를 식별하는 방법이다. 마찬가지로 곡선 경계도 더 복잡한 다항방정식 등으로 포착할 수 있다. 물론 현실에서의 장면이나 디지털화한 이미지가 방정식과 정확히 일치할 이유는 없으므로, 합리적인 정도의 근사를 허용하여 방정식을 만족하는지 판단해야 한다.

일단 그렇게 하고 나면, 끊어지지도 않고 날카로운 모서리도 없는 매끄러운 경계를, 원하는 만큼의 정확도로 서로 다른 다항식들의 모임으로(어떤 다항식이 경계의 일부분을 근사하고, 또 다른 다항식은 경계의 다른 일부분을 근사하는 등) 근사할 수 있다는 수학적 사실을 이용할 수 있다. 이런 과정은 날카로운 모서리를 가질 때도 역시 적용할 수 있다. 모서리를 지나가면 다른 다항식이 기존의 다항식의 자리를 물려받는다.

이런 간단한 아이디어를 통해 주어진 경계가 실제로 경계인지 검증하는 문제를 방정식을 찾는 문제로 환원할 수 있음을 알 수 있다. 불행히도 '주어진' 경계의 일부를 근사하는 곡선의 방정식을 찾을 수 있다고 해서, 애초에 경계를 식별하는 데는 도움이 되지 않는다. 인간에게는 경계를 인식하는 것이 대개 문제가 아니다. 사람과 생물체는 시각적 패턴을 인식하는 정교한 인지 능력을 갖고 있다. 하지만 컴퓨터는 그렇지 못하다. 컴퓨터는 수와 식을 조작하는 데만 뛰어나다. 따라서 방정식들을

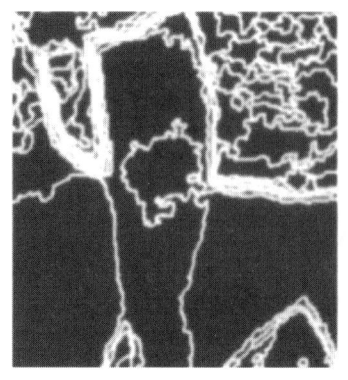 

그림 6 레지널드 데니 폭행범의 왼팔 사진에 대해 분할 알고리듬을 적용한 결과로, 표식이 데미언 윌리엄스의 왼팔에 있는 장미 문신과 전체적으로 일치한다.

조직적인 방식으로 조작하다가 주어진 경계 부분에 근사하는 것을—즉 경계 조각 위의 점들의 좌표가 근사적으로 만족하는 방정식을—찾아내는 것이 경계를 찾는 가장 유망한 접근법처럼 보인다. 〈그림 6〉은 레지널드 데니 폭행 사건의 항공사진에서 중요한 왼팔 부분에 코그니테크 분할 알고리듬을 적용한 결과를 보여주고 있다.

이것이 기본적으로 분할이 작동하는 방식을 보여주긴 하지만, 성공적인 구현에는 이 책의 범위를 훨씬 넘는 수학의 사용이 필요하다. 대학 수준의 수학에 어느 정도 익숙한 독자들을 위해 다음 절에서 이 방법을 간략히 설명한다. 필요한 배경이 없는 독자들은 이 절을 그냥 건너뛰면 된다.

이미지 화질 개선의 원리

컬러 이미지보다 흑백 이미지일 때의(더 정확히는 회색톤 음영 이미지) 화질 개선이 더 쉬우므로 이런 특별한 경우만 살펴보자. 이런 제한이 주어진 경우 디지털 이미지는 주어진 직사각 공간(예를 들어 1000×650)으로부터 단위 실수 구간 [0, 1](즉 0 이상 1 이하의 실수들의 집합)로의 함수 F에 불과하다. 만일 $F(x, y)=0$이면 (x, y) 픽셀은 흰색이며, $F(x, y)=1$이면 (x, y) 픽셀은 검은색이다. 그 외의 경우 $F(x, y)$는 흰색과 검은색 사이의 음영값을 나타내는데, $F(x, y)$의 값이 클수록 (x, y) 픽셀의 색깔은 검은색에 가깝다. 실제 디지털 이미지는 픽셀의 그리드로 구성된 이미지에 해당하는 유한개의 픽셀에만 음영값을 할당한다. 하지만 수학을 적용하기 위해 $F(x, y)$가 직사각형 전체에서 정의되었다고, 즉 지정된 직사각형 내의 모든 실수 x, y에 대해 $F(x, y)$가 주어졌다고 하자. 이렇게 하면 2차원 미적분학(즉 실수 두 개를 변수로 가지는 실함수의 미적분학)이라는 폭넓고 강력한 도구를 쓸 수 있다.

코그니테크 팀이 이용한 방법은, 루딘이 1980년대 초반 벨연구소에서 학부생 인턴이었을 때 연구했으며 1987년 캘리포니아 공대에서 제출한 박사논문에서 더욱 발전시킨 아이디어에 바탕을 두고 있다. 루딘은 '왜 종잇장 위의 점 하나를 볼 수 있는가?' '우리는 어떻게 경계를 보는가?' '왜 수많은 사각형으로 이루어진 체스판 무늬를 보면 눈에 거슬리는가?' '왜 우리는 흐릿한 이미지를 이해하는 데 어려워하는가?'와 같이 영상에 대한 기본적인 것을 스스로에게 물어보며, 이들 질문을 대응하는 수학 함수 F(x, y)와 관련지어보다가 함수의 특이점singularity이라 부르는 것의 중요성을 깨달았다. 특이점이란 (미적분학의 의미에서) 미분계수가 무한대인 점들이다. 이로부터 루딘은 특정한 함수가 주어진 이미지와 얼마나 가까운지 측정하는 특별한 방법, 이른바 전변동 노름total variation norm에 이목을 집중했다. 자세한 것은 상당히 기술적이지만 여기서는 필요치 않다. 결과만 말하자면, 루딘은 코그니테크의 동료들과 함께 지금은 전변동 방법[3]이라 부르는 것을 이용하여 이미지를 복원하는 계산 기술을 개발했다.

비디오 영상의 화질 개선

코그니테크에서 개발한 방법은 군사 첩보용이라는 명백한 사

---

[3] 수학을 아는 이들을 위해 말하자면, 전변동 범함수 위의 오일러-라그랑주 편미분방정식 최소화를 이용하는 것이 핵심 아이디어인데, 이 최소화 방법은 컴퓨터가 도입되기 훨씬 전에 개발된 계산 기법이다.

용처 이외에도 기름 유출 탐지와 같은 비군사적인 목적으로 위성사진의 화질을 개선하거나, MRI로 얻은 영상을 처리하여 종양이나 동맥의 폐색 부위와 같은 조직 이상을 식별하는 데 초창기부터 응용돼왔다. 데미언 윌리엄스 재판에 즈음해서 이 회사는 확실히 자리를 잡았으며, 세상을 뒤흔든 공헌을 하기에 안성맞춤이었다.

데니의 머리를 향해 콘크리트 조각을 던진 사람과 데미언 윌리엄스가 동일 인물임을 알려주는 핵심 사진의 화질을 개선한 것 이외에도, 루딘과 동료들은 자신들의 수학적 기술을 이용하여 이 사건의 비디오 영상으로부터 사진 수준의 정지 이미지를 얻어냈다. 그럼으로써 당일 윌리엄스가 여기저기 옮겨 다니면서 다른 희생자들을 여러 명 공격한 가해자임을 구별해냈다.

비디오 녹화 영상을 VCR로 프레임을 정지해보았던 사람이라면 영상의 질이 상당히 낮다는 것을 관찰했을 것이다. 가정용은 물론 심지어 뉴스 보도용으로 고안된 비디오 시스템은 카메라의 저장 공간을 줄이기 위해 인간의 시각체계의 작동방식을 이용한다. 대충 말하자면, 각 프레임은 렌즈가 포착하는 정보의 거의 절반만을 기록하고, 다음 프레임은 (업데이트된 정보의) 남은 절반을 기록한다. 우리의 시각체계는 이어지는 두 영상을 합쳐 마치 연속적인 움직임을 묘사하는 정지영상들의 연속인 것처럼 인지하여, 자동적으로 실제처럼 보이는 영상을 만들어낸다. 각 정지영상의 절반만을 기록하더라도 비디오 녹화분을 재생할 때 대개 문제가 없지만, 프레임 각각은 대체로 상당히 흐릿하다. 이어지는 프레임을 합쳐서 이미지를 개선할 수 있지만, 비디오는 전형적인 정지사진보다는 훨씬 낮은 해상도로(즉 더 적은 픽셀로) 녹화하므로, 결과물의 질은 여전히 떨어진다. 법정에서 증거로 채택될 정도의 사진 수준의 이미지를 얻기 위해, 루딘과 코그니테크 팀은 수학적 기법을 이용하여 두 개가 아니라 여러 개의 프레임을 합쳤다. 서로 다른 프레임은 서로 다른 시간의 움직임을 포착하고 있기 때문에, 단순히 모든 프레임을 '합치면' 단일 프레임일 때보다 훨씬 흐릿한 이미지가 만들어지므로, 수학적 기교가 필요한 것이다.

   비디오테이프로부터 합쳐 만든 정지 이미지들은 윌리엄스가 많은 폭력 행위를 저지르는 것처럼 보였지만 항상 확실하게 식별할 수 있었던 것은 아니며, 피고인 측도 지적했듯 화질 개선한 이미지는 몇 가지 거론될 만한 문제가 있어 보였다. 한 가지 예를 들면, 후반부 이미지에는 가해자의 흰색 티셔츠 위에 손바닥 자국이 보였는데 초반의 이미지에서는 보이지 않았던 것이다. 비디오테이프에 대한 면밀한 조사 후 손바닥 이미지가 만들어졌던 정확한 순간을 알 수 있었다. 더 당혹스러웠던 것은 초창기 이미지에서는 공격자의 티셔츠에 얼룩이 있었는데 나중 이미지에서는 보이지 않았다는 점이다. 이 경우 목표로 한 영상의 화질 개선 및 확대를 통해 후반부 촬영분에서는 가해자가 흰색 티셔츠를 두 개 겹쳐 입었으며 바깥의 셔츠가 안쪽 셔츠의 얼룩을 가리고 있었던 것이 드러났다. (화질 개선한 이미지에는 안에 입은 티셔츠의 하단 주변을 두른 띠가 바깥 티셔츠의 하단 아래로 삐져나와 있었다.)

코그니테크의 영상 처리 기술은 그 폭동으로 인한 다른 법정 사건에서도 역할을 했다. 그중 하나에서, 피고인 게리 윌리엄스는 자신이 데니의 호주머니를 털고 다른 불법행위를 했음을 보여주는 화질 개선된 92초짜리 비디오테이프가 법정에 제출되자 유죄를 인정했다. 게리 윌리엄스는 무죄를 주장하며 배심원 재판을 받으려고 의도했으나, 배심원들이 이를 신원확인에 충분하다고 받아들일 것이 명백했기 때문에 그 대신 형량 거래를 선택하여 3년형을 받아들였다.

사진은 생각보다 많은 것을 말해준다

LA 폭동 사건에서 화질 개선한 이미지가 법적인 인정을 받아 낸 지 몇 주 지나지 않아서 코그니테크는 또다시 기술 자문 요청을 받는다. 이번에는 귀금속상에서 일어난 무장강도 및 총격 관련 사건에서 피고인 측이 요청한 것이었다. 강도 장면이 감시 카메라에 포착됐다. 하지만 (자주 그렇듯이) 해상도가 낮았을 뿐 아니라 카메라는 초당 1프레임이라는 낮은 비율로 기록했다. 이는 대략 초당 24프레임 정도인 비디오에 견주어도 상당히 낮은 것이었다. 루딘과 동료들은 재판정에서 제시된 몇몇 증언과 모순되는 이미지를 구성할 수 있었다. 특히 핵심 증인이 가게 안에 있었지만, 그녀가 목격했다고 주장한 것은 사실은 볼 수 없었음을 보여주는 이미지를 얻어냈다.

이후로도 코그니테크는 시스템의 개발을 계속했으며, 오늘날 전 세계적으로 FBI, 마약단속국, 영국 내무부, 런던 경시청, 인터폴 등을 포함하여 수많은 사법기관과 보안요원들이 수학적으로 최첨단인 '비디오 수사관Video Investigator' 및 '비디오액티브 법의학 영상화Video-Active Forensic Imaging' 소프트웨어를 사용하고 있다.

일부는 자신의 말과 일부는 비디오테이프 증거에 근거하여, 가게 점원을 잔인하게 살해한 혐의로 유죄 평결을 받고 사형 선고를 앞둔 일리노이 주의 젊은 아프리카계 미국인의 사건은 주목할 만하다. 피고인과 그의 가족은 너무 가난하여 값비싼 전문가의 도움을 받을 수 없었지만, 다행히도 국선 변호인은 비디오테이프에 근거하여 주 정부 및 연방 법의학 전문가가 내린 신원확인에 의문을 품었다. 피고인 측은 코그니테크에 접촉했고, 이들은 면밀하게 비디오를 복구하고 복원된 영상으로 3D

사진측량(3차원 원근 기하학이라는 수학을 이용하여 사진으로부터 정확히 측정하는 과학)을 했다. 이로부터 범인과 피고인의 신체 치수가 일치하지 않음이 이론의 여지없이 드러났다. 그 결과 사건은 파기되었으며 무고한 젊은 남성은 풀려났다. 시간이 흐른 후 FBI의 수사로 인해 실제 살해범이 체포되었고 유죄 평결이 내려졌다.

코그니테크는 디스커버리 채널과 공동으로 애리조나 주의 UFO 목격에 관한 특별방송('피닉스 지역 상공의 불빛')에서 비디오 영상을 처리한 뒤 조사함으로써 밤하늘에 보였던 수수께끼의 '불빛'이 그날 밤 미국 공군이 사용한 조명탄과 일치한다는 것을 보였다. 더욱이 코그니테크의 연구에 의해 관찰자들이 처음 생각했던 피닉스 지역 위가 아니라 실은 산 너머에서 불빛이 나왔다는 것도 드러났다.

가장 최근에는 케네디 대통령 암살사건에 대한 또 다른 디스커버리 채널 특집('마법의 총탄')에서 루딘과 그의 팀은 유명한 잔디 언덕의 '두 번째 총격범' 수수께끼를 풀기 위해 자신들의 기술을 이용했다. 역사적인 매리 무어맨 사진을 오늘날 가용한 가장 발달된 이미지 복구 기술로 처리하여 가공의 '두 번째 총격범'은 안정적인 이미지 특징을 보이지 않으며, 사진의 아티팩트artifact[4]임을 보일 수 있었다. 그들은 발달된 3D 사진측량 추정 기술을 이용하여 가공의 '두 번째 총격범'을 측정했는데, 키가 90센티미터에 불과함을 알아냈다.

  누구든 충분히 사진을 '위조'할 수 있는(이 또한 복잡한 수학에 의존하는 과정이다) 시대에서 '사진은 거짓말하지 않는다'는 오랜 격언은 더는 성립하지 않는다. 하지만 이미지 재구성 기술 때문에 새로운 격언이 적용된다. '사진과 비디오는 대개 생각보다 훨씬 많은 것을 말해줄 수 있다.'

---

4 사전적 의미로는 인공물이나 유물이라는 뜻인데, 여기서는 사진을 찍으면서 부수적으로 발생하는 흔적 정도의 뜻이다. (옮긴이 주)

06 미래 예측하기

수많은 목격 신고 중 무엇이 진실일까

죄수들을 호송하던 버스가 교통사고에 휘말리며, 죄수 두 명이 탈출하고 그 과정에서 호송간수가 살해된다. 찰리는 충돌 현장을 면밀히 분석하여 일어났을 일을 재구성하여 사건을 파헤치는 데 도움을 준다. 찰리의 결론은 이렇다. 충돌은 사고가 아니었으며 기획된 것이었다. 계획된 탈출이었던 것이다.

2005년 5월 13일 '범인 추적'이라 부르는 〈넘버스〉 첫 시즌의 에피소드에서 시청자들은 이 이야기를 보게 된다.

찰리는 사고 조사관들이 현실에서 하는 방식을 바탕으로 이 허구의 사고를 수학적으로 재구성했다. 그런데 이 특정 사건에서 충돌이 어떻게 일어났는지 알아내는 것으로 찰리의 관련이 끝난 건 아니다.

도주범 한 명이 붙잡히자 탈출을 계획했던 남은 한 명을 찾아내는 데 이목이 집중된다. 붙잡힌 도주범은 형기를 거의 다 마친 모범수였는데, 탈출 계획에 대해서는 사전에 몰랐음이 드러난다. 하지만 그는 돈에게 탈출한 동료에 대해 말해줄 수 있었다. 그는 가석방 없는 종신형으로 복역 중이던 살인범으로, 다시 살인을 저지른다 해도 잃을 것이 거의 없는 대단히 위험한 인물이다. 다시 붙잡힌 죄수가 돈에게 말해준 것 중 가장 소름끼치는 것은 이 살인범이 자신의 재판 당시의 핵심 증인을 살해하려 한다는 사실이다. 그 여성의 증언 때문에 유죄 판결을 받았던 것이다.

돈은 증인에게 도시를 떠나 살인범이 잡힐 때까지 숨어 지내라고 설득하지만, 그녀는 이를 거절한다. 병원의 의사로서 환자들을 두고 떠날 수 없다고 생각하는 것이다. 이 때문에 돈은 탈출범이 자신의 치명적인 의도를 완수하기 전에 촌각을 다투며 추적해야 할 처지가 된다.

탈출한 살인범에 대한 경찰 사진을 포함한 대중매체의 보도로 인해 시민들로부터 목격 신고가 들어오기 시작한다. 불행히도 신고가 너무 많아 수백 건이었으며, 로스앤젤레스 전역에 흩어져 있는 데다 그중 많은 수가 수 킬로미터씩 떨어진 곳에서 동시에 목격되었다는 주장을 하고 있었다. 일부 신고는 가짜일 수도 있지만, 대부분은 아마도 시민들이 신문이나 TV에서 본 사진 속 인물을 실제로 보았다고 믿고 선한 의도로 신고했을 것이다. 그런데 어떤 목격담이 정확한지 혹은 가장 사실에 가까운지 어떻게 판단할 수 있을까?

이 시점에서 찰리가 이 사건에 두 번째로 기여한다. 찰리는 신고에 대해 '베이즈 통계분석'을 수행했으며, 이를 통해 어떤 목격담이 가장 믿을 만한지 알 수 있다고 말한다. 찰리의 결과를 이용하여 돈은 탈출한 살인범의 소재지를 알아낼 수 있게 되고, 그가 증인을 살해하기 전에 가까스로 막아낸다.

수학이나 과학을 극적으로 묘사할 때 으레 그렇듯이, 찰리가 목격 신고에 순위를 매기는 데 상당히 짧은 시간이 소요된 것처럼 그려졌지만, 베이즈 분석이라 알려진 수학을 기반으로 한 기술을 이용하자는 아이디어는 타당하다. 찰리가 따랐을 가능성이 높은 분석 방법이 무엇인지는 이 장의 후반부에서 설명하기로 한다. (시청자들은 찰리가 이 단계를 어떻게 수행하는지 보지 못했으며, 대본에도 자세한 것은 나와 있지 않다.)

하지만 그보다 먼저 더 일반적인 용어인 베이즈 통계학 Bayesian statistics이라는 대단히 중요한 기술에 대해 설명할 필요가 있다.

수학으로 미래 예측하기

우리가 미래를 들여다볼 수 있어서 범죄가 일어나기 전에 미리 알 수 있다면, 사법기관의 일은 훨씬 쉬웠을 것이다.[1] 하지만 아무리 수학의 도움을 받더라도 이는 불가능하다. 수학을 이용하면 시간당 수천 킬로미터로 항행하는 우주선이 앞으로 6개월 뒤 그리니치 표준시로 정오에 어디에 있을지 상당한 정확도로 예측할 수 있다. 하지만 우리 대부분은 심지어 앞으로 일주일 뒤 정오에 어디에 있을지 예측하는 것조차 힘들다. 인간의 행동은 좀체 수학적 예측에 고분고분 따라주지 않는다. 수학으로 정확한 답을 주길 원한다면 그렇다는 뜻이다. 하지만 어떤 사건이 일어날 가능성에 대한 수치적 추정으로 만족할 의향이 있다면, 수학은 실제로 도움이 될 수도 있다.

예를 들어 2001년 9월 11일 공격을 저지른 알카에다 공작원 몇 명을 제외하고는 무슨 일이 일어날지 사전에 알았던 사람은 없다. 하지만 그런 공격이 가능하며 가장 그럴듯한 목표물이 무엇이며 어떤 행동을 취하면 테러리스트들이 계획을 실행하는 걸 막을 것인지 미국 관계 기관에서 알았더라면, 상황은 매우

---

1 이것이 탐 크루즈 주연의 2002년 블록버스터 영화 〈마이너리티 리포트〉의 줄거리 뒤에 깔린 기본 아이디어다. 그렇지만 당연히 이 영화는 허구다.

달라졌을 것이다. 수학의 도움으로 그런 일이 일어날 수 있다는 것을 사전에 경고할 수 있을까? 그런 가능성의 추정값 같은 것을 얻을 수 있을까?

그런 것이 가능할 뿐 아니라 실제로도 그랬다는 것이 답이다. 공격이 벌어지기 1년 전 수학은 국방부(펜타곤)가 테러리스트들의 공격 대상일 가능성이 크다고 예측했다. 이 경우 아무도 이 수학적 경고를 충분히 심각하게 받아들이지 않아서 아무 조치도 취하지 않았다. 물론 사건이 일어난 후에 똑똑해지는 것은 쉬운 일이다. 수학자들이 할 수 있으며 실제로 했던 것은 (아래에서 설명하겠지만) 가능성이 높은 목표물 목록을 제공하고, 그런 공격이 벌어질 확률 추정값을 제공한 것이었다. 정책 입안자들은 가용한 자원의 한정된 비용 때문에, 파악된 수많은 위협 중에서 어떤 것을 골라내야 할지 결정해야 한다. 그렇지만 2001년의 그 끔찍했던 사건이 있으니, 다음번에는 다를 수도 있을 것이다.

수학은 어떻게 펜타곤에 대한 9/11 공격을 예측했나

2001년 5월 '위치 프로파일러Site Profiler'라 부르는 소프트웨어 시스템이 세계 전역의 미국 군사시설에 보급되었다. 이 소프트웨어는 현장 지휘관에게 테러의 위험도를 가늠하고, 그 위험을 통제하며, 표준화된 반테러 계획을 수립하는 걸 돕기 위해 제공된 도구였다. 이 시스템은 여러 가지 출처의 자료들을 결합하여 베이즈 추론이라 부르는 수학적 기술을 이용하여 테러 위험에 대한 추론을 이끌어내는 방식으로 동작한다.

1년 전 한 논문에서[2] 언급한 바에 따르면 시스템을 배치하기 전에 개발자들은 수차례 모의실험을 했다고 한다. 실험 결과를 요약하면서 그들은 이렇게 언급했다. "이들 시나리오는 '위험 영향 네트워크Risk Influence Network'(RIN)가 효과가 있음을 보여주었지만, (예를 들어 펜타곤에 대한 공격처럼) 예외적인 경향도 보였다."

펜타곤이 공격 지점이었다는 것을 이제는 세상이 다 안다. 불행히도 군 지휘부와 미국 정부는 펜타곤이 위험하다는 위치 프로파일러의 예측을 심각하게 받아들이지 않았다. (사실은 시스템 개발자들조차도 이런 예측을 '예외적'이라고 보았다.)

인간은 어떤 종류의 위험─넓게 말해 익숙한 상황과 관련된 개인적인 위험─을 평가하는 데 능숙하지만 다른 위험, 특히

---

2 허드슨Linwood D. Hudson, 웨어Bryan S. Ware, 마호니Suzanne M. Mahoney, 래스키Kathryn Blackmond Laskey가 쓴 《군사계획가들을 위한 반테러 위험 관리를 위한 베이즈 네트워크의 응용An Application of Bayesian Networks to Antiterrorism Risk Managements for Military Planners》.

새로운 종류의 사건으로 인한 위험을 평가하는 데는 형편없기로 악명 높다는 것은 시간이 흐를수록 경험이 거듭 가르쳐준다. 수학에는 그런 약점이 없다. 개발자들이 위치 프로파일러에 짜넣은 수학적 규칙들은 선천적인 '불신 요인'을 가지고 있지 않았다. 위치 프로파일러는 단순히 숫자들을 훑고 지나가며, 다양한 사건들에 위험 수치를 할당한 뒤, 수학이 가장 그럴듯하다고 얘기해주는 것을 보고했던 것이다. 프로그램은 펜타곤이 위험하다는 수치가 나왔으므로 그렇게 보고했다. 지나치게 믿기지 않는 예측이라고 무시한 것은 인간들이었다.

이 얘기는 두 가지를 말해준다. 첫째, 수학은 테러리스트들의 위험을 평가하는 데 강력한 도구를 제공한다는 것이다. 둘째, 수학이 생산한 결과가 아무리 터무니없어 보이더라도 무시하기 전에 주의 깊게 생각해야 한다는 것이다.

수학 뒤의 이야기는 바로 이러했다.

테러 위험을 예측하는 위치 프로파일러

위치 프로파일러는 '취약성 합동 평가 도구 Joint Vulnerability Tool'(JVAT)라 부르는 국방부 전체에 걸친 반테러 위험 관리 시스템으로 개발된 것으로 1999년 미국 국방부가 특허를 취득했다.

JVAT 프로그램은 1996년 6월에 일어난 사우디아라비아 쿠바르 타워의 미 공군 시설에 대한 폭탄 테러와, 1998년 8월 동아프리카의 주요 도시인 탄자니아 다르에스살람과 케냐 나이로비의 미국 대사관들에 대한 폭탄 테러에 대응하기 위해 시작되었다. 전자의 사건으로 17명의 미군과 1명의 사우디아라비아인이 사망하고 372명에 이르는 많은 미국인이 부상당했으며, 후자의 사건으로 도합 247명이 사망하고 4000명이 넘는 부상자가 발생했다.

이들 사건을 조사하면서 미국이 테러리스트들의 위험을 평가하고 미래의 테러 사건을 예측하는 방법이 부적절하다는 것이 드러났다. 이런 요구를 다루는 것은 상당한 난관이었다. 얻을 수 있는 첩보 정보로부터 잠재적인 테러리스트들의 의도, 방법, 능력, 때로는 신원조차도 신뢰할 수 있을 만큼 예측하는 것은 거의 불가능하기 때문에, 위협에 대응하는 대부분의 노력은 공격받을 가능성이 있는 목표물을 알아내는 데 초점을 맞춰야 했다.

잠재적인 목표물의 취약성을 이해하고, 공격에 대비하여 방어하는 법을 알기 위해서는 실제 보안전문가, 공학자, 과학자, 군사계획가 등 다양한 전문가들의 조언이 필요하다. 소수의 전문가들이 한두 가지의 위험을 이해하고 관리할 수 있을지는 몰라도, 수백 가지의 위험을 동시에 관리할 수 있는 인간은 없다.

수학적 방법을 컴퓨터에 구현하여 이용하는 것이 해답이다.

위치 프로파일러는 분석적 모형, 모의실험, 역사적 자료, 사용자의 판단 등 다양한 출처의 자료로부터 증거를 조합하기 위해, 사용자들로 하여금 베이즈 추론(아래에 설명할 베이즈 망의 형태로 구현한다)을 이용하여 일정 정도의 정확도로 거대한 위험 포트폴리오를 추정하고 관리하게 해주는 여러 시스템 중 하나에 불과하다.

전형적으로 그런 시스템의 사용자(보통은 전문 평가팀원)는 예를 들어 세금업무 대행 패키지를 연상시키는 '질문과 답변' 인터페이스를 통해 군사시설의 평가 정보를 입력한다. (위치 프로파일러는 사실 '터보 택스Turbo Tax'[3] 인터페이스를 모형으로 하고 있다.) 소프트웨어는 수집한 정보를 이용하여 시설의 다양한 평가 및 위협을 나타내는 수학적 대상을 구성하고, 전체 상황을 하나의 베이즈 망으로 나타내며, 망을 이용하여 다양한 위험을 평가하고, 마지막으로는 위협 목록에다 발생 가능성과 결과의 심각도 등에 근거한 등급을 수치로 매겨 출력한다. 그런 시스템의 '내부에' 들어앉아 있는 수학이 우리의 현재 관심사다.

이 모든 것의 뒤에 깔린 핵심 아이디어는 18세기 영국의 성직자였던 토머스 베이즈Thomas Bayes로 거슬러 올라간다.

---

3 미국인들이 많이 사용하는 세무 신고 프로그램. (옮긴이 주)

베이즈의 확률 계산법

장로교 목사였던 토머스 베이즈(1702~1761)는 예리한 아마추어 수학자이기도 했다. 베이즈는 우리가 현재 아는 것을 어떻게 알게 됐는지, 특히 우리가 습득한 정보의 신뢰도를 어떻게 판단하는지 흥미로워했으며, 그런 판단을 더 정확하고 정밀하게 내리는 데 수학을 이용할 수 있는지 궁금해했다. 새로운 정보, 즉 새로운 자료를 얻을 때마다 가능성(확률)에 대한 우리의 신뢰도를 바꾸는 계산법을 베이즈가 만들었으며, 이로부터 오랫동안 완고한 비판자들뿐 아니라 열정적인 추종자를 끌어당겨온 통계학 이론이며 수행하는 접근법인 베이즈 통계학의 발달에 이르게 됐다. 초당 수백만 개의 자료를 소화할 수 있는 대단히 강력한 컴퓨터를 갖춘 20세기 후반이 도래하면서 '항상' 그의 기본 아이디어를 이용하는 베이즈 통계학자들과, '가끔씩' 이용하는 非베이즈 통계학자들 모두 그에게 커다란 빚을 지고 있다.

베이즈의 아이디어는 동전을 던졌을 때 앞면이 나올 확률은 .49부터 .51까지인가, Y라는 브랜드가 X라는 브랜드보다 두통을 더 잘 치료하는가, 테러리스트나 범죄자들은 J나 K나 L을 목표로 공격할 것인가 등 옳을 수도 있고 옳지 않을 수도 있는 것들에 대한 확률과 관련이 있다. 예를 들어 A와 B 두 가지 사건의 확률을 비교하고 싶을 경우, 베이즈는 다음과 같은 비법을 제시했다.

1. 상대 확률, 즉 B에 대한 A의 확률 P(A)/P(B)를 추정하라.
2. 새로운 정보 X를 관찰할 때마다, A도 참이고 B도 참이었을 때 그렇게 관찰됐을 가능성을 계산하라.
3. B에 대한 A의 상대 확률을 다음과 같이 '다시' 계산하라.
   P(X가 주어질 때 A)/P(X가 주어질 때 B)=P(A)/P(B)×'가능성의 비율'
   여기에서 '가능성의 비율'은 A가 참일 때 X를 관찰할 가능성을, B가 참일 때 X를 관찰할 가능성으로 나눈 것이다.
4. 새로운 정보가 관찰될 때마다 이 과정을 반복하라.

1단계에서 B에 대한 A의 확률을 '사전 확률'이라 부르는데, 자료 X를 관찰하기 '전'에 우리가 아는 지식의 상태를 나타낸다. 이런 지식은 보통 주관적 판단, 예를 들어 어떤 질병에 대해 신약이 표준 처방약보다 나을 확률이라든지, 테러리스트들이 다른 목표물에 비해 어떤 목표물을 공격할 확률이라든지, 증거가 제출되기 전에 형사 피고인이 유죄 판결을 받을 확률과 같은 판단에 근거한다. (마지막의 예에서 수를 임의로 정할 수 있다는 점이, 형사재판에서 사실상 베이즈 통계학을 이용하지 않는 한 가지 이유다.)

베이즈의 비법을 이해하기 위해서는 '사전 확률'이 실제로 알려져 있는 예를 살펴보는 것이 도움이 된다. 그런 상황에서 베이즈 방법을 사용하는 것은 논란의 여지가 적다.

예제: 가상의 뺑소니 사건

어떤 도시에 택시회사가 두 개 있다. 파란 택시회사와 검은 택시회사. 파란 택시회사는 택시를 15대, 검은 택시회사는 75대를 보유하고 있다. 어느 날 밤, 택시와 관련한 뺑소니 사고가 발생했다. 사건이 일어나던 시간, 이 도시의 택시 90대는 모두 거리에 있었다. 사고를 본 목격자는 파란 택시가 낸 사고였다고 한다. 경찰의 요청에 따라 목격자는 문제의 그날 밤과 비슷한 조건 아래서 시각 검사를 받았다. 파란 택시와 검은 택시를 무작위로 계속 보여주었더니 목격자는 다섯 번 중 네 번은 택시 색깔을 성공적으로 맞췄다. (남은 1/5의 경우에는 파란 택시를 검은 택시라고 했거나, 검은 택시를 파란 택시라고 말했다.) 만일 당신이 이 사건의 조사관이라면 이 사고와 연관된 회사는 어느 쪽이라고 생각해야 할까?

　다섯 번 중 네 번은 정확하다는 걸 보여준 목격자로부터 나온 증언이기 때문에, 증인이 보았다는 택시는 파란 택시였을 거라고 생각하기 쉽다. 아마도 파란 택시였을 가능성은 다섯 번 중 네 번 정도라고, 즉 확률이 0.8이라고 생각할지도 모른다. 목격자가 옳았던 확률이 0.8이었으니까 말이다.

베이즈 방법은 상당히 다른 사실을 보여준다. 제공된 자료에 근거하면, 파란 택시가 사고를 냈을 확률은 아홉 번 중 네 번, 대략 44퍼센트에 불과하다. 맞다. 확률이 절반도 안 된다. 검은 택시였을 가능성이 더 큰 것이다. 배심원들이 베이즈의 논리를 따라가지 못한다면, 파란 택시 회사의 소유주는 불쌍한 신세가 된다.

인간의 직관은 이 도시의 택시가 검은색일 가능성이 파란색인 것에 비해 5배 많다는 사실을 종종 무시하지만, 베이즈의 규칙은 적절히 반영한다. 베이즈의 계산은 다음처럼 진행된다.

1. 검은 택시가 75대, 파란 택시가 15대이므로 검은 택시일 '사전 확률'은 5 대 1이다.
   '목격자가 파란 택시라고 인지한다'는 사건 X의 가능성은
   검은 택시였다면 5분의 1이고(20%), 파란 택시였다면 5분의 4다(80%).
2. 검은 택시 대 파란 택시의 비율 계산은 다음과 같다.
   P(목격자의 인지가 주어질 때 검은 택시)/P(목격자의 인지가 주어질 때 파란 택시)=(5/1)×(20%/80%)=(5×20%)/(1×80%)=1/0.8=5/4

따라서 베이즈의 계산에 따르면 검은 택시였다는 목격자의 증언 이후에 가능성은 5 대 4임을 보여준다.

이것이 반직관적으로 보인다면(처음에는 반직관적이라고 보는 이들이 있다) 다음과 같은 '사고실험'을 생각해보자. 전과 동일한 조건하에서 90대의 택시를 매일 밤 한 대씩 내보내고 목격자에게 색깔을 말해보라고 요청하자. 15대의 파란 택시를 보았을 때는 그중 80퍼센트가 파란색이라고 묘사될 것이므로, 12대는 '파란색'으로 보이고 3대는 '검은색'으로 보인다고 표현할 수 있다. 75대의 검은 택시를 내보내면, 그중 20퍼센트가 파란색으로 묘사될 것이므로, 15대는 '파란색'으로 보이고 60대는 '검은색'으로 보인다고 표현할 수 있다. 전체로 보면 목격자가 '파란색'이라고 묘사하게 될 택시는 27대인데, 그중에서 실제로 파란색인 것은 겨우 12대이며 15대는 검은색이다. 12 대 15의 비율이 바로 4 대 5의 비율과 같다. 다른 말로 하면 목격자가 파란 택시라고 말한 것 중에 실제로 파란 택시인 때는 아홉 번 중에서 고작 네 번(44퍼센트 정도)에 불과하다.

최초의 추정치가 인위적인 각본을 정확히 그대로 따를 경우 베이즈 망은 정확한 답을 준다. 좀 더 전형적인 실생활 상황에서는 정확한 사전 확률값을 가지고 있지 못하다. 그렇지만 초기 추정치가 합리적인 정도로 괜찮으면, 이 방법을 이용할 경우 가용한 증거를 고려하여 관심을 둔 사건이 일어날 확률을 '더 낫게' 추정해줄 것이다. 따라서 가용한 증거를 신뢰할 만하게 평가할 수 있는 전문가의 손을 거친다면, 베이즈 망은 강력한 도구가 될 수 있다.

찰리는 탈출한 살인범을 어떻게 추적했을까

이 장의 서두에서 언급한 대로 〈넘버스〉의 에피소드 '범인 추적'에서는 찰리가 탈출한 죄수에 대한 목격 신고들을 어떻게 분석했는지 전혀 설명하지 않는다. 찰리는 '베이즈 통계분석'을 사용했다는 말 이외에는 자신의 방법에 대해 침묵한다. 하지만 거의 틀림없이 다음과 같이 작업했을 것이다.

수많은 목격 신고가 들어왔으며 그중 많은 수가 서로 모순된다는 것이 문제였음을 기억하자. 대부분은 자신들이 신문이나 TV에서 보았던 사람과 닮은 누군가를 보았기 때문에 신고했을 것이다. 신고자들의 신뢰성이 떨어져서가 아니라 단순히 착오인 것이다. 따라서 오인 경보로부터 올바른 목격 신고를 구분할 수 있느냐는 것이 난점인데, 특히나 잘못된 경보가 정확한 목격담보다 훨씬 숫자가 많을 경우에는 더욱 어렵다.

찰리는 신고마다 목격 시간이 기재돼 있다는 사실을 중요한 요소로 활용한다. 정확한 신고라면 진짜 살인범을 목격한 신고

이기 때문에, 목격된 장소는 도시 내에서 대상의 움직임을 반영하며 기하학적 패턴을 따를 것이다. 반면 잘못된 신고는 상당히 무작위적인 방식으로 퍼져 있는 장소를 가리킬 것이고, 단 한 명이 이동하며 만들어낼 수 있는 경로와는 맞지 않을 것이다. 그렇지만 이렇게 숨어 있는 패턴에 대응하는 신고를 어떻게 골라낼 수 있을까?

정확한 방식으로는 골라낼 수 없다. 하지만 베이즈 정리는 다양한 목격담에 확률을 부여하며, 확률이 높을수록 그 목격담이 더 정확할 가능성을 크게 할 수 있다. 찰리는 이렇게 했을 것이다.

로스앤젤레스의 지도를 그리자. 지도 위에서 좌표가 i, j인 각 격자 사각형에 확률 $p(i, j, n)$을 부여하는데, 이 값은 시간이 n일 때 살인범이 격자 사각형 (i, j)에 있을 확률을 평가한다. 베이즈 정리를 반복적으로 이용하여 시간이 흐름에 따라, 즉 n이 커짐에 따라(예를 들어 5분 간격으로) 확률 $p(i, j, n)$을 업데이트하자는 것이 아이디어다.

이 과정을 시작하기 위해서는 각 격자 사각형에 초기 사전확률을 할당할 필요가 있다. 아마도 찰리는 다시 붙잡힌 죄수와 언제 어디서 헤어졌는지에 대해 획득한 증거로부터 이들 확률을 결정했을 것이다. 그런 정보가 없었다면, 격자 사각형의 확률을 모두 같다고 가정했을 수도 있다.

그런 다음 시점에서 찰리는 새로운 사후 확률분포를 다음처럼 계산한다. 시간 n+1에서 격자 사각형 (i, j)에서 목격했다는 새로운 보고서를 집어든 뒤, 이 목격담을 근거로 모든 격자 사각형 (x, y)의 확률을 업데이트하는데, 만일 살인범이 시간 n에서 격자 사각형 (x, y)에 있었다면 목격되었을 가능성을 이용한다. 당연히 (x, y)=(i, j)인 경우 찰리는 시간 n+1에서 목격될 가능성이 높게끔 확률을 부여할 것이다. 특히 살인범이 식사를 하고 있었다거나 이발을 하고 있었다든지 시간이 걸리는 일을 하고 있다는 신고였다면 더 그렇다.

만일 (x, y)가 (i, j)에 가까우면, 시간 n+1일 때 살인범이 (x, y)에 있을 가능성도 높다. 특히 목격담에서 살인범이 도보로 움직이고 있어서 5분 만에 많이 움직이기 힘들었다면 더 그렇다. 목격 신고서에 나온 신고 대상의 행동에 따라 찰리가 부여한 정확한 확률은 다를 수 있다. 예를 들어 시간 n에서 '3번가에서 북쪽으로 운전 중'이라고 신고가 접수됐으면, n+1 시간에서 3번가에서 꽤 북쪽에 있는 격자 사각형에 다른 사각형들보다 더 높은 확률을 부여했을 것이다.

찰리가 부여한 확률은 진실성 평가를 반영했을 수도 있다. 예를 들어 은행 경비원이 한 꽤 자세한 인상착의를 담은 신고라면, 술집에서 취한 사람이 신고한 것보다 더 옳을 가능성이 크기 때문에, 후자보다는 전자에 더 높은 확률을 부여할 것이다. 따라서 시간 n+1에서 살인범이 사각형 (x, y)에 있을 확률은,

(x, y)가 (i, j)와 멀리 떨어져 있을 때보다 가까울 때 훨씬 큰 반면, 더 질이 낮은 신고인 경우 사각형 (i, j)에서 목격된 신고를 접수할 확률이 좀 더 '일반적'이며 (x, y)에 덜 의존하게 된다.

찰리는 다른 요소들도 반영했을 수 있다. 예를 들어 일요일 오후 대형 쇼핑몰이라면, 화요일 저녁 산업지구보다는 허위 신고를 더 많이 발생시킬 것이다.

물론 이런 과정은 인간의 판단과 평가에 강하게 의존한다. 판단과 평가 자체로는 별로 유용한 정보에 도달하지 못할 수도 있다. 하지만 바로 이때 베이즈 방법이 역할을 하러 입장한다. 처음에는 수많은 수의 목격담이 문제처럼 여겨졌지만, 이제는 의미 있는 자산이 되었다. 비록 찰리가 지도에 매번 부여하는 확률분포가 상당히 주관적이긴 하지만, 합리적인 근거에 기반을 둔 것이므로, 많은 횟수로 수차례 적용하면 결국 인간의 평가에 내재된 모호함을 극복하게 된다. 베이즈 정리를 반복 적용하면, 살인범이 도시 내에서 이동하면서 만들어진 목격담으로부터 나온 목격 자료가 가지는 바탕 패턴에 비슷해지는 효과를 내게 된다.

다시 말해, 베이즈의 패러다임은 찰리에게 모든 시간, 모든 가능한 장소를 동시에 고려할 수 있게 만들어주는 합리적이고 정량적인 방법을 제공한다. 물론 찰리는 지도 위에 X자로 표시된 장소가 아니라 확률분포만을 얻는다. 하지만 베이즈 과정을 따르며 작업해 나감에 따라, 최근의 목격 신고에 근거하여 높은 확률이 할당되는 그럴듯한 장소가 두세 곳으로 좁혀지는 단계에 이를 수 있다. 그때부터 한두 개의 질이 좋은 신고와 딱 맞아떨어지면, 베이즈 공식은 그들 장소 중 한 곳에 높은 확률을 산출해내게 된다. 찰리가 형에게 연락하여 "당장 그곳으로 요원을 보내!"라고 말할 수 있는 때가 바로 그때다.

DNA 프로파일링

미국 정부 대 레이먼드 젱킨스 사건

요즘 신원을 확인하는 데 이용하는 방법으로 DNA 프로파일링에 대한 얘기를 자주 읽는다. 보통 'DNA 지문'이라 묘사되는 기술이지만, 사실 지문과는 아무 관련이 없다. 이 대중적인 용어는 신원을 확인하는 오래되고 잘 수립된 수단과 유사하게 붙여진 용어다. 두 방법 모두 상당히 정확하지만, 두 경우 모두 서로 다른 두 사람이 같은 지문이나 같은 DNA 지문을 가지고 있어서 검사를 통해 구별할 수 없을 확률을 계산할 때 주의가 필요하다. 바로 이 지점에서 수학이 등장한다.

1999년 6월 4일 워싱턴 DC의 경관들은 캐피틀힐의 자택에서 데니스 돌린저Dennis Dolinger의 시신을 발견했다. 보고서에 따르면 뇌를 뚫고 들어간 스크루드라이버로 수차례, 최소 스물다섯 번 찔려 있었다.

돌린저는 워싱턴 도시권교통국의 운영분석가였다. 20년 동안 캐피틀힐에 살았으며 지역사회에서도 활동적이었고, 도시 곳곳에 널리 친구들과 동료들이 살고 있었다. 특히 지역자문위원으로서 지역 내 마약거래에 대해 강경한 입장을 보였다.

경찰은 돌린저의 시신이 발견된 장소인 지하실로부터 그의 집 1층과 2층으로 이어지다가 정문 보도 및 인도로 이어지는 혈흔을 찾아냈다. 지하층과 2층 거실에서 피가 묻은 옷이 발견됐다. 경찰은 일부 핏자국이 피해자를 공격하다 베인 범인의 것이라고 믿었다. 현금과 신용카드가 들어 있던 돌린저의 지갑이 없어졌으며, 다이아몬드 반지와 금목걸이가 사라졌다.

경찰은 재빨리 용의자 몇 명을 찾아냈다. 과거 돌린저를 폭행했으며 경찰이 시신을 발견한 즈음에 워싱턴을 떠났던 전 남자친구(돌린저는 게이였다), 돌린저의 집으로부터 달아나는 것이 목격되었지만 경찰에 신고하지 않았던 남자, 살인 혐의 재판 때 돌린저가 정부 측 증인이었던 이웃 마약중개상, 돌린저의 애완동물들을 상대로 폭력을 행사했던 이웃들, 돌린저를 자주 방문했던 여러 명의 노숙자들, 돌린저가 인터넷 만남 서비스를 통해 술집에서 만났던 게이 남성.

돌린저가 사망한 지 15시간도 안 돼서 알렉산드리아의 이발소와 백화점에서 스티븐 왓슨이라는 남자가 돌린저의 신용카드를 사용했다는 사실이 당시까지 가장 강력한 단서였다. 왓슨은 마약중독자였으며, 마약범죄·재물범죄·폭행을 포함한 전과가 많았다. 경찰은 개인적으로 왓슨을 아는 목격자가 사건 당일 돌린저의 집 근처에서 "불안하고 흥분돼 보였고" "옷으로 손을 감싸고 있었으며" "피가 묻은 티셔츠를 입고" 있는 왓슨을 봤다는 증언을 듣기도 했다. 당일 돌린저의 집 근처에서 왓슨을 봤으며, 그가 신용카드를 여러 장 들고 있는 게 눈에 띄었다는 목격자도 있었다.

6월 9일 경찰은 버지니아 주 알렉산드리아에 있는 왓슨의 집에 대해 수색영장을 발부받았고 돌린저의 개인 서류를 몇 개 찾아냈다. 또한 수색 당시 곁에 있었던 왓슨은 손가락에 베인 상처가 있었는데 "며칠 정도 된 상처였으며, 막 낫기 시작한" 것처럼 보였다. 이 시점에서 경찰은 왓슨을 체포했다. 경찰서에서 취조를 받던 왓슨은 처음에는 "고인을 안다는 것과 신용카드를 사용했다는 것을 부인"하다가, 나중에는 알렉산드리아 "킹 가의 은행 곁에서 베이지색 방수포와 양동이와 함께 배낭에 들어 있던 지갑을 주웠다"고 주장했다. 이들 사실을 근거로 경찰은 왓슨을 중죄 모살 혐의로 기소했다.

이것으로 문제는 끝난 듯했으며 명확한 사건처럼 보였다. 하지만 사태는 훨씬 더 복잡해지기 시작했다. FBI는 사건현장에서 수집한 다양한 혈액 표본으로부터 DNA를 추출하여 분석했지만 어느 것도 왓슨의 것과 일치하지 않았다. 그 결과 검찰은 왓슨에 대한 기소를 취하했고, 왓슨은 석방됐다.

이 시점에서 DNA를 이용한 신원확인 방법으로 DNA 프로파일링이라 알려진 것을 살펴볼 필요가 있다.

유전자 일치를 판단하는 방법

두 개의 긴 가닥으로 이루어져 있는 DNA 분자는 지금은 친숙한 이중나선 구조를 띠며 서로 상대 가닥 주위로 꼬여 있으며, 염기라 부르는 화학적 구성요소들에 의해 '밧줄 사다리'와 같은 모양으로 연결돼 있다. (두 개의 가닥이 '사다리'의 '밧줄'을 구성하고, 염기 사이의 결합이 '계단'이다.) 염기는 네 종류가 있는데, 아데닌adenine(A), 티민thymine(T), 구아닌guanine(G), 시토신cytosine(C)이다. 인간의 유전체(게놈)는 대략 30억 개의 염기쌍으로 이루어진 서열이다. DNA 분자를 따라가며 염기의 순서를 나타내는 문자들의 서열(⋯⋯AATGGGCATTTTGAC⋯⋯와 같은 부분)로 사람이나 생물의 유전자 암호를 '해독'한다. 바로 이런 '해독'이 DNA 프로파일링의 근거가 된다.

모든 사람의 DNA는 유일하다. 누군가의 DNA에서 30억 개의 정확한 서열을 안다면, 전혀 오류 없이 그 사람이 누군지 알 수 있다.[1] 하지만 오늘의 기술 및 내일의 기술로도 30억 개 서열을 모두 결정하여 DNA 신원확인을 하는 것은 완전히 비실용적일 것이다. 그 대신 아주 적은 개수의 변이 부위를 조사하고, 이로 인한 신원확인의 정확성은 수학을 이용하여 판단한다.

DNA는 염색체라 부르는 큰 구조체 내에 배열돼 있다. 인간은 23쌍의 염색체를 가지고 있는데 이들이 인간의 유전체를 구성한다. 염색체 각 쌍에서 하나는 어머니로부터, 다른 하나는 아버지로부터 물려받은 것이다. 이는 모든 개인이 완전한 두 세트의 유전물질을 가진다는 것을 의미한다. '유전자' 하나는 실제로 염색체상의 하나의 위치 즉 자리(유전자 좌위genetic locus)를 차지한다. 어떤 유전자는 여러 가지 형태를 가질 수 있는데 이들을 '대립형질allele'이라 부른다. 염색체 쌍은 전체에서 동일한 자리를 갖지만, 그런 자리 중 몇 곳에서는 서로 다른 대립형질을 가질 수 있다. 대립형질은 염기 서열이 살짝 다르며 서로 다른 표현형에 의해 구분된다. 법의학적 DNA 검사에서 연구되는 어떤 유전자에는 서로 다른 대립형질이 35개나 되는 경

---

[1] 일란성 쌍둥이는 염기 서열이 사실상 같기 때문에 완전히 옳은 말은 아니다. 다만 쌍둥이도 자라면서 환경 등의 영향으로 염기 서열이 달라질 수 있다. (옮긴이 주)

우도 있다.

대부분의 사람의 유전자는 매우 비슷한 자리를 갖지만, 몇 곳의 자리는 사람에 따라 상당히 다르다. 과학자들이 이들 자리에서의 변이를 비교하면, 서로 다른 DNA 표본이 같은 사람 것인가라는 질문에 대답할 수 있다. 만일 검사한 자리 모두에서 두 프로파일이 일치하면, 일치 프로파일이라 부른다. 만일 한두 개 이상의 자리가 일치하지 않으면 불일치 프로파일이며, 같은 사람으로부터 나온 표본이 아니라는 게 거의 확실하다.[2]

일치 프로파일이라고 해서 두 표본이 완전히 똑같은 사람으로부터 왔음을 의미하지는 않는다. 다만 현재로서는 두 프로파일이 동일하다는 것만 말할 수 있을 뿐이며, 서로 다른 사람으로부터 나온 프로파일끼리 여러 자리가 같을 수도 있다. 주어진 자리에 대해 DNA 조각이 서로 일치하는 사람들의 비율이 낮기는 하지만 0은 아니다. 여러 자리에서의 일치를 결합하면, 서로 무관한 개인들로부터 얻은 두 표본이 여러 자리에서 그렇게 일치한다는 것이 극도로 힘들기 때문에 DNA 검사가 힘을 얻는 것이다. 여기에서 수학이 개입한다.

---

2   염기 4개의 서열을 직접 비교하여 대조하지는 않으며, 그들의 수량만 센다. 'DNA 프로파일'은 사실 이들 수량의 서열이다. 우리에게 이런 구별은 중요하지 않다.

FBI의 코디스 시스템

1994년 법의학적 DNA 분석이 점차 중요해지는 것을 인식한 미국 의회는 DNA신원확인법안DNA Identification Act을 제정하여 전국적으로 유죄 판결을 받은 범죄자의 DNA 데이터베이스를 구축하고, 이 문제에 대해 FBI에 조언할 수 있도록 DNA자문단DNA Advisory Board(DAB)을 설립했다.

FBI의 DNA 프로파일링 시스템인 코디스COmbined DNA Index System(CODIS)는 1990년에 시범계획으로 시작되었다. 이 시스템은 컴퓨터와 DNA 기술을 결합하여 범죄와 싸우는 강력한 도구를 제공한다. 코디스 DNA 데이터베이스는 네 가지 범주의 DNA 기록으로 구성돼 있다.

- 유죄 판결 범죄자: 범죄로 유죄 판결을 받은 전과자의 DNA 신원 기록
- 법의학: 사건현장에서 회수한 DNA 표본의 분석 자료
- 신원 미상 사망자: 신원 미상 사망자로부터 회수한 DNA 표본의 분석 자료
- 실종자의 친척: 실종자의 친척들이 자발적으로 제공한 DNA 표본의 분석 자료

현재 코디스에 포함된 유죄 판결 범죄자 데이터베이스에는 300만 건이 넘는 자료가 있다.

코디스는 13곳의 특정한 자리에 기초한 DNA 프로파일을 저장하고 있다. 이들 자리는 사람마다 상당한 변이를 보이기 때문에 선택됐다.

코디스는 데이터베이스에서 일치하는 DNA 프로파일을 자동으로 찾기 위한 컴퓨터 프로그램을 사용한다. 또한 이 시스템은 일치 자료의 통계적 유의성을 판단하기 위해 익명의 DNA 프로파일 데이터베이스인 전체 파일population file을 보유하고 있다.

코디스는 포괄적인 범죄 데이터베이스가 아니라 지시자pointer들의 시스템인데, 일치하는 DNA를 찾기 위해 필요한 정보만을 담는 데이터베이스다. 코디스에 저장된 프로파일은 표본의 식별자, 담당 실험실의 식별자, DNA 분석을 한 직원의 이름이나 약칭, 실제 DNA 특성을 담고 있다. 코디스는 범죄 경력 정보, 사건 관련 정보, 사회보장번호, 출생 연월일은 저장하지 않는다.

무작위로 선택한 DNA 표본이 여러 자리(예를 들어 코디스 시스템에서 사용하는 13곳)에서 완전히 일치하지만, 서로 무관한 두 사람으로부터 나왔을 확률은 사실상 0이다. 이 사실 때문에 (올바르게 검사했을 경우) DNA 신원확인은 믿을 만하다. 보통은 무작위로 선택한 사람들로부터 특정한 프로파일을 찾아낼 확률을 판단하기 위해 확률론을 이용하여 신뢰도를 측정한다.

다시 젱킨스 사건으로

주요 용의자의 DNA 프로파일이 사건현장에서 발견된 것과 일치하지 않았기 때문에 혐의를 벗자, FBI는 사건현장의 DNA 프로파일을 코디스 데이터베이스에 돌려서 일치하는 것이 있는지 찾으려 했지만 검색 결과는 부정적이었다.

6개월 후인 1999년 11월 미지의 혈액 증거로부터 나온 DNA 프로파일이 버지니아 주 과학수사국으로 보내졌고, 그곳 데이터뱅크의 전과자 10만 1905명의 프로파일과 대조하기 위한 컴퓨터 검색을 수행했다. 이번에는 일치 프로파일이 발견됐지만, 코디스의 13자리 중 8자리만 일치했다. 버지니아의 구형 데이터베이스는 8자리만을 근거로 한 프로파일 목록을 보유하고 있었기 때문이다.

8자리가 일치한 사람은 로버트 개럿이라는 남자였다. 사법기관 기록을 검색한 결과 로버트 개럿은 아프리카계 미국인이었는데, 돌린저가 살해된 지 몇 주 후인 1999년 7월 2급 절도 혐의로 체포되어 선고받고 복역 중이던 레이먼드 앤서니 젱킨스가 사용하는 가명이었다. 그 시점부터 경찰 수사는 젱킨스에게만 맞춰졌다.

  1999년 11월 18일 경찰은 젱킨스를 안다고 주장하는 증인과 면담을 한다. 이 남자는 당시 여러 가지 혐의를 받고 경찰에 구류되어 있는 상태였다. 이 증인은 돌린저가 사망한 날 젱킨스가 다이아몬드 반지와 금줄 몇 개를 포함한 여러 개의 보석과 1000달러가 넘는 현금을 가지고 있는 걸 보았다고 말했다. 또한 정부 문서에 따르면 젱킨스의 얼굴에는 다수의 할퀸 자국과 베인 자국이 있어 보였다고도 했다.

  7일 후 경찰은 젱킨스 집에 대한 수색영장을 발부받았고 혈액 표본을 채취했다. 표본은 대조를 위해 FBI의 과학수사 실험실로 보내졌다. 1999년 12월 하순, 젱킨스의 표본은 FBI 코디스의 13자리를 써서(버지니아 당국이 이용한 8자리에 5자리를 더한 것이다) 프로파일링되었고 분석되었다. 경찰의 진술서에 따르면 결과로 얻어진 프로파일은 "살인현장에서 회수한 미지의 혈액 증거의 DNA 프로파일과 동일한 프로파일이라고 확인되었." FBI의 분석 결과 돌린저 집 근처의 지하실에서 찾아낸 청바지 한 벌, 2층 체력단련실에서 발견된 셔츠, 지하층 침실 선반에 있던 수건 및 싱크대의 개수대 마개, 거주지 1층과 2층 사이의 난간 등에 묻어 있던 혈액이 젱킨스의 것으로 감식되었다. FBI는 무작위로 고른 아프리카계 미국인이 젱킨스의 프로파일을 공유할 확률을 2600경분의 1로 추정했다. 이 정보에 근거하여 체포영장이 발부되었고, 젱킨스는 2000년 1월 13일 체포되었다.

2000년 4월, 레이먼드 젱킨스는 흉기 소지 2급 살인과 금지 무기 소지 혐의로 공식 기소되었고, 그해 10월 중죄 살인 두 건과 각각 한 건씩의 1급 모살, 흉기 소지 1급 강도, 흉기 소지 강도 미수, 금지 무기 소지 혐의로 대체되었다.

이것이 사법기관원의 무기고에서 가장 강력한 무기 중 하나인 DNA 프로파일링의 힘이다. 이러한 힘은 생화학만큼이나 수학에도 의지하고 있다는 것을 곧 보게 되겠지만, 약간의 대가를 치러야 얻을 수 있다.

DNA 프로파일링의 수학

설명을 위해 세 자리에 근거한 프로파일을 생각해보자. 누군가의 표본이 무작위 DNA 표본과 한 자리에서 일치할 확률을 대략 10분의 1(1/10)이라고 하자.[3] 따라서 누군가의 표본이 세 자리에서 무작위 DNA 표본과 일치할 확률은 1000분의 1일 것이다.

$$1/10 \times 1/10 \times 1/10 = 1/1000$$

FBI의 코디스 시스템에서 사용하는 13자리 전부에 대해 이와 같은 확률 계산을 적용하면, 전체 중에서 무작위로 주어진 DNA 샘플과 일치할 가능성은 대략 10조분의 1이다.

$$(1/10)^{13} = 1/10,000,000,000,000$$

이 수를 무작위 일치 확률 random match probability(RMP)이라고 부른다. 이는 확률에 대한 곱셈법칙을 이용하여 계산한 것인데, 곱셈법칙은 서로 다른 자리에서 발견된 패턴이 독립일 때에만 유효하다. DNA 프로파일링 초창기 시절에는 상당히 논란이 되던 문제였는데, 비록 완전하게는 아니지만 거의 종식된 것 같다.

현실에서 실질 확률은 여러 가지 요인에 따라 변하지만, 위에서 계산한 수치는 일반적으로 무작위 일치 가능성에 대해 상당히 믿을 만한 지표로 받아들여진다. 즉 RMP는 인구 전체에서 특정 DNA 프로파일의 희소성에 대한 좋은 지표로 받아들여진다. 다만 이런 해석을 할 때는 주의해야 한다(예를 들어 일란성 쌍둥이는 거의 동일한 DNA 프로파일을 가진다).

---

3 프로파일의 일치 확률은 많은 수효의 표본에서 대립형질의 빈도를 경험적으로 연구한 것에 근거하고 있다. 여기에서 사용한 수치 1/10은 쓸 만한 대표 수치로 널리 간주되고 있다.

젱킨스 사건에서 FBI가 주장한 2600경분의 1이라는 수치에서 분모는 황당할 정도로 높아 보이며, 사실 데이터 입력 실수, 표본 수집 과정에서의 오염, 분석 과정에서의 실험 오차와 같은 다른 오차 가능성을 고려할 때 이론적 값보다 다소 높은 값이다.

그렇지만 여러분이 계산한 실제 값이 무엇이든 FBI가 이용하는 13자리 모두에서 DNA 프로파일이 일치한다는 것은, RMP의 근거가 되는 무작위성에 부합하는 과정으로 일치에 도달한 경우, 사실상 확실한 감식이다. 하지만 이 무작위성 가정이 얼마나 잘 만족되었느냐에 따라 수학의 적용이 꽤 민감해진다는 것을 곧 보게 될 것이다.

DNA 증거는 얼마나 신뢰할 수 있는가

범죄를 수사하는 당국자가 특정 개인이 범인임을 시사하는 증거를 얻었지만, 유죄 판결을 받기에 충분할 정도로 용의자를 특정하지 못하는 것은 자주 발생하는 일이다. 만약 용의자의 DNA 프로파일이 코디스 데이터베이스 내에 있거나 표본을 채취했고 프로파일이 준비됐다면, 범죄현장에서 수집한 표본으로부터 얻은 프로파일과 비교할 수 있을 것이다. 만일 두 프로파일이 13자리에서 모두 일치한다면, 실용적인(또한 법적인) 목적하에서 용의자를 확실하게 감식했다고 보아도 좋을 것이다. 10조분의 1이라는 RMP는 두 프로파일이 서로 다른 개인으로부터 나왔을 확률에 대한 믿을 만한 추정치다. (한 가지 주의해야 할 것은 친척들은 제외해야 한다는 것이다. 형제나 자매처럼 가까운 친척이라 해도 항상 쉽게 제외되는 것은 아니다. 때로는 형제자매가 출생 시부터 떨어질 수도 있고 자신들에게 형제나 자매가 있는 줄도 모를 수 있으며, 공식 기록이 항상 사실에 부합하는 것도 아니다.)

물론 DNA 검사는 어느 정도의 신뢰도 내에서 사건현장에서 발견된 표본과 동일한 DNA 프로파일을 가지는 개인임을 감식해낸 것에 지나지 않는다. 바로 그 개인이 범죄를 저질렀음을 뜻하지는 않는다. 범죄자임을 알기 위해서는 다른 증거가 필요하다. 예를 들어 강간한 뒤 살해당한 여성의 성기에서 채취한 정액이 그 특정 개인의 것과 DNA 프로파일이 일치한다면, DNA 검사 절차상 계산된 정확도 내에서 여성이 사망하기 전에 그 개인과 섹스를 했다고 보아도 좋을 것이다. 그 남자가 여성을 강간했다고 결론짓기 위해서는 다른 증거가 필요할 것이며, 그 후 여성을 살해했다는 결론을 위해서는 아마도 증거가 더 필요할 것이다. DNA 일치는 말 그대로 두 프로파일이 일치한다는 것뿐이다.

신뢰의 정도와 관련하여, 위의 방식으로 얻은 DNA 프로파일의 일치를 토대로 개인의 신원을 확증하려고 할 때 다음과 같은 사안들을 고려해야 한다.

- 두 표본을 수집하거나 라벨을 붙이고 DNA 프로파일을 판정할 때 오류의 가능성
- 프로파일의 일치가 순전히 우연일 가능성[4]

13자리에 대해 RMP로 주어지는 10조분의 1이라는 확률은 이들 두 가능성 중 두 번째와 관련돼 있으므로, 첫 번째 가능성이 훨씬 더 잘 일어남을 뜻한다. 인간이 수행하는 일에서 오류율이 10조분의 1보다 낮다는 주장을 하기란 대단히 힘들기 때문이다. 다시 말해, 표본 수집 절차와 실험실의 분석의 정확성에 대해 의심할 아무런 이유가 없으면 DNA 프로파일 감식은 상당한 신뢰도를 가진다고 보아야 한다. 즉 사건현장의 표본으로부터 나온 프로파일과, 'DNA 프로파일 이외의 수단으로 이미 신원을 확인한' 용의자로부터 채취한 표본을 비교하여 일치에 도달했다면 신뢰해야 한다는 것이다. 하지만 젱킨스 사건은 그렇게 진행되지 않았다. 당시 젱킨스는 조사관들이 두 개의 데이터베이스를 통해 샅샅이 뒤진 결과만으로 용의자가 되었는

---

[4] 이 요구조건을 해석할 때 계산해야 할 확률 값에 대해 어떤 주의가 요구되는지는 나중에 설명하겠다.

데, 이른바 콜드히트cold hit라고 부르는 것이다.

그럴 경우 완전히 다른 수학 계산이 개입된다.

콜드히트 검색의 문제점

예를 들어 사건현장에서 채취한 것과 같은 표본의 프로파일과 일치하는 프로파일이 있나 보기 위해 DNA 데이터베이스를 검색하는 것을 일반적으로 콜드히트 검색이라 부른다. 그러한 검색으로부터 일치됐다고 나온 결과는 '마구잡이식'[5] 결과로 간주해야 하는데, 일치가 발견되기 전에는 그 사람이 용의자가 아니었기 때문이다.

예를 들어 연방이나 주 정부의 과학수사 연구실에서는 플로리다에서의 미해결 사건 때 입수된 정액이 버지니아 주의 전과자로부터 나왔을 가능성을 밝히기 위해 코디스를 이용하여 전국적인 검색을 수행할 수도 있다.

이미 용의자였던 사람을 감식하는 데 DNA 프로파일링을 이용했을 때와 마찬가지로, 콜드히트 검색으로 일치가 발견되었을 경우 기본 질문은 다음과 같다. 일치한다는 사실은 데이터베

---

[5] cold는 여기서 '마구잡이, 막무가내, 오리무중' 정도의 의미에 가깝다. (옮긴이 주)

이스 내의 프로파일이 검색의 근간을 이뤘던 표본의 공여자와 동일한 사람의 것임을 뜻하는 걸까, 아니면 이런 일치는 우연일까? 이 시점에서 수학적 쟁점은 예기치 못하게 급속도로 흐려진다.

콜드히트 과정에 어떤 문제가 내재돼 있는지 설명하기 위해, 다음과 같은 유사한 상황을 생각해보자. 전형적인 주 정부 복권에서 대박을 터뜨리고 당첨될 확률은 대략 3500만분의 1이다. 복권을 사는 개개인은 명백히 시간을 낭비한 것이다. 그 정도의 가능성은 사실상 0이기 때문이다. 하지만 매주 적어도 3500만 명이 복권을 한 장씩 산다고 가정해보자(현실적인 예다). 그러면 평균 1주에서 3주 사이에 누군가는 당첨된다. 뉴스 리포터가 이 행운의 당첨자를 취재하러 나갈 수도 있다. 그 사람에 대해 특별한 점이 있는가? 전혀 없다. 그 개인에 대해 말할 수 있는 유일한 사실은 그가 당첨번호를 가지고 있다는 것뿐이다. 다른 결론은 내릴 수 없다. 3500만분의 1이라는 확률은 그 사람의 다른 특징에 대해서는 아무것도 말해주지 않는다. 당첨자가 있다는 사실은 3500만 명이 복권을 샀다는 사실 외에 다른 건 반영하지 못한다.

엄청나게 운이 좋은 것으로 명성이 자자한 사람에 대한 얘기를 듣고 그가 복권을 살 때 동행한 뒤 복권 추첨 결과가 TV에서 발표되는 순간 그의 곁에 리포터가 같이 앉아 있는 상황과 비교해보라. 놀랍게도, 그 사람이 당첨된다. 당신이라면 어떻게 결론을 내리겠는가? 아마도 뭔가 사기일 거라고 결론짓기 십상일 것이다. 3500만분의 1이라는 확률 때문에, 이 상황에서 그 외의 결론을 내리는 건 불가능하다.

첫 번째 경우에 희박한 확률은 당첨자에 대해서 *그가 당첨됐다는 것* 이외에는 아무것도 말해주지 않았다. 두 번째 경우에는 그 희박한 확률이 많은 걸 말해준다.

RMP로 측정한 콜드히트가 첫 번째 경우와 비슷하다. 콜드히트가 말해주는 것은 DNA 프로파일이 일치하는 사람이 있다는 것뿐이다. 그것만으로는 다른 사실을 말해주지 못하며, 당연히 그 사람이 사건의 범인이라고 말해주지도 못한다.

반면 어떤 개인이 일치하는 DNA 이외의 수단을 통해 용의자로 식별되었다면, 그 이후의 DNA 일치는 두 번째 경우와 비슷하다. 많은 것을 말해주기 때문이다. 사실 최초의 용의자 감식이 합리적이고 적절한 근거를 가지고 있다면(복권의 비유에서 운이 좋은 걸로 소문이 난 것처럼), RMP의 희박한 확률은 우연한 일치이기에는 결정적인 것으로 받아들일 수 있다. 하지만 복권의 예에서처럼, 희박한 확률이 가치를 가지기 위해서는 DNA 대조를 수행하기 '전'에 혹은 적어도 명백히 독립적인 방식을 써서 먼저 신원 파악이 되어 있어야 한다. DNA 대조를 먼저 하면, 인상적으로 들리는 희박한 확률은 아무 의미가 없을 수도 있다.

NRC I과 NRC II

콜드히트 신원확인을 포함하여 새롭게 출현한 DNA 프로파일링 기술을 사용하여 형사 사건에서 용의자의 신원확인을 간절히 원했던 FBI는 1989년 국립연구위원회National Research Council(NRC)에 이 문제에 대한 연구를 수행할 것을 독려했다. NRC는 '과학수사에서의 DNA 기술위원회'를 만들었으며, 이 위원회는 1992년에 보고서를 발간했다.《과학수사에서의 DNA 기술》이라는 제목으로 내셔널 아카데미 출판사에서 펴낸 이 보고서는 보통 NRC I이라 칭한다. 콜드히트 절차와 관련하여 위원회의 주요 권고사항은 이랬다.

증거 표본과 용의자의 표본이 일치한다는 것과, 증거 표본과 DNA 프로파일 데이터뱅크의 수많은 표본 중 하나가 일치한다는 것을 구별하는 것은 중요하다. 두 번째 경우에서 일치하는 표본을 찾을 가능성은 상당히 높기 때문이다. (중략) 최초의 일치는 용의자로부터 혈액 표본을 얻기 위한 상당한 근거로 이용될 수 있지만, (데이터뱅크를 검색하는 데 내재된 선택 편향을 막기 위해) 그 외의 자리와 관련된 통계적 빈도를 반드시 공판에서 제시하여야 한다.

NRC I 보고서가 제안한 방법론에 대해 과학자들 사이에 야기된 논란에 더불어 법정에서 보고서 내의 일부 문장을 잘못 해석하거나 잘못 적용하는 사례가 관찰되었기 때문에, NRC는 1993년에 후속 연구를 수행했다. 2차 위원회가 소집되었고, 1996년 보고서를 발간했다. 흔히 NRC II라 부르는 이 두 번째 보고서《법의학적 DNA 증거의 평가》는 1996년 내셔널 아카데미 출판사에서 펴냈다. 콜드히트 과정과 관련하여 NRC II 위원회의 주요 권고사항은 이랬다.

> DNA 데이터베이스의 검색으로 용의자가 발견됐을 경우, 무작위 일치 확률에 데이터베이스 내의 인원수 N을 곱해야 한다.[6]

NRC II에서 권고한 통계수치는 일반적으로 '데이터베이스 일치 확률database match probability'(DMP)이라 부른다. 불행히도 이 이름은 잘못 붙인 것인데, DMP는 '확률'이 아니기 때문이다. 물론 그것은 실제로 0과 1 사이의 수이며, 콜드히트 검색을 수행했을 때 우연한 일치를 얻을 가능성에 대한 (NRC II 위원

---

[6] 정확하게는 $1-(1-RMP)^N$ 을 구하는 문제다. RMP 값이 작기 때문에, 이는 $1-e^{-RMP \cdot N}$ 로 근사할 수 있다. 여기에서 e는 자연로그의 밑인데 대략 2.71828……이다. 하지만 이 값을 계산하는 것이 귀찮을 수도 있으므로 한 번 더 $RMP \cdot N$으로 '일차근사'시킬 수 있다. $RMP \cdot N$이 작은 경우에는 훌륭한 근사지만, 이 값이 커질수록 오차가 커진다. (옮긴이 주)

들의 견해로) 좋은 지표를 제공하기는 한다. (직관적으로는 상당히 명확하다. N명이 등재된 데이터베이스에서 일치하는 사람을 찾는 경우, 그런 일치를 찾을 가능성은 N번이기 때문이다.) 진짜 확률 측도였다면, 어떤 사건의 확률이 1인 경우 분명히 발생하는 사건이다. 예를 들어 등재자 수가 100만 명인 DNA 데이터베이스에서 RMP가 1/1,000,000인 프로파일을 찾으려 한다고 가정해보자. 이 경우 DMP는 다음과 같다.

$$1,000,000 \times 1/1,000,000 = 1$$

하지만 이 경우 검색을 통해 일치하는 사람이 발견될 확률은 1이 아니라 대략 0.6312다.[7]

위원회는 콜드히트 일치도의 정확성에 대한 과학적 측도를 제공할 때 다음과 같은 이유에서 DMP를 사용할 것을 권장한다고 설명한다.

목격자나 정황증거에 의해 용의자를 식별하지 않고, 거대한 DNA 데이터베이스를 통한 검색으로 신원을 파악하면 특수한 상황이 발생한다. 당사자의 DNA 프로파일이 데이터베이스에서 발견됐

---

7 0.6321 정도다. 저자의 오타인 듯하다. 실제로 이 값은 $1-e^{-1}$와 대단히 가깝다. (옮긴이 주)

다는 것이 용의자가 된 유일한 이유라면, 계산을 수정해야만 한다. 여러 가지 접근법이 있는데, 그중 두 개를 논의한다. 첫째, 검색에서 이용되지 않은 자리에만 근거해서 확률을 계산하는 방법으로 1992년 NRC 보고서에서 옹호한 방법이다. 이는 합리적인 절차이긴 하나 정보를 낭비한다. 또한 용의자를 식별할 때 지나치게 많은 자리를 이용한 경우, 적절한 후속 분석을 위해 남아 있는 것이 많지 않을 것이다. (중략) 두 번째 방법은 간단한 보정을 하는 것이다. 일치 확률에 검색한 데이터베이스의 크기를 곱하는 것이다. 우리는 이 절차를 권장한다.

이는 주 정부 복권에 대한 비유에서 우리가 사용한 논리와 근본적으로 같다. 젱킨스 사건에서 8자리 버지니아 데이터베이스를 검색하여 얻은 원래의 콜드히트는 101,905개의 프로파일이 담겨 있었으므로 대략 다음과 같을 것이다.

$$100,000 \times 1/100,000,000 = 1/1,000$$

이 정도 수치라면, 콜드히트 검색에서 우연히 일치할 가능성은(주 정부 복권 비유를 상기하라) 상당히 높다. 따라서 처음에는 딱 맞아 떨어지는 듯이 보였던 사건이 갑자기 그렇게까지 맞아 떨어져 보이지 않게 된다. 법정에서도 그렇게 생각했다. 이 글을 쓰는 시점에도 젱킨스 사건은 여전히 사법체계를 거치고 있으며, 미국 역사상 여러 가지 판례사건의 하나가 되어가고 있다.[8]

DNA 프로파일이 우연히 일치할 확률

지금까지 법정에서는 배심원들에게 콜드히트 DNA 검사 문제와 관련된 통계적 논쟁을 제시하는 것을 꺼려해왔다. 전문가들은 콜드히트 신원확인이 잘못된 결과, 즉 순전히 우연으로 사건 현장에서 발견된 표본과 동일한 프로파일을 가진 사람이 지목됐을 확률을 계산하는 절차를 오늘날까지 적어도 다섯 가지 제안했다. 그 다섯 가지는 다음과 같다.

1. 'RMP만을 보고한다.' 일부 통계학자들은 이런 접근법에 호의적인 논증을 펼쳤지만, 많은 통계학자들은 이에 강력히 반대하

---

[8] 2005년에는 기본적으로 콜드히트를 인정하지 않는 판결이 나왔다. 이후 항소심에서는 검찰 측에 유리하게 뒤집혔다. 2006년 첫 재판에서는 결론이 나지 않았으나, 두 번째 재판에서는 모든 혐의에 대해 유죄 평결이 났다. 그러다가 2013년 이 재판에서 필수적인 DNA 증거에 대해 검사를 직접 하지 않은 검시 감독관의 증언이 부적절한 전언증거였으며, 피고인 측이 반박할 기회가 없었다는 이유로 다시 재판을 받으라는 선고가 내려졌다. 젱킨스는 새로 재판을 받는 대신 유죄를 인정하고 형량 교섭을 하여 복무기간을 줄였다. 하지만 2021년 8월 30일 연방 교도소에서 사망했다.(옮긴이 주)

는 논증을 했다. NRC II 보고서는 법정에서 RMP에 대한 어떤 언급도 공식적으로 반대했다.

2. 'DMP만을 보고한다.' NRC II가 옹호한 접근법이다.
3. 'RMP와 DMP를 동시에 보고한다.' 이 접근법은 FBI의 DNA 자문단이 옹호하고 있다. 비록 일반인들이 이들 숫자의 상대적 중요성을 어떻게 저울질할지는 분명치 않지만, 두 수치 모두 콜드히트 사건에서 배심원들이 '특별히 관심 있어 하는' 수치들이라는 것이다. 세계 최고의 통계학자들도 이 문제에 대해 합의하지 못했는데, 일반인들에게 저울질해 달라고 요구하는 것이 옳은지도 전혀 분명하지 않다.
4. '대안으로 베이즈 분석 결과를 보고한다.' 어떤 통계학자들은 콜드히트 신원확인에 확률을 부여하는 문제는 베이즈의 관점으로 공략해야 한다고 논증한다. (베이즈 통계학에 대한 논의는 6장을 보라.) 콜드히트 일치에 대한 신뢰성 통계자료를 계산하기 위해 베이즈 분석을 이용하면 RMP보다 아주 약간 작은 수치가 나온다.
5. '최초의 검색에서는 고려하지 않은 확증용 자리에 근거해 계산한 RMP를 보고한다.' NRC I이 옹호했던 접근법이다.

이 시점에서 대부분의 일반인은 이렇게 말할지도 모른다. "이봐, DNA 프로파일링이 부정확할 비율은 수조(혹은 그 이상)

분의 1보다 작기 때문에, 코디스처럼 300만 명분의 자료밖에 없는 데이터베이스에서 엉뚱하게 일치하는 사람이 있을 가능성은 어떤 방법으로 계산하더라도 극히 작을 테니까, DNA가 일치한다는 것은 분명한 증거라고." 아마도 데이터베이스에서 일치하는 사람을 찾기 위해 300만 회 검색하기 때문에, 일치하는 사람이 있을 확률이 10조분의 1이라면, 전체 데이터베이스에서 일치하는 사람을 찾을 확률은 대략 300만분의 1일 거라는 직관 때문에(10조를 300만으로 나누면 대충 1/3,000,000이다) 이런 결론을 내렸을 것이다.

불행히도—적어도 무고한 피고인에게는 불행한 일일 수 있다—이런 논증은 타당하지 않다. 사실 '수조분의 1'이라는 RMP에도 불구하고, 비교적 크기가 작은 DNA 데이터베이스에도 우연히 DNA 프로파일이 일치하는 서로 다른 사람의 쌍이 몇 개 있을 수 있다. RMP가 작다는 것만으로는 우연한 일치가 없다는 것을 뜻하지 않는다. 이는 무작위로 선택한 사람 23명이 있으면 어느 두 명의 생일이 같을 확률이 절반을 넘는다는 잘 알려진 생일 퍼즐의 조금 미묘한 버전이다. (정확한 계산은 다소 복잡하지만,[9] 23명에 대해 생일이 같을 가능성이 있는 쌍의 수가 23×22=506쌍이라는 것을 깨닫기만 하면 감을 잡을 수 있다. 또한 23쌍

[9] $1-\left(1-\frac{1}{365}\right)\left(1-\frac{2}{365}\right)\cdots\left(1-\frac{22}{365}\right)\approx 0.507297\cdots$ 이다. (옮긴이 주)

일 때부터 생일이 같을 가능성이 반을 넘어가며 약 0.508 정도로 기운다는 것이 밝혀져 있다.)

예를 들어 애리조나의 범죄자 DNA 데이터베이스는 상당히 작은데 각각 13자리의 프로파일이 담긴 6만 5000항목이 들어 있다. 계산의 편의를 위해 한 자리에서 우연히 일치할 확률이 1/10이라고 가정하는데, 이미 살펴본 바 있듯이 불합리하지 않은 숫자였다. 따라서 9자리가 일치할 RMP는 $1/10^9$, 즉 10억분의 1이다. 무작위로 선택한 프로파일의 쌍이 9자리에서 일치할 확률이 이처럼 희박하기 때문에, 데이터베이스 내에서 9자리가 모두 일치하는 쌍이 포함돼 있을 가능성은 대단히 낮다고 생각할지 모르겠다. 하지만 생일 퍼즐에서 사용한 것과 비슷한 논증을 통해, 9자리에서 일치하는 프로파일 두 개가 들어 있을 확률은 대략 5퍼센트, 즉 1/20 정도다. 6만 5000항목이 든 데이터베이스라면 일치하는 프로파일을 찾아낼 가능성이 꽤 높다는 것을 의미한다!

이번 장의 끝에서 간략히 계산하겠지만, 6만 5000항목이 든 데이터베이스에서는 9자리가 일치할 가능성이 있는 쌍이 대략 $65,000^2$쌍 즉 4,225,000,000쌍이라는 것을 깨닫고 나면 답이 그다지 놀랍지 않을 것이다.

2005년 애리조나 데이터베이스를 실제로 조사한 결과, DNA 프로파일이 9자리에서 일치한 144명 발견되었다. 10자리가 일치한 사람도 몇 명 있었으며, 11자리까지 일치한 쌍이 한 쌍 있었고, 12자리까지 일치한 쌍도 있었다. 11자리 및 12자리 일치한 경우는 형제자매인 것으로 밝혀졌기 때문에 무작위적인 것은 아니었다. 하지만 그 외의 쌍은 그렇지 않았으며, 단일 자리에서 일치할 확률을 1/10로 단순화하지 않고 경험적으로 얻어진 현실적인 숫자로 대체한 뒤 수학을 써서 예측한 값과 실제로도 가까웠다.

이 때문에 재판장과 배심원들은 합리적으로 공정한 결정을 내리기 위해 수학적 악몽에 마주하게 된다. 그렇지만 수학적 복잡성을 고려하더라도, DNA 프로파일링은 9장에서 들여다볼 훨씬 오래된 대용품인 지문보다 더 믿을 만하다.

데이터베이스 일치 계산

앞서 약속했던 계산을 해보자. 6만 5000항목을 가진 DNA 프로파일이 있으며, 각 항목은 13자리 프로파일로 구성돼 있음을 상기하자. 단일한 자리에서 우연히 일치할 확률을 1/10이라고 가정했으므로, 9자리가 일치할 RMP는 $1/10^9$ 즉 10억분의 1이다.

이제 13자리 중에서 9자리를 고르는 방법의 수는 $13!/(9! \times 4!) = 13 \times 12 \times 11 \times 10/(4 \times 3 \times 2 \times 1) = 715$가지이므로, 13자리 중 어느 9자

리에서 일치하는 사람을 찾을 RMP는 $715/10^9$이다.

데이터베이스 내에서 임의의 프로파일을 뽑으면, 두 번째 프로파일이 어느 9자리도 일치하지 않을 확률은 대략 $1-715/10^9$이다.

따라서 항목의 수가 6만 5000개인 데이터베이스 전체가 9자리가 모두 불일치할 확률은 대략 $(1-715/10^9)^{65,000}$이다. 이항정리를 이용하면 이는 대략 $1-65,000 \times 715/10^9 = 1-46,475/10^6$에 가까우므로 대충 $1-0.05$다.

9자리가 일치하는 쌍이 있을 확률은 1과 이 숫자의 차이므로, $1-(1-0.05)=0.05$다.

암호의 제작과 해독

리만 가설의 해법

2005년 2월 18일 '주요 용의자'라는 제목으로[1] 방송된 〈넘버스〉 첫 번째 시즌의 다섯 번째 에피소드에서는 다섯 살짜리 소녀가 납치된다. 소녀의 아버지 에단이 수학자인 걸 알게 된 돈이 찰리에게 도움을 요청한다. 에단이 자택 연구실 화이트보드에 끼적인 수학을 보자마자 찰리는 에단이 150년이 넘도록 온갖 시도에도 풀리지 않은 유명한 수학 문제인 리만 가설Riemann

---

[1] 영문 제목 Prime Suspect에서 prime은 '소수'라는 뜻을 가지고 있어 이중적 의미를 지닌다. (옮긴이 주)

hypothesis을 연구 중이라는 것을 알아챘다.

리만 문제는 이른바 새천년 문제Millenium problems 중의 하나다. 새천년 문제란 2000년에 국제적 전문가들이 뽑은 7개의 미해결 수학 문제 목록으로, 각 문제를 푸는 사람에게는 100만 달러의 상금이 수여된다. 리만 가설을 풀 경우 100만 달러의 상금으로 그치지 않을 가능성이 크다. 이는 큰 수를 소수의 곱으로 인수분해하는 방법에 대한 중요한 돌파구에 이르게 될 것이며, 따라서 인터넷 통신을 암호화하는 데 이용되는 보안 시스템을 깨트릴 방법을 제공한다. 만일 그런 일이 일어나면, 인터넷 상거래는 즉각 붕괴되어 중대한 경제적 결과를 초래할 것이다.[2]

돈이 납치범 중 한 명의 신원을 알아내고, 이들이 '세상에서 가장 큰 금융 비밀'을 풀 계획임을 알게 되자 에단의 딸이 납치된 이유가 명확해진다. 납치범들은 에단의 방법론을 이용하여 은행 컴퓨터에 침투해 수백만 달러를 훔치려는 것이다. 에단이 납치범들에게 은행 컴퓨터로 들어가는 키를 제공한 뒤 이들의 활동을 추적하여 도둑들을 잡자는 전략이 돈에게는 명백해 보

---

[2] 이는 다소 과장이 섞여 있으며 많은 이들이 그렇게 오해하고 있다. 리만 가설을 해결하는 방법에 따라 다를 수는 있지만, 단순히 이 가설을 해결한다고 해서 소수를 기반으로 하는 현행 암호체계가 무너지는 것은 아니다. 따라서 앞으로 글을 읽을 때 비판적으로 읽어야 한다. 암호체계의 안전성은 새천년 문제 중의 하나인 'P대 NP 문제'가 어떻게 해결되느냐와 더 밀접하게 관련돼 있다. (옮긴이 주)

인다. 하지만 찰리가 에단의 논증에서 중요한 오류를 발견하자, 돈의 희망은 하나밖에 남지 않게 된다. 납치범들이 요구하는 인터넷 암호 키를 정말로 제공할 수 있다고 속이고, 이를 이용하여 저들의 위치를 추적하여 에단의 딸을 구하는 것이다.

에피소드가 진행되는 도중에 찰리는 FBI 요원들에게 인터넷 암호가 큰 수를 소인수로 분해하는 것이 어렵다는 사실에 기대고 있다는 것을 강의한다. 에단의 해법을 알고리듬으로 변환할 수 있는지 찰리와 에단이 논의하는 부분도 있는데, 찰리는 "0을 값으로 가지지 않는 영역을 임계 띠critical strip로 확장"하는[3] 것에 대해 언급한다. 찰리는 납치범들이 큰 수를 소인수분해하기 위해서는 슈퍼컴퓨터가 필요할 것이라는 데 주목한다. 찰리의 학생인 아미타는 수많은 PC를 서로 연결하면 슈퍼컴퓨터를 구축할 수 있음을 지적한다.

언제나처럼 이는 수학적으로 의미가 있으며 현실적인 진술들이다. 이 이야기의 기본 전제 역시 마찬가지다. 리만 가설의 해법은 인터넷 통신을 안전하게 지켜주는 데 현재 사용되는 방

---

3   리만 가설이란 '리만 제타 함수'라 부르는 함수가 '0이 되는 값'과 관련된 가설이다. 간단히 말해 복소평면에서 실수 부분이 1 이상인 영역에서는 0이 되지 않는다는 것은 이미 알려져 있다. 이를 실수 부분이 1/2보다 큰 영역에서는 0이 되지 않는다는 것으로 확장하면, 가설이 풀리게 된다. 실수 부분이 0보다 크고 1보다 작은 영역을 '임계 띠'라 부른다. (옮긴이 주)

법의 붕괴로 이어질 가능성이 크다. 제2차 세계대전 이후 메시지를 암호화하는 것은 수학자들의 일이었다.

www.cybercrime.gov

요즘에는 돈을 훔치는 데 총이나 칼이 필요하지 않다. 값싼 개인용 컴퓨터로 인터넷 접속만 할 수 있어도 가능하다. 사이버범죄라고 부르는 이 새로운 형태의 범죄는 규모도 크며, 계속 커지고 있다. 사이버범죄는 소프트웨어 저작권 침해, 음악 저작권 침해, 다양한 종류의 신용카드 사기, 신원 도용, 주가 조작, 산업 스파이, 아동 포르노, '피싱'(phishing, 컴퓨터 사용자에게 금융기관을 사칭하는 이메일을 보내 수신자가 계좌 상세정보나 개인 정보를 건네주게 속이는 것)과 같은 다양한 범위의 범법 행위를 포함하고 있다.

사이버범죄의 범위에 대한 믿을 만한 수치는 없는데, 많은 은행과 인터넷 상거래 회사에서는 자신들이 보관 중인 고객의 돈이나 신용카드 정보가 안전하지 못하다는 인상을 주는 걸 회피하기 위해 그런 정보를 비밀에 부치기 때문이다. 비록 뜨거운 논란은 있지만, 매년 사이버범죄 수입이 1000억 달러를 상회할 것이라는 추정도 있다. 만일 이게 사실이라면, 불법 마약 판매로 인한 수입을 초과하는 것이다. 실제 숫자가 어떻든 사이버범죄는 미국 국무부나 FBI 모두에게 상당히 중요한 문제이며, 이러한 범죄를 집중 전담하는 부서도 있다. 또한 두 기관 모두 이에 대한 정보를 싣는 웹사이트 www.cybercrime.gov와 www.fbi.gov/investigate/cyber를 가지고 있다.

사이버 보안을 이끄는 공공단체 및 민간단체의 도움으로 '2005년 FBI 컴퓨터 범죄 설문조사'가 개발되고 분석되었는데, 4개 주에서 2000곳이 넘는 공공기관과 민간기관의 대표집단으로부터 취합한 응답에 근거하고 있다. 보고서는 다음과 같다.

- 당해 10곳 중 9곳의 기관이 컴퓨터 보안 사고를 겪었다. 그중 20퍼센트는 20회 이상의 공격을 받았음을 보여주었다. 바이러스가 83.7퍼센트, 스파이웨어가 79.5퍼센트로 가장 많았다.
- 응답자의 64퍼센트 이상이 재정적 손실을 겪었다. 바이러스와 웜이 가장 많은 비용을 초래했는데, 총 손실 3200만 달러 중 1200만 달러에 달했다.
- 사이버 공격은 36개국에서 시도되었다. 미국이 26.1퍼센트, 중국이 23.9퍼센트로, 이들 두 국가가 침투 시도의 절반 이상을 차지했다. 다만 많은 수가 여러 나라의 중간 컴퓨터를 한두 개 이상 경유하여 사이버 공격을 시도했으므로, 정확한 수치를 얻는 것은 어려웠다.

사이버범죄에 에너지를 쏟고 있는 사법기관 직원들은 수학을 많이 사용하여 일한다. 많은 경우 이들은 이 책 곳곳에서 설명한 것과 동일한 기술들을 이용한다. 그러나 이 장에서는 중요한 사이버범죄인 인터넷 보안에 이목을 집중하기로 하는데, 여기서는 조금 다른 수학을 이용한다. 인터넷 보안 영역에서는 다소 복잡한 수학을 기발하게 이용하여 장족의 발전을 이뤘는데, 그로 인해 인터넷 통신을 안전하게 지켜주는 데 이용되는 시스템이 (적절하게 이용된다면) 대단히 신뢰할 만하게 되었다.

암호체계의 간략한 역사

당신이 현금지급기를 통해 계좌에서 돈을 인출하거나 인터넷 소매상에게 신용카드 정보를 보낼 때, 의도된 수신자만이 그 정보에 접근할 수 있기를 바랄 것이다. 당신과 상대방 사이에 건네진 전자 메시지를 '엿보는' 미승인 제3자를 차단하는 방식으로는 이를 성취할 수 없다. 인터넷은 열린 체계라 불리는데, 이는 인터넷의 의도와 목적상 네트워크를 이루는 수백만 대의 컴퓨터들이 공개적으로 연결돼 있음을 뜻한다. 인터넷 통신 트래픽의 보안은 암호화를 통해 달성된다. 메시지를 '뒤섞어'버려서 설령 미승인 제3자가 전송된 신호를 가로채더라도 무슨 메시지인지 이해하지 못하게 만드는 것이다.

암호화가 새로운 개념은 아니다. 메시지의 내용을 안전하게 지키기 위해 비밀 부호를 이용하는 것은 적어도 로마제국 시대까지 거슬러 올라가는데, 율리우스 카이사르는 갈리아 전쟁 당시 비밀 부호를 이용하여 장성들에게 보내는 명령서의 보안을 확보했다. 원본 메시지에서 고정된 규칙에 따라 각 단어 속의 문자를 차례로 다른 글자로 대체하여 보내는 방법으로, 현대에는 카이사르 암호라 부른다. 예를 들어 알파벳에서 세 자리 뒤를 택해 A를 D로, G를 J로, Y를 B로…… 보내는 것이다. 따라서 'mathematics'라는 단어는 'pdwkhpdwlfv'로 바뀔 것이다.

겉으로 보기에는 어떤 규칙을 이용했는지 모르는 경우 카이사르 암호를 이용하여 암호화한 메시지는 전혀 해독할 수 없을 것처럼 보이지만, 상황은 전혀 그렇지 않다. 이러한 '뒤로 밀기' 암호는 겨우 25개뿐이므로, 상대방이 이런 방법을 쓰는 것으로 의심할 경우 모든 방식을 차례로 시도해보면 결국 사용한 규칙을 알아낼 것이다.

문자를 대체하는 규칙을 살짝 다르게 해서 덜 명백하게 하는 것이 조금 더 튼튼한 접근법이다. 불행히도 한 글자를 다른 글자로 바꾸는 치환 암호는 간단한 패턴 분석을 이용한 해독에 대단히 취약하다. 예를 들어 영어에서(혹은 다른 언어에서도) 개별 글자가 나타나는 빈도는 대단히 뚜렷하다. 따라서 암호화한 문서에서 각 글자가 나타나는 횟수를 세면, 여러분의 적은—특히 컴퓨터를 써서 이 과정의 속도를 높였다면—손쉽게 어떤 치환 규칙을 썼는지 쉽게 추론할 수 있다.

간단한 바꿔치기 방법이 논외라면, 시도할 수 있는 다른 방법은 어떤 것이 있을까? 어떤 방법을 쓰든 비슷한 위험이 존재한다. 암호화한 문서에 인식할 만한 패턴이 있다면, 복잡한 통계 분석을 이용하면 보통은 힘들이지 않고 암호를 깰 수 있다.

따라서 암호화 체계의 보안을 위해서는 적들이 암호를 깨는 데 이용할 수 있는 어떠한 패턴도 있으면 안 된다. 그렇지만 당신의 암호체계를 써서 변형한 메시지가 '모든' 질서를 무너뜨릴 수 없다는 건 명백하다. 의도된 수신자가 해독할 수 있으려면, 암호화된 메시지 뒤에 원본 메시지가 어딘가에는 고스란히 있어야 하기 때문이다. 따라서 적들이 발견하지 못하는 암호체계를 설계하는 비결은 이러한 숨은 질서가 아주 깊게 묻혀 있게 만드는 것이다.

제2차 세계대전 종료 이후 채택된 모든 암호체계는 수학에 의존하고 있으며, 한결같이 컴퓨터를 사용한다. 그럴 수밖에 없다. 적들이 당신의 암호화된 메시지를 분석하기 위한 강력한 컴퓨터를 가지고 있을 것이므로, 컴퓨터를 이용하는 공격을 버텨내기 위해서는 암호체계가 비교적 복잡해야 한다.

안전한 암호체계를 설계하고 구축하기 위해서는 수많은 시간과 노력이 든다. 꾸준히 새로운 시스템을 개발하는 것을 피하기 위해서 현대의 암호체계는 대개 암호화 절차와 '키'라는 두 개의 요소로 구성돼 있다. 암호화 절차는 보통 컴퓨터 프로그램인데, 특별히 설계한 컴퓨터일 수도 있다. 시스템에서 메시지를 암호화하기 위해서는 메시지뿐 아니라 보통은 비밀번호에 해당하는 선택된 키를 필요로 한다. 암호화 프로그램은 선택된 키에 의존하여 메시지를 암호화하므로, 키를 알아야만 암호화된 문서를 해독할 수 있다. 보안성은 키에 의존하기 때문에 오랜 기간 동안 많은 사람이 동일한 암호화 프로그램을 이용할 수 있다. 이는 키를 설계하는 데 많은 시간과 노력을 들여야 한다는 것을 의미한다.

금고와 자물쇠의 제조사에서 자물쇠를 하나 제조하고 수많은 사용자는 각자 고유의 키에 의존하여(이 경우 '키'는 물리적인 열쇠일 수도 있고 숫자 조합일 수도 있다) 보안을 지키게 하면, 사업을 유지할 수 있다는 것에 비유할 수 있을 것이다. 자물쇠가 어떻게 설계됐는지 도적이 알더라도 실제로 키를 가지거나 숫자 조합을 알지 못하면 금고에 침투할 수 없듯이, 적들이 암호화 체계를 알더라도 여러분이 소유한 키에 대한 지식이 없으면 암호화된 메시지를 깰 수 없다.

키에 기반한 암호화 체계 중에는, 메시지의 발신자와 수신자가 서로 메시지를 주고받기 위해 사용할 비밀 키를 미리 합의

하여 공유하는 체계가 있다. 제대로 설계된 시스템이라면 양측이 키를 비밀로 유지하는 한 안전할 것이다. 지금은 지나치게 낡은 것으로 여겨질 뿐 아니라, 처음 개발되었을 때 가용했던 컴퓨터보다 훨씬 빠른 컴퓨터를 이용한 공격 때문에 지금은 취약해진 시스템으로 미국인이 고안한 '자료암호화표준 Data Encryption Standard'(DES)이 그런 체계 중 하나인데 오랫동안 사용되어 왔다. DES는 2진수 표현으로 56비트짜리 수를 키로 요구한다. 즉 키로 기능하기 위한 0과 1의 열이 56개 필요하다. 그렇게 긴 키가 왜 필요한 걸까? DES 시스템의 작동하는 방식에는 비밀이 없기 때문이다. 모든 세부사항이 처음부터 공개돼 있었다. 이는 당신의 암호화된 메시지를 깨려고 하는 사람이, 통하는 것이 걸릴 때까지 가능한 키를 하나씩 시도해볼 수 있음을 뜻한다. DES 시스템에서는 시도해볼 만한 가능한 키가 2^{56}개인데, 시스템이 처음 이용되던 당시에는 하나씩 시도하는 방법으로 취약하게 만들기에는 충분히 큰 숫자였다.

DES와 같은 암호화 시스템에는 명백한 결점이 있다. 그런 시스템을 이용하려면, 수신자와 발신자가 미리 어떤 키를 사용할지 합의해야 한다. 양측 모두 통신 채널을 통해 비밀 키를 보내고 싶어하지 않을 것이기 때문에, 만나서 키를 선택하든지 최소한 믿을 만한 중개인을 통해 키를 전달해야 한다. 인터넷으로 은행 계좌에 접속하려고 하는 경우라면 이는 아무 문제가 아니다. 근처 은행을 찾아가서 개인용 키를 받아오면 되기 때문이다. 하지만 이 방법으로는 만난 적이 없는 사람들 사이에서는 보안이 된 통신을 할 수 없다. 전혀 만난 적이 없는 사람들이 온 세상을 가로질러 보안 메시지를 보내고 싶어하는 인터넷 상거래에 사용하기에는 별로 적합하지 않은 방법이다.

소수를 이용한 공개키 암호

1976년 스탠퍼드 대학의 젊은 연구자 휘트필드 디피Whitfield Diffie와 마틴 헬먼Martin Hellman은 〈암호학에서의 새로운 방향〉이라는 제목의 기념비적 논문을 출간했는데, 이 논문에서 그들은 새로운 종류의 암호화 체계인 공개키 암호화를 제안했다. 공개키 암호화 체계에서는 한 개가 아니라 두 개의 키를 요구하는데, 하나는 암호화하는 데 사용하고 다른 하나는 해독하는 데 사용한다. (잠그는 데 필요한 키와 여는 데 필요한 키가 다른 자물쇠와 비슷하다.) 이들은 그런 체계를 다음과 같이 이용할 것을 제안했다.

   이런 시스템을 이용하고 싶어하는 앨리스(A)라는 사람은 통신망 내의 모든 사람이 사용하는 표준 프로그램이나 특수하게 제작된 컴퓨터를 구매한다. 그런 다음 A는 두 개의 키를 만든다.

이들 중 하나가 해독 키이므로 안전하게 보관한다. 다른 하나는 망 사용자들의 주소록에 등재하여, 망 내의 다른 사람이 A에게 암호화된 메시지를 보내려 할 때 키로 사용하게 한다.

A에게 메시지를 보내고 싶어하는 망 내의 다른 사용자 밥(B)은 앨리스가 공개한 암호화 키를 찾아서 그 키를 이용하여 메시지를 암호화한 다음 암호화된 메시지를 A에게 보낸다. A의 암호화 키를 알더라도 암호화된 메시지를 해독하는 데는 아무 쓸모가 없다. 해독용 키가 필요하기 때문이다. 그 키는 의도된 수신자인 A만이 알고 있다! (B조차도 자신의 메시지를 암호화한 뒤에는 해독할 수 없다는 점이 흥미로운 특징이다. 따라서 B가 그 메시지를 나중에 참조하고 싶다면 암호화하기 전(!)의 메시지를 보관해두어야 한다.)

디피와 헬먼은 그런 시스템을 신뢰 있게 구축할 만한 방법은 생각해내지 못했지만 아이디어만큼은 뛰어났다. 머지않아 MIT의 연구자였던 로널 리베스트Ronal Rivest, 아디 샤미르Adi Shamir, 레너드 에이들먼Leonard Adleman은 이런 제안을 통하게 만들 방법을 찾아냈다. 암호화 시스템 설계자를 그토록 힘들게 만드는 존재인 컴퓨터의 강점과 약점을 한껏 이용하자는 것이 이들의 아이디어였다.

예를 들어 자릿수가 150 정도인 큰 소수를 찾아내는 컴퓨터 프로그램을 작성하는 것은 비교적 쉬운 것으로 밝혀졌다. 또한 그런 커다란 소수를 곱해 자릿수가 300 정도인 합성수를 하나 만들어내는 것 또한 쉽다. 하지만 자릿수가 300 정도인 두 소수의 곱을 소인수로 인수분해하는 것은 전혀 쉽지 않으며, 실질적으로는 거의 불가능하다. (더 정확히 말하면, 가장 빠른 컴퓨터로도 수십 년이나 심지어 수세기가 걸려야 인수를 찾아낼 수 있다.) 이런 아이디어에 기반한 공개키 체계를 이들 세 개발자의 이름 첫 글자를 따서 RSA 체계라 부른다. 이 방법의 성공으로 인해 캘리포니아 주 레드우드 시에 데이터 보안에 특화된 회사인 'RSA 데이터 보안회사'가 세워진다.

RSA 방법에 이용하는 비밀 해독키는 기본적으로 사용자가 선택하는 두 개의 큰 소수로 구성돼 있다. (소수는 컴퓨터의 도움으로 선택하는데, 적도 접근할 수 있는 소수 목록에서 택하면 안 된다!) 이 두 소수의 곱을 암호화 키로 공개한다. 큰 수를 인수분해하는 알려진 빠른 방법은 없으므로, 공개된 암호화 키로부터 해독용 키를 복원하는 것은 사실상 불가능하다. 메시지의 암호화는 두 큰 소수의 곱에 대응하며(계산하기 쉬운 작업), 해독은 반대 과정인 인수분해다(계산하기 힘든 작업).

실제로 소수를 곱해서 암호화를 하는 것은 아니며, 실제로 인수분해해서 해독하는 것은 아님을 지적해야겠다. 오히려 키를 생성하는 방법이라고 하는 것이 옳다. 앞의 설명에서 '대응하며'라는 용어는 매우 허술하게 읽어야 한다. RSA 시스템이 암호화와 해독에 단순한 곱셈과 인수분해를 이용하는 것은 아니지만 산술적이긴 하다. 먼저 메시지는 숫자 꼴로 변환되며, 암호화와 해독 과정은 이들 숫자에 수행하는 간단한 산술 연산이다.

그러므로 RSA 시스템 및 이를 이용하는 수많은 전 세계 데이터 망의 안전성은 수학자들이 큰 수를 인수분해하는 효율적인 방법을 못 찾아내는 '무능력'에 의존하고 있다.

그렇게 많은 것이 걸려 있기 때문에 RSA 시스템의 광범위한 사용이 소수를 찾아내고 큰 수를 인수분해하는 문제에 대한 방대한 양의 연구에 자극제가 됐음을 독자들도 예상할 수 있을 것이다.

어떤 수 N이 소수인지 판단하기 위해서는 이보다 작은 수 중에서 이 수를 나눌 수 있는 것이 있는지 찾아보는 것이 명백한 방법이다. 잠깐만 생각해보면 $\sqrt{N}$보다 작거나 같은 수가 N을 나누는지 검사하면 된다는 것을 보일 수 있다. 예를 들어 세 자릿수나 네 자릿수 정도로 N이 비교적 작은 수라면 손으로도 실행할 수 있으며, 표준 데스크톱 PC를 쓰면 좀 더 자릿수가 큰 수도 다룰 수 있다. 하지만 N이 예를 들어 50자리 수나 그 이상이면, 이런 방식은 비실용적이다. 하지만 $\sqrt{N}$까지 가능한 인수를 무턱대고 찾지 않고도 어떤 수 N이 소수인지 판정하는 방법들이 있으며, 그중 몇몇은 충분히 빠른 컴퓨터를 쓰면 수백 자리의 수에 대해서도 잘 작동한다. 따라서 공개키 암호화에서 키를 생성하기 위해 소수를 찾아내는 것은 문제가 아니다.

　소수인지 판정하는 데 실제로 이용하는 방법들은 이 책이 설명할 수 있는 범위를 훨씬 넘어서지만, 가능한 인수를 모두 찾아서 제거하지 않고도 어떤 수가 소수인지 판정할 수 있음을 간단한 예를 통해 보여줄 수 있다. 그러한 예는 위대한 프랑스 수학자 피에르 드 페르마Pierre de Fermat(1609~65)의 연구로부터 나온다.

　페르마는 비록 '아마추어' 수학자였지만(직업이 법조인이었다) 오늘날까지 수학에서 발견되는 멋진 결과를 만들어냈다. 페르마는 p가 소수인 경우, p보다 작은 모든 자연수에 대해 $a^{p-1}-1$은 p로 나눠떨어진다는 관찰을 했다. 예를 들어 $p=7$ 및 $a=2$를 택하자. 그러면

$$a^{p-1}-1=2^{7-1}-1=2^6-1=64-1=63$$

인데, 63은 7로 나누어진다. 소수 p 및 p보다 작은 a에 어떤 값을 넣고 직접 해보라. 항상 같은 결과가 나온다.

　따라서 n이 소수인지 아닌지 판정하는 유망한 방법이 생긴다. $2^{n-1}-1$을 계산한다. n으로 나눠떨어지는지 본다. 만일 나눠떨어지지 않으면, n은 소수일 수 없다. (n이 소수였다면, 페르마의 관찰에 의해 $2^{n-1}-1$이 n으로 나눠떨어지기 때문이다.) 그런데 n이

$2^{n-1}-1$로 나눠떨어지면 어떻게 결론지을 수 있을까? 불행히도 (비록 소수일 가능성이 크긴 하지만) n이 소수라고 결론지을 수는 없다. 페르마의 결과가 n이 소수라면 $2^{n-1}-1$로 나눠떨어져야 한다고 말해주긴 하지만, 같은 성질을 가지는 합성수가 없다는 얘기는 하지 않았다는 게 문제다. (마치 모든 자동차에는 바퀴가 달렸다고 말하는 것과 같다. 그렇다고 해서 바퀴가 달린 다른 것, 예컨대 자전거가 제외되는 것은 아니다.) 게다가 실제로도 페르마의 성질을 가지며 소수가 아닌 것이 존재한다. 가장 작은 것이 341인데 11과 31의 곱이므로 소수가 아니다. 여러분이 컴퓨터로 조사해보면 $2^{340}-1$이 341로 나눠진다는 것을 알게 될 것이다. (이런 조사를 위해 2^{340}을 계산하지 않아도 된다는 것을 조만간 보여줄 것이다.) 페르마 성질과 관련하여 소수처럼 행동하는 합성수를 의사소수pseudo-prime라고 부른다.[4] 따라서 페르마의 결과를 이용하여 소수인지 검사하려고 할 때 n이 $2^{n-1}-1$로 나눠떨어지면, n이 소수거나 의사소수라는 결론을 내릴 수 있다.[5] (이럴 경우 n이 소수일 가능성이 상당히 크다. 실제로는 무한히 많은 의사소수가 있지만, 진

---

[4] 페르마 의사소수라 부른다. 다른 종류의 의사소수들도 있다. (옮긴이 주)
[5] 저자가 간략히 설명하려다 보니 약간 오류가 있다. 여기서 내릴 수 있는 결론은 n이 소수이거나, '2를 밑으로 하는 의사소수'라는 것뿐이다. 예를 들어 341의 경우 $3^{340}-1$은 341로 나눈 나머지가 55이므로 소수가 아니라는 결론을 내릴 수 있다. 진정한 의사소수 중 가장 작은 것은 561이다. 즉 561보다 작은 모든 a에 대해 $a^{560}-1$은 561로 나눠떨어진다. (옮긴이 주)

짜 소수에 비하면 대단히 드물게 나타나기 때문이다.[6] 예를 들어 1000 이하에는 그런 수가 셋뿐이며, 100만 이하에는 245개에 불과하다.)

위의 검사법을 이용할 때, 별로 크지 않은 n에 대해서도 대단히 큰 수가 되어버리는 2^{n-1}을 계산할 필요는 없다. n이 $2^{n-1}-1$을 나누는지 나누지 않는지만 알면 된다. 이는 '계산 단계에서 언제든' n의 배수는 무시할 수 있다는 것을 의미한다. 다른 식으로 표현하면, $2^{n-1}-1$을 n으로 나눌 때 남는 나머지를 계산하면 된다. 이 나머지가 0인지 아닌지 보는 것이 목적이지만, n의 배수는 나머지에 영향을 끼치지 않는다는 것이 명백하므로 무시해도 좋다. 수학자들과 컴퓨터 프로그래머들은 나머지를 나타내는 표준 방식을 가지고 있다. A를 B로 나눈 나머지와 C를 B로 나눈 나머지가 같을 때

$$A \equiv C \pmod{B}$$

라고 쓴다. 예를 들어 $5 \equiv 1 \pmod{2}$이고, $7 \equiv 3 \pmod{4}$이며, $8 \equiv 0 \pmod{4}$이다.[7]

예를 들어 61이 소수인지 페르마 검사법으로 검사해보자. 우

---

6 하지만 이것은 경험적인 추론일 뿐 수학적으로 입증된 사실은 아니다. (옮긴이 주)
7 저자들이 5 mod 2=1과 같이 표기한 것을 더 표준적인 기호로 바꿨다. (옮긴이 주)

리가 계산하고 싶은 수는 $[2^{60}-1] \bmod 61$, 즉 $2^{60}-1$을 61로 나눈 나머지다. 만일 이 값이 0이 아니면, 61은 소수가 아닌 것이다. 만일 나머지가 0이면, 61은 소수거나 2-의사소수다. (사실 이것이 진짜 소수라는 것을 우리는 이미 안다.) 커다란 수 2^{60}을 계산하는 것은 피하고 싶다. 먼저 $2^6=64$이므로 $2^6 \equiv 3 \pmod{61}$이라는 관찰로 시작한다. 그런 뒤 $2^{30}=(2^6)^5$이므로

$$2^{30} \equiv (2^6)^5 \equiv 3^5 \equiv 243 \equiv 60 \pmod{61}$$

이다. 따라서

$$2^{60} \equiv (2^{30})^2 \equiv 60^2 \equiv 3600 \equiv 1 \pmod{61}$$

이다. 그러므로

$$2^{60}-1 \equiv 0 \pmod{61}$$

이다. 마지막 답이 0이므로, 예상했던 대로 61은 소수거나 2-의사소수다.

   전문가들이 큰 소수를 찾기 위해 사용하는 한 가지 방법은 페르마 검사법으로 시작한 뒤 의사소수에 '속지' 않도록 하는

것이다.[8] 의사소수 문제를 우회하기 위해서는 상당한 노력과 복잡한 수학이 필요하기 때문에, 이 책에서는 그런 방법을 서술할 수 없다.

상당한 재능과 노력이 투자됐지만, 오늘날까지 소수 판정법에 버금가게 효과적으로 큰 수를 인수분해하는 방법은 없다. 이 문제에 대한 연구에 약간의 진전이 없진 않았는데, 몇 가지 경우에 수학자들은 적당히 짧은 시간 내에 약수를 찾아내는 기발한 방법을 찾아내기도 했다. RSA 체계가 처음으로 이용되었을 때 자릿수가 120 정도인 수는 인수분해할 수 있는 한계를 넘어선 수였다. 알고리듬 설계 및 컴퓨터 기술이 모두 발달하면서 이후 120자리 수는 취약한 영역에 들게 되었으므로, 암호 사용자들은 RSA 키의 크기를 훨씬 더 크게 키웠다. 현재 많은 수학자들은 300자리 이상을 (현실적인 시간 내에서) 분해할 수 있는 방법은 찾을 수 없다고 믿기 때문에, 이 값이 안전한 키의 규모로 간주되고 있다.

인수분해의 발달이 RSA 암호에 대해 잠재된 진정한 위협이라는 것이 1994년 4월 극적인 방식으로 설명되었다. 1977년에

---

8 지금은 정확하게 소수인지 판별하는 방법이 '이론적'으로 나와 있으며, 이를 비교적 합리적인 시간에 판정할 수 있음이 입증돼 있다. 이 방법은 페르마 검사법의 '다항식' 버전에 해당한다. (옮긴이 주)

제기된 RSA 암호에서의 난문제를 깨는 데 복잡한 방법이 동원되었던 것이다. 이 문제의 기원은 자체로도 흥미롭다. 1977년 리베스트, 샤미르, 에이들먼이 공개키 암호화 체계를 제안했을 때, 수학 저술가인 마틴 가드너Martin Gardner는 《사이언티픽 아메리칸》 8월호에서 자신의 유명한 칼럼을 통해 이를 설명했다. 당시 가드너는 커다란 두 소수의 곱인 129자릿수의 키를 이용하여 RSA 방법으로 암호화한 짧은 메시지를 제시했다. 메시지와 키는 MIT의 연구원들이 만들어낸 것인데, 이들은 이 암호를 깨는 첫 번째 사람에게 가드너를 통해 100달러를 주겠다고 했다. 암호화에 사용됐던 이 키가 RSA-129라고 알려진 합성수다. 당시에는 129자리의 수를 인수분해하려면 2만 년이 넘게 걸린다고 생각했기 때문에, MIT 연구원들은 자신들의 돈이 안전하다고 생각했다. 겨우 17년 사이에 MIT의 난제를 풀어내는 결과를 낳게 된 두 차례의 발전이 있었다.

큰 수를 소인수분해하는 이른바 이차체quadratic sieve 방법이 첫 번째 발전이었다. 이 방법으로 RSA-129의 인수분해에서 의미 있는 것으로 밝혀진 중요한 특징은 문제를 많은 수의 더 작은 수의 인수분해로 효율적으로 쪼개자는 것이었다. 이들 인수분해 역시 여전히 까다롭기는 하지만 적어도 상당히 빠른 컴퓨터로는 실현가능했다. 인터넷이 두 번째 중추적인 발달이었다. 1993년 옥스퍼드 대학의 폴 릴랜드Paul Leyland와 아이오와 주립대학의 마이클 그라프Michael Graff, MIT의 데릭 앳킨스Derek Atkins는 RSA-129에 대한 전 세계적 대규모 공격을 위해, 자신들의 시간과 각자의 개인용 컴퓨터의 시간을 내줄 자원자들을 모집하는 글을 인터넷에 게재했다. 이차체 방법으로 만들어진 여러 개의 인수분해 문제를 분배한 뒤, 가만히 기다리면서 RSA-129를 인수분해하기에 충분한 개수의 부분적인 결과들을 모으자는 것이 아이디어였다. (그들이 이용했던 이차체 방법에는 더 작은 인수분해 전체가 필요하지는 않았으며, 충분하게 많으면 됐다.) 세계 도처에 흩어져 있는 600여 명의 자원자들이 이 도전을 위해 일어섰다. 이후 8개월 동안 매일 3만 개 꼴로 결과가 모였다. 1994년 4월에는 800만 개를 넘는 결과들을 가지고, 강력한 슈퍼컴퓨터가 작은 인수분해를 조합하여 RSA-129의 인수를 찾는 만만치 않은 작업에 착수했다.

엄청난 계산이었지만 결과적으로 성공이었다. RSA-129는 두 개의 소수로 인수분해되었는데 하나는 64자리의 수였고, 다른 하나는 65자리의 수였다. 그와 함께 원래의 MIT 메시지도 해독됐다. 메시지는 다음과 같았다. "마법의 주문은 까다로운 수염수리다The Magic Words are Squeamish Ossifrage." (MIT의 전형적인 농담이다. 수염수리는 3미터에 달하는 날개를 지닌 희귀한 수리인데, '뼈를 부르트리는 자'라는 뜻이다.)

전자문서와 디지털 서명

휘트필드와 헬먼은 1976년의 논문에서 다음과 같은 또 다른 보안 문제를 제기했다. 전자문서를 받는 사람은 그것을 보냈다고 주장하는 출처에서 실제로 보냈다는 것을 어떻게 알 수 있을까? 손으로 작성된 문서는 대개 서명에 의지한다. 공개키 암호는 서명의 전자 버전인 디지털 서명을 만들어내는 수단을 제공한다. 아이디어는 간단하다. 공개키 암호화 체계를 역으로 이용한다. 만일 A가 B에게 전자 서명된 문서를 보내고 싶다면, 자신의 비밀 해독키를 써서 암호화한다. 문서를 받은 B는 이미 공개돼 있는 A의 암호화 키를 써서 메시지를 해독한다. A의 해독키를 써서 암호화한 메시지가 아니라면 문서는 뒤죽박죽일 것이다. 결과가 읽을 수 있는 문서인 경우, 그 키는 A만이 알기 때문에 B는 A가 보낸 문서임을 확신할 수 있다.

  사실 디지털 서명은 보통의 서명보다 더 안전한 형태의 인증 방법이다. 손이든 전자적이든 누군가가 다른 사람의 서명을 베껴 다른 문서에 쓸 수 있지만, 디지털 서명은 문서 자체에 묶여 있다. 디지털 서명이라는 아이디어는 디지털 인증서를 제공하

---

9 거북 같은 먹이를 잡은 뒤 바위에 떨어트려 깨트려 먹는 습성에서 비롯된 말이다. (옮긴이 주)

는 데 이용되며, 특정 웹사이트가 자칭하는 사이트가 정말 맞는지도 인증해준다.

무엇이 암호를 안전하게 지켜주는가

메시지를 암호화했더라도, 온라인 뱅킹과 같은 활동에는 여전히 약점이 있다. 한 가지 잠재적인 약점은 암호password다. 암호를 암호화된 형태로 보내면 가로챌 수 없다. 그렇지만 은행에서 사용자들의 로그인 시도를 검사할 목적으로 컴퓨터에 저장해둔 고객들의 암호를 해킹할 수 있다면, 그는 즉시 당신의 계좌를 자유롭게 드나들 수 있을 것이다. 이런 일을 막기 위해 은행에서는 암호를 저장하지 않으며, 이를 '해시hash'한 형태로 저장한다.

예를 들어 암호 등의 입력 문자열을 받아들여 특정한 크기의 새로운 문자열을 만들어내는 특별한 종류의 과정을 해싱이라 부른다. (해시를 풀지 못할 수도 있기 때문에 엄밀히 말하면 암호화 과정과는 다르다.)[10] 여러분이 은행 계좌에 로그인하려고 하면, 은행

---

10 그래서 암호를 잊어버린 경우, 은행에서는 암호를 알려주는 게 아니라 재설정한다. (옮긴이 주)

의 컴퓨터는 여러분이 입력한 암호를 해시한 것과, 해시된 꼴로 파일에 저장된 항목과 비교한다. 이런 시스템이 통하기 위해서 해시 함수 H가 다음 두 가지 성질을 가져야만 한다는 건 명백하다

1. 입력 문자열 x에 대해 H(x)를 계산하기 쉬워야 한다.

2. 주어진 임의의 해시 값 y에 대해, H(x)=y인 x를 찾는 것은 계산 불가능해야 한다. ('계산 불가능'이라는 것은 가장 빠른 컴퓨터로도 예를 들어 인간의 수명보다 더 오래 걸려야 계산을 완수할 수 있다는 것을 의미한다.)

2번 조건 덕택에, 저장된 로그인 정보를 취득한 해커도 고객의 암호는 알아내지 못한다. (물론 수신 서버는 해시한 버전을 인증에 사용하기 때문에, 다른 통제 장치가 없다면 해커는 그 기계에서 여러분의 계좌에 손댈 수 있을 것이다.)

실질적으로 해시 함수의 설계자들은 식별 정보의 해시 값을 효율적으로 저장하여, 신원을 확인할 때 데이터베이스를 더 쉽고 빠르게 찾게 만들기 위해 균일성도 원하는 경우가 보통이다.

3. H가 생산하는 모든 값은 동일한 비트 길이를 가져야 한다.

이 세 번째 조건 때문에 이론상 입력 문자열이 다르더라도 동일한 해시 값이 나올 수 있는데, 이처럼 서로 다른 문자열 x와 y에 대해 H(x)=H(y)가 되는 경우 해시 업계에서는 '충돌'이 났다고 말한다. 보안 사이트에 접근할 때 웹사이트 측에서는 해시하여 들어온 로그인 자료를 검사하여 허가 여부를 판단하기 때문에, 침입자가 계좌 주인의 로그인 아이디와 암호를 얻지 못해도 동일한 해시 값을 생성해주는 입력 자료만 찾아내도, 즉 적법한 자료와 충돌하는 입력 자료만 찾아내면 충분히 계좌에 불법으로 접근할 수 있다는 약점이 생길 수 있다. 따라서 해시 함수에 대한 알고리듬을 설계할 때는 그런 일이 일어날 가능성을 극히 낮게 만들어야 한다. 이로부터 네 번째 요구조건이 나온다.

4. 주어진 문자열 x와 충돌하는 문자열 y, 즉 H(x)=H(y)인 문자열 y를 발견하는 게 사실상 '계산 불가능'해야 한다.

해시 함수는 일반적으로 입력 문자열의(예를 들어 로그인 정보) 비트들과 무작위로 고른 비트들을 (모종의 조직적인 방식으로) 조합하여, 복잡하고 반복적인 증류 과정을 수행하여 (시스템에서 미리) 정해진 길이의 문자열만 남기는 방식으로 작동한다.

현재 사용되는 해시 함수는 10여 가지다. 가장 널리 이용되는 두 가지가 RSA를 개발했던 로널드 리베스트가 MIT에서

1991년 자신이 설계한 일련의 해시 알고리듬의 하나로 개발한 '메시지 다이제스트 알고리듬Message Digest algorithm 5'(MD5)와, 미국국가안보국NSA에서 개발한 '안전한 해시 알고리듬 Secure Hash Algorithm 1'(SHA-1)이다. MD5는 128비트짜리 해시 값을 만들어내며, 충돌을 찾아내기 위해서는 평균 2^{64}번의 추측이 필요하다. SHA-1은 160비트짜리의 해시 문자열을 만들어내며, 충돌을 찾아내기 위해서는 평균 2^{80}번의 추측이 필요하다. 충돌을 찾는 유일한 현실적 방법이 시행착오뿐이라면, 이론적으로 두 방법 모두 높은 정도의 보안성을 제공하는 것처럼 보인다.

불행히도 디지털 보안 세계에서 SHA-1과 같은 해시 시스템에 흠집을 내는 방법이 시행착오만 있는 것은 아니다. 1990년대 후반부터 2000년대 초반 사이, 베이징 칭화대학교의 수학자인 왕샤오윤王小云, Xiaoyun Wang은 기발함과 다량의 힘든 작업을 통해, 널리 사용되는 해시 함수에서 충돌을 찾아낼 수 있음을 보였다. 2004년 산타바버라에서 열린 크립토Crypto '04라는 암호학 학회에서 왕 교수는 MD5에 대해 2^{37}번 만의 입력으로 충돌을 찾아내는 방법을 발견했기 때문에, MD5가 대단히 취약한 문제 규모로 축소되어 비틀거리게 되었다고 발표하여 좌중을 놀라게 했다.

그녀의 접근법은 몇 비트만 다른 문자열을 알고리듬에 입력한 뒤, 알고리듬이 이들에 작동하는 동안 어떻게 변해가는지 단계마다 자세히 들여다보자는 것이었다. 이로부터 충돌이 발생할 문자열의 종류에 대한 '감'을 발달시킬 수 있게 되어 점차 가능성을 좁혀나갈 수 있게 되고, 결국에는 충돌을 찾아내는 절차를 개발하게 된 것이다.

크립토 '04에서의 발표 이후 왕은 동료인 유홍보Hongbo Yu, 이췬 리사 인Yiqun Lisa Yin과 함께 현존하는 해시 함수의 최고봉인 SHA-1에 대한 연구를 시작했다. 이 해시 함수는 훨씬 깨기 힘든 것으로 입증됐지만, 컴퓨터 보안업계의 대부분 사람들에게는 실망스럽게도(한편 경탄스럽게도) 2005년 2월 샌프란시스코에서 열린 연례 RSA 보안학회에서 단지 2^{69}단계 만에 SHA-1 충돌 파일을 생성해주는 알고리듬을 개발했다고 발표했다.

왕과 동료 연구원들은 아직 SHA-1을 깨지는 못했다. 다만 기존에 믿던 것보다 훨씬 적은 단계만으로 깰 '수' 있는 방법을 만들어냈을 뿐이다. 여전히 숫자 2^{69}은 시스템의 안정성에 대한 확신을 줄 수 있을 정도로 충분히 큰 수다. 당분간은 말이다. 2005년 2월 발표 이후 몇 달 동안 왕과 다른 공동연구자들이 가까스로 달성했던 2^{63} 역시 아직은 큰 수다. 하지만 암호학계의 다수는 이제 '그날이 멀지 않았다'고 믿으며, 왕의 연구와, 계산속도 및 계산능력의 발달로 인해 현존하는 모든 해시 알고리듬은 급속히 쓸모없어질 것이라고 믿는다. 오늘 그런 일이 일어나지는 않을 것이다. 전문가들은 당분간 현금지급기 거래는 안전하다고 보장하고 있다. 하지만 머지않았다. 매사추세츠 주 베드포드 소재 RSA 연구소의 버트 칼리스키Burt Kaliski 소장은 《뉴사이언티스트》지에 발전 상황을 언급하면서 "이는 연구계의 위기입니다."라고 선언했다. 펜실베이니아 주 메카닉스버그의 ICSA 연구소의 암호학자인 마크 짐머맨Mark Zimmerman은 좀 더 화려하게 표현한다. "아마겟돈까지는 아닙니다만, 호되게 얻어맞은 거죠."

09 지문 증거는 얼마나 믿을 만한가?

엉뚱한 사람이라고?

사건현장에 도착한 돈은 교살된 희생자를 본다. 흔한 수법이 아니었기에, 돈은 1년 전 벌어졌던 살인사건을 떠올린다. 당시 FBI의 수사는 대단히 성공적이었다. 목격자가 경찰의 용의자 정렬로부터 범인을 지목했고, 칼 하워드라는 남자의 지문이 살인범의 것과 동일하다는 지문 대조 결과가 나온 후, 하워드는 죄를 자백하고 유죄 인정 교섭을 받아들여 교도소에 갔다. 하지만 새로운 사건과 과거 사건이 놀랄 만큼 유사했기 때문에 돈은 자신이 엉뚱한 사람을 체포하여 교도소로 보낸 건 아닌지 의문을 품기 시작한다.

찰리가 새로운 사건의 용의자들을 수사하는 돈을 돕는 동안, 이들은 하워드가 저지르지도 않은 죄로 교도소에 수감된 무고한 사람이었을 가능성을 어림해본다.

2005년 4월 1일 TV 시청자들은 〈넘버스〉 첫 번째 시즌의 '신원 위기Identity Crisis'라 부르는 에피소드를 통해 위와 같은 이야기가 펼쳐지는 것을 보게 된다.

하워드를 교도소로 보냈던 핵심 증거는 살해현장에서 나온 지문, 더 정확히 말해 엄지손가락 지문의 일부였다. FBI의 지문 조사관은 사건현장에서 나온 부분 지문이 하워드의 것이라고 감식한 자신의 판단이 옳았다고 확신하고 있었다. 이 때문에 하워드의 변호인이 먼저, 그 뒤에는 하워드 자신이 유죄 인정 교섭만이 합리적인 대처방법이라고 결론지었던 것이다. 하지만 하워드가 무고할 가능성이 고려되자, 논리적으로 생각하고 과학적 증거가 있어야 과학적 결론을 내리도록 훈련된 수학자인 찰리는 지문 조사관과 논쟁을 벌인다.

찰리   그런데 모든 사람의 지문이 유일하다는 건 어떻게 알죠?

조사관   아직 똑같은 지문을 가진 사람이 한 번도 나온 적 없으니까요.

찰리   그럼 이 지구상의 모든 지문을 확인해보셨어요?

조사관은 손가락 하나의 일부 융기선으로 이루어진 '부분' 지문에 근거하여 일치하다고 판정한 것이었다. 그래서 찰리는 계속 질문한다. '손가락 하나의 일부'가 다른 사람의 것과 유사한 경우는 얼마나 자주 있는지 묻는다. 조사관이 모른다고 대답하자, 찰리는 지체 없이 조사관을 압박한다.

찰리   자료 같은 게 있나요?
조사관   아뇨. 그런 식의 인구조사는 한 적이 없거든요.
찰리   그럼 두 지문의 유사성을 확인하는 방법이 무작위 대조 밖에 없다는 거예요?
조사관   무작위 대조는 DNA 분석에도 쓰여요.
찰리   DNA에서는 '10억분의 1'의 확률로[1] 같은 사람일 거라고 말하죠. 하지만 지문에는 확률이란 게 있나요?

언제나 그렇듯이 찰리는 지극히 옳았다. 한때 틀림없는 것으로 간주되어 감식 전문가들이 절대 확실성을 의심하려 하지 않았던 지문 증거는 오늘날 미국 정부 및 여러 나라로부터 점차 공격을 받고 있으며 엄혹한 비판 아래 놓여 있다.

---

[1] 실제 방영분에서는 40억분의 1이라고 했다. 저자들이 옮겨온 대사는 실제 방영된 것과 조금 다른 부분들이 있다. (옮긴이 주)

지문이라는 신화

지문 식별을 범죄 소추에서 과학적 증거의 '황금 표준'으로 수립한 것이 아마도 20세기 법의학이 거둔 가장 놀라운 성공일 것이다. 법정에서 지문 증거가 사실상 이의를 제기할 수 없는 '결정타'로 받아들여졌다는 것은 현재의 경쟁상대인 DNA 증거를 '유전자 지문'이라 지칭하는 것에서도 드러나 있다.

지문 감식이 처음 나타났을 때부터 범죄자의 신원을 식별하는 마법의 열쇠로 곧장 받아들여진 것은 아니다. 미국과 유럽에서 전임자였던 베르티용 인체식별법Bertillon system을 물리치는 데는 수십 년이 걸렸다.

파리의 경찰 사무원이 19세기 후반에 개발한 베르티용 식별법은 기본적으로 주의 깊게 꼼꼼히 기록한 인체 측정치인 두상의 길이와 폭, 왼손 중지의 길이, 왼쪽 팔꿈치부터 왼손 중지까지의 길이 등등의 11개 값에 근거하고 있다. 이 체계는 상습범들이 가중처벌을 피하려고 일련의 가명을 쓰는 것을 차단하는 데 커다란 성공을 보인 것으로 입증됐다.

지문채취도 베르티용 식별법만큼 신뢰할 만한 '검증' 수단임이 입증됐다. 경찰에서는 당시 교도소에 있던 '알폰스 파커'의 고품질 열 손가락 지문과, 범법자들로부터 채취했던 열 개의 지문 '전체'가 들어 있는 파일을 비교하여, 파커가 실은 지난번

투옥 때는 '프리더릭 맥피'였음을 밝혀낼 수 있었다. 훨씬 놀라운 사실은 사건현장의 탁자, 창문, 유리 등 모든 표면에서 지문을 '떠낼' 수 있고, 이러한 '잠재 지문'으로 범인을 감식할 수 있다는 것이었다. 즉 조사관들이 이미 식별된 이들의 '전체 지문'의 사본이 담긴 카드 파일을 검색하면, 때로는 범죄현장에서 나온 지문과 일치하는 것을 얻게 되고 따라서 범인을 식별할 수 있었다. 혹은 용의자를 데려와 지문을 채취하고, 사건현장에서 떠낸 것과 비교할 수도 있었다. 이런 잠재 지문들은 뭉개져 있거나, 손가락의 끝만 채취되어 부분적이거나, 손가락 한두 개의 지문뿐이어서 불완전한 등 품질이 떨어지기 쉽지만, 그럼에도 경험이 많고 숙달된 지문 조사관은 법정에서 증언할 수 있을 정도로 충분한 확실성을 가지고 사본 지문과 충분한 유사성이 있다고 식별해줄 수 있다.

사건현장 수사로부터 예를 들어 범인 두상의 폭을 정확히 측정할 가능성은 0에 가깝기 때문에, 베르티용 식별법에 비해 지문이 더 우월한 수사법임은 명백해졌다. 비록 지문으로 대체되었지만, 베르티용 식별법이 고유의 장점을 갖췄음은 분명하다고 인정되었다. 바로 식별법을 적용하기 위해 개발한 분류체계다. 베르티용은 수치에 의존하여 측정치를 표준화했다. 덕분에 교도소에 있는 사람의 측정치와 일치하는지, 거대한 카드 파일을 뒤지기만 하면 간편하게 판단할 수 있었다. 두 지문이나 여러 쌍의 지문을 나란히 두고 뚜렷한 특징이 있는지 인간의 판단에 의존하여 식별하여 대조하는 것은, 수치 중심의 효율성과는 비할 바가 못 되었다.

하지만 20세기 중반 컴퓨터의 발달과 함께 지문들을 수치로 부호화함으로써 컴퓨터를 써서 일치 가능성이 있는 용의자들의 지문 대다수를 신속히 제거하여, 큰 파일 중 소규모 집단에 대한 탐색만으로 좁힐 수 있게 되었다. 이에 따라 사본 지문 하나와 용의자의 지문이 일치하는지 최종적으로 식별할 때만 인간 조사관이 필요할 수도 있게 되었다. 2001년 9월 11일 이후 미국 정부는 자국으로 입국하려는 개인들의 지문 스캔 결과와, 테러리스트로 알려져 있거나 의심되는 이들의 지문 특징을 담은 컴퓨터 데이터베이스를 대조하는 컴퓨터 기반의 고속 대조법을 개발하려는 노력에 박차를 가했다. 이들 컴퓨터 기반의 방법은 지문 전문가들에게는 '반자동semi-lights-out 체계'로 알려져 있는데, 개인의 지문의 주요 특징을 수치로 요약하여 부호화한 것에 크게 의존하고 있다. 이들 특징을 최대한 활용하면, 인간 전문가들은(전문가들의 최종 판단은 필요조건으로 간주되고 있다) 기껏해야 몇 개의 표본들의 일치성 여부만 조사하면 충분했다.

범죄자를 소추하기 위해서는 인간 전문가가 중요한 것으로 입증됐다. FBI나 경찰서와 같은 기관에서 일하는 지문 전문가들은 다양한 수준의 훈련과 숙달도를 보이지만, 법정에서 이들의 진술은 한결같이 두 개의 기둥에 기대고 있다.

- 지문은 문자 그대로 고유하다는 것이다. 어떤 두 사람도, 심지어 일란성 쌍둥이도 동일한 지문을 가졌다고 발견된 적이 없다는 것이다.
- 조사관의 확신이다. 조사관들은 사건현장의 지문과 피고인에게서 채취한 지문이 일치하므로 동일한 사람의 지문이라고 '100퍼센트 자신 있게' 혹은 그에 준하는 말들로 증언한다.

전문가는 어떻게 지문을 '대조'하는가

지문을 대조하는 완전히 구체적인 규약은 없지만, 대체로 전문가들은 다음과 같은 방식으로 지문 사진에 표시를 한다.

 능숙하고 노련한 조사관은 지문이 일치하는지 비교하기 위해 다양한 방법을 이용한다. 조사관들은 이름에 걸맞게 감탄할 만하게 합리적인 원리인 '비유사성 1개의 원칙'에 의지하는데, 예를 들어 뭉개졌거나 먼지 얼룩 등으로 인해 하나라도 설명하거나 해명할 수 없는 두 지문 사이의 차이점이 있으면, 일치 가능성을 폐기해야 한다는 원칙을 말한다.

 그렇지만 가장 흔한 증언은 지문에서 융기선이 끝나거나 둘

사건현장 지문   사본의 손가락 지문

로 갈라지는 점들로 세부사항이라 부르는 특징에 대한 판단에 의존한다. 이들 점을 '골톤 점'이라 부르기도 하는데, 영국의 선구적인 통계학자로 1892년에 쓴 저서 《지문》을 통해 지문에서 이들 점을 비교하여 감식하는 기본 방법을 수립한 프랜시스 골톤 경Sir Francis Galton을 기리기 위함이다. 불행히도 실제 지문 감식에서는 (적어도 미국에서는) 신뢰할 만하게 일치한다고 판단하기 위해 필요한 공통된 점들의 개수에 대한 표준이 수립된 적이 없다. 피고인 측 변호인들이나 판사들은 이들 점의 개수가 표준화되지 않았다는 데 좌절하고 있다. 12개로 충분한가? 8개가 충분한가? 오스트레일리아와 프랑스에서는 최소 개수가 12개다. 이탈리아에서는 16개다. 미국에서는 각 주마다 손가락 어림하듯 다르며(농담할 생각은 없었다), 심지어는 경찰서마다 다르기도 하다. 기본적으로 법정에서 지문 전문가는 "저는 보통 X개의 점이 필요하다고 봅니다."고 말하는 위치였을 뿐이며, 여기서 X는 항상 해당 사건에서의 숫자보다는 크지 않았다.

지문 전문가 대 수학자

근래 법원에서는 일치가 확실하다는 지문 전문가 증인의 주장을 관행처럼 수용하는 것에 반대하는 목소리가 커져왔다. 찰리 엡스와 마찬가지로 많은 수학자, 통계학자 및 다른 과학자들과, 판사들을 포함하는 저명한 법조인들은 법정 및 공개석상에서 지문 증거에 대한 표준과 전문 조사관의 업무수행 인증이 부족하며, 가장 중요하게는 무엇보다도 지문 대조에 대한 과학적으로 통제된 검증 연구가 부족하여 오류의 빈도를 판단할 근거가 빈약하다며 불평했다.

어떤 연방판사는 통상적인 지문 대조 방법을 가리키는 약칭인 ACE-V를 가리켜 이렇게 언급했다.[2]

> 법정에서는 ACE-V 방법론이 검증을 필요로 하면서도, 아직 그런 검증이 수행되지 않았다는 것을 점차 알게 됐다.

---

2 미국 정부 대 설리번 사건, 246 F Supp. 2d 700, 704(동부 지구, 켄터키 주, 2003년)

과학적 조사방법론의 전문가들에게 '어떤 이들도 같은 적이 없다'는 주장만으로 지문 증거가 정당화되는 것을 듣는 건 기절초풍할 지경이다. 이는 아무리 봐줘도 우문현답에 불과하기 때문이다. 설령 FBI의 1억 5000만 건의 비범죄자 데이터베이스로부터 나온 전체 사본들로부터 얻을 수 있는 1조 개 이상의 쌍을 인간 조사관들이 철저히 조사했더니 '어떤 이들도 같지 않았다'는 주장을 만족하는 것처럼 나타났을지라도, 그 주장만으로 얻는 확실성의 수준은 미미할 것이다. 다음과 같은 질문이 옳은 질문이다. 개별 전문가가 열 손가락의 고품질 사본과 사건 현장에서 떠낸 두 손가락의 뭉개진 부분 지문 사이에 일치점이 발견됐다고 주장할 때 틀렸을 가능성은 얼마나 있을까?

7장에서 다뤘던 DNA 증거가 과학적 검증 연구를 통해 '유전자 지문'으로서 1980년대와 90년대 법정에서 점차 자리를 잡아갔으며, 이제는 손가락 지문 증거의 신뢰성에 대한 주장이 유효하다는 것을 밝히는 표준으로 자리 잡았다는 사실에 비춰볼 때 흥미로운 아이러니가 아닐 수 없다. 당시 DNA가 엉뚱하게 일치할 가능성에 대한 질문을 감당하기 위해 데이터와 철저한 확률론 및 통계분석을 도입하는 등 조심스레 과학적 기초를 놓았기 때문에, 지금은 지문 증거와의 '단 하나의 비교대상' ― 하지만 매우 강력한 비교대상 ― 지위를 구축했다. "하지만 지문에는 확률이라는 게 있나요?"라는 찰리의 질문은 TV 밖에서도

들을 수 있는 말이다.

2005년 성탄절 직후, 매사추세츠 주의 대법원은 피고인 테리 L. 패터슨에 대한 재심에서 1993년 피살된 보스턴 형사의 차량에서 발견됐던 것과 패터슨의 지문이 일치한다는 전문 조사관의 증언을 검찰 측이 제시해서는 안 된다고 판시했다. '연합 지문simultaneous impression'에 근거한 감식의 신뢰성과 관련하여 여러 과학자들 및 법률 전문가들로부터 '법정의 친구들'에게 자문을 요청한 뒤 이런 판시가 이루어졌다. 구체적으로 말해, 보스턴 경찰 조사관은 형사의 차량에서 발견된 세 개의 부분 지문이 같은 시각에 찍힌 것으로 보이며 따라서 동일한 사람의 것인데 조사 결과 한 손가락에서는 여섯 점, 다른 손가락에서는 두 점, 세 번째에서는 다섯 점의 일치를 발견했다는 증언을 준비 중이었다.

미국의 지문 전문가들이 일치를 선언하기에 필요한 점의 최소 개수 표준이 낮다는 점에 비추어보더라도, 서로 다른 손가락에서 각각 몇 군데만 일치한 것을 조합하여—즉 '연합 지문'을 사용하여—일치를 선언하는 것은 지나친 견강부회다. 통계학자, 과학자, 법률학자 정예 팀으로 구성된 특별배심원 중에서는 지문의 유효성을 검증하고 오류율을 판단하기 전까지 재판에서 '모든 지문 증거를 배제'하라고 법정에 요청한 이도 있었지만, 법원 측은 (별로 놀랍지 않게도) 해당 증언에 대한 판단으로만

국한했다.

　패터슨 사건 및 다른 유사한 경우에서 제기된 논쟁은 형사사건의 지문 감식에서 일어난 최근 실수 사례들을 언급하고 있다. 그중 하나가 범인이 물을 마셨던 잔에서 발견된 엄지손가락 지문과 목격자의 증언을 조합하여, 1997년 스티븐 코원스를 보스턴 경찰 총격범으로 유죄 판결한 사건이다. 코원스는 35년 형기 중 6년을 복역한 뒤 DNA 검사 비용을 벌 수 있었다. 검사 결과 코원스는 무죄로 밝혀졌고 석방됐다.

　1999년 무장강도 혐의를 받은 바이런 미첼의 변호인들이 도주 차량에서 떠낸 두 개의 지문에 근거하여 파악한 신원의 신뢰성에 의문을 제기했던 또 하나의 악명 높은 사건이 있다. 지문 전문가의 증언을 받아들일 수 있다는 연방검찰 측의 주장에 힘을 보태기 위해 FBI는 두 손가락의 지문과 미첼의 지문 사본을 53개의 과학수사연구소에 보내 확인을 요청했다. 두 그룹의 지문 표본이 일치하느냐는 것을 포함해 과학자들이 제안한 종류의 검증에는 훨씬 미치지 못한 검증이었다. 그럼에도 의견을 회송한 39곳의 연구소 중 9곳에서(23퍼센트) 미첼의 지문이 도주 차량에서 나온 지문과 '불일치'한다고 선언했다. 하지만 재판장은 변호인 측의 이의제기를 기각했으며,[3] 미첼은 유죄 판결을 받고 투옥됐다. 이 글을 쓰는 현재 FBI는 이런 종류의 검증을 다시 하지 않았으며, 수사국은 지금도 지문 전문가들 중에서 오류에 의한 일치 판정에 근거하여 법정 증언을 한 적이 없다고 주장하고 있다. 하지만 다음 이야기에 비추어볼 때 그런 주장은 지푸라기를 붙잡고 있는 격이다.

FBI의 지문 실패 사례: 브랜든 메이필드 사건

2004년 3월 11일 오전, 마드리드에서 통근 열차에 대한 일련의 연쇄 폭탄 테러가 일어나 191명이 사망하고 2000명이 넘는 부상자가 발생했다. 이 공격은 알카에다에 고무된 지역 이슬람 극단주의자들의 소행으로 돌려졌다. 스페인 선거 사흘 전에 공격이 발생했으며 분노한 유권자들은 이라크에서 미국을 지원했던 보수정권을 쫓아냈다. 유럽과 세계 전역에 걸쳐 후폭풍이 거셌다. 스페인 당국이 폭발 사건현장 근처에서 발견한 기폭제가 든 플라스틱 용기에서 지문을 찾아냈지만, 스페인 수사관들은 일치하는 것을 찾지 못했다. 따라서 스페인 경찰이 그 지문의 디지털 사본을 보내오자 FBI에서 도우려고 안달한 것도 당연

---

3 뭉개진 지문 역시 고유성과 항구성을 보유하고 있다는 주장을 받아들였으며, 피고인 측이 감식에 반대하는 전문가 증인을 내세우면 되며, 감식이 올바른지의 여부는 배심원단이 판정하면 된다는 취지로 증거 배제 신청을 받아들이지 않았다. (옮긴이 주)

했다.

FBI의 데이터베이스에는 37세의 포틀랜드 지역 변호사인 브랜든 메이필드가 미국 육군에서 중위로 복무하던 때 등재했던 지문이 들어 있었다. 스페인 수사관들이 보낸 디지털 영상은 품질이 떨어졌지만, FBI의 잠재지문감식반 Latent Fingerprint Unit은 사건현장의 지문과 메이필드의 지문이 일치한다고 주장했다. 메이필드는 스페인에 가본 적도 없었지만, 그의 지문과 일치점이 발견되자 FBI에서 흥미로워한 건 이해할 만하다. 그렇지 않아도 메이필드는 1980년대에 이슬람으로 개종했으며, 무슬림 테러리스트로 의심받던 제프리 배틀의 양육권 분쟁 소송의 변호인을 맡아 주목을 받고 있었기 때문이다. FBI에서는 미국애국자법을 발동하여 두 차례나 은밀하게 그의 가정에 침입하여 컴퓨터, 논문, 코란, 나중에 메이필드의 아들 숙제로 밝혀졌던 '스페인어 문서'를 포함하여 증거가 될 만한 것을 빼내왔다. 범죄자의 지문과 일치할 뿐 아니라 마드리드 폭탄 테러 계획과의 관련성이 있어 보인다고 확신한 FBI는 애국자법에 따라 '중요 증인'으로 메이필드를 투옥한다.

메이필드는 2주간 억류돼 있다가 풀려났지만 완전히 의혹을 벗지 못했고 행동의 제약에서 자유롭지 못했다. 그러나 나흘 후 스페인 당국이 원래의 잠재 지문을 어떤 알제리인의 것과 연결 지었다는 강력한 증거에 기대어 연방판사가 '중요 증인'으로서의 소송 절차를 기각했다. 스페인 국립경찰과학수사국에서는 메이필드의 지문과 사건현장의 지문이 일치한다는 FBI 전문가의 의견에 동의하지 않았으며, FBI가 메이필드를 억류하기 전부터 이러한 사실을 이미 알고 있었다는 것이 나중에 밝혀졌다. 메이필드의 자택에서 압류한 모든 개인 문서와 물품을 FBI가 반환해야 한다는 판결 이후, 수사국에서는 '이 일로 인해 겪었을 고초'에 대해 그와 그의 가족에게 사과한다는 성명을 발표했다.

오리건 주 검사 캐런 임머거트는 메이필드가 종교나 그가 변호했던 의뢰인 때문에 목표가 됐다는 것을 부인하느라 애썼다. 사실 법정 문서를 보면 FBI의 슈퍼컴퓨터가 데이터베이스에서 그의 지문을 골라냈을 때 처음 오류가 발생했으며, FBI의 전문 분석가들에 의해 그 오류가 심각해졌음을 짐작할 수 있다. 연방수사국의 대단히 신뢰받던 지문 식별 시스템의 이러한 당황스러운 실패에 대해 연방정부가 수차례 조사를 실시했음을 예상할 수 있을 것이다.

2004년 11월 17일 《뉴욕타임스》에 실린 기사에 따르면, FBI의 버지니아 주 콴티코 소재 국방품질관리소 소장인 로버트 B. 스테이시가 이끄는 국제 감식 전문가 팀은 다음과 같이 결론내렸다고 한다. 즉 최초 전문가의 의견을 확인해 달라는 요청을 받은 두 명의 지문 전문가가 "FBI의 조직문화 때문에 상관과 다른 의견을 내기 힘들어서" 오류를 저질렀다는 것이다. 공평 무사하고 객관적인 과학자라는 신화가 무색하다.

지문 감식에서 수학자가 하는 일은 무엇인가

TV 세상에서 돈과 찰리는 교살범을 찾아낼 뿐 아니라, 칼 하워드가 무고한 범죄자인지 알아내고 만일 무고할 경우 진짜 범인은 누구인지 알아낼 때까지 쉬려고 하지 않는다. 광고를 포함한 방영시간 42분 내에 찰리가 돈과 동료 요원들을 도와 두 범죄를 모두 저지른 진짜 범인을 찾아낼 수 있었음을 예상할 수 있는데, 실은 경찰의 용의자 정렬에서 칼 하워드를 지목했던 목격자가 범인이었음이 드러났다. (실제 사건에서 그렇게 자주 일어나지는 않는 이해의 상충이다.) 칼 하워드와 지문이 동일했던 건 그저 오류였던 것이다.

신규 형사사건에서나 과거의 유죄 판결에 대한 항소심의 형태로 지문 감식에 대한 어렴풋한 도전 가능성이 있는 데다 실제 세상의 일이 만족스러운 상태가 아니므로, 과학자들은 물론 수학자들, 통계학자들도 도움이 되고 싶어한다. 어느 누구도 범죄수사나 소추에서 지문이 대단히 가치 있는 도구라는 것은 의심하지 않는다. 그렇지만 사법체계와 과학이라 부르는 지식체계에서의 공정함과 무결함의 원칙을 위해서라도, 이미 지나치게 늦어지고 있는 지문 증거의 신뢰성에 대한 연구와 분석을 더는 무의미하게 지체하지 말고 수행해야 한다. 지문의 전문가 대조에서 오류 비율이 수학적으로 정량화할 수 있는 다음의 몇 가지 요소들에 의존한다는 것은 명백하다.

- 전문가의 기량
- 감식 과정에서 전문가가 이용하는 규약과 방법
- 대조할 표본 이미지의 질, 완전성 및 손가락의 개수
- 용의자의 지문에 대해 고려해야 할 일치하는 점의 개수
- 분석을 수행하는 데 들일 수 있는 시간
- 대조를 위해 쓸 수 있는 표본 모음의 크기와 구성
- 서로 다른 사람의 손가락에서 나온 부분 지문이나 완전 지문 사이의 근접 일치 빈도

아마도 다가오는 몇 년간은 사법체계의 요구 때문이 아니라, 지문을 검증하고 식별하는 자동 시스템, 예를 들어 '생체 보안 시스템'이나 미국 국토안보부에서 이용하는 급속 지문 감별 같은 시스템의 대폭적인 개발과 개선의 필요성 때문에 이처럼 정량화할 수 있는 인자들을 고려할 수밖에 없게 될 것이다.

디지털 지문 만들기

FBI가 1924년부터 수집한 지문 수록 카드는 20세기가 끝나갈 무렵 2억 개를 넘어갔다. 이 카드는 웨스트버지니아 주 클라크스버그 소재 FBI 사법정보국Criminal Justice Information Service Division에 대지 면적으로 대략 4000제곱미터에 달하며 2000개가 넘는 파일 캐비닛에 일렬로 저장돼 있다. 수사국에서는 매일 3만 회 이상의 지문 대조 요청을 접수하고 있다. 전자식 저장 및 자동화된 검색의 필요성은 분명하다.

지문 사진을 디지털 형태로 부호화하는 가장 효율적인 방법을 찾는 것이 까다롭다. (애초에 지문의 디지털 캡처부터 뒤늦었다. 디지털 이미지의 조작이 너무나도 쉽기 때문에 이런 중요한 증거 항목의 신뢰성에 대한 법적인 염려도 있지만, 효율성을 한층 더해주고 있다.) 웨이블릿wavelet 이론이라 부르는 비교적 최신 수학 분야가 해법으로 채택됐다. 이런 선택으로 인해 이산 웨이블릿 변환discrete wavelet transform 기반 알고리듬, 때로는 웨이블릿/스칼라 양자화Wavelet/Scalar Quantization(WSQ)라 부르는 국가 표준이 수립되었다.

역시 웨이블릿 이론을 이용하지만 더 유명한 JPEG-2000 디지털 이미지 부호화 표준과 마찬가지로, WSQ도 근본적으로는 압축 알고리듬이며 원래의 디지털 이미지를 처리하여 용량을 덜 차지하는 파일을 내놓는다. 인치당 500픽셀로 스캔하면, 한 사람의 지문으로부터 대략 10메가바이트 정도의 디지털 파일이 만들어진다. 이 시스템이 개발되던 1990년대 당시 이는 대량의 파일 저장 공간이 필요하다는 뜻이었으나, 파일을 저장하는 문제보다는 느린 모뎀 연결을 통해 이들 파일을 미국과 세계 각지의 멀리 떨어진 지역의 사법기관으로 빨리 전송하는 것이 문제였다. WSQ 시스템은 파일 크기를 20분의 1 정도로 줄였는데, 그 결과 생성되는 파일 크기가 겨우 500킬로바이트가 되었다. 이것이 수학의 힘이다. 물론 그 과정에서 세부정보를 약간 잃기는 하지만 인간의 눈에 띌 정도는 아니며, 결과로 나온 이미지를 시각적 비교를 위해 실제 지문 크기로 수차례 확대하더라도 마찬가지다.[4]

웨이블릿 부호화 및 압축 뒤에 깔린 아이디어는 19세기 프랑스 수학자 조제프 푸리에Joseph Fourier의 연구로 거슬러 올라간다. 그는 실제 세상의 실수 값 함수를 익숙한 사인 및 코사인 함수들을 상수배한 것의 합으로 나타낼 수 있다는 것과, 그렇게 나타내는 방법을 보여줬다(〈그림 7〉을 보라). 푸리에 자신은 열의

---

[4] FBI는 JPEG 포맷도 사용할 것을 고려했지만, 지문 이미지의 특별한 성질, 특히 '흰색' 바탕 위에서 간격이 좁게 분리된 '검고' 나란한 곡선의 집합이라는 성질 덕분에 특별히 고안된 시스템을 이용하는 것이 훨씬 더 유용했다. 배경이 꽤 균일한 많은 이미지에 대해 JPEG-2000의 압축률은 200분의 1에 달할 수도 있다.

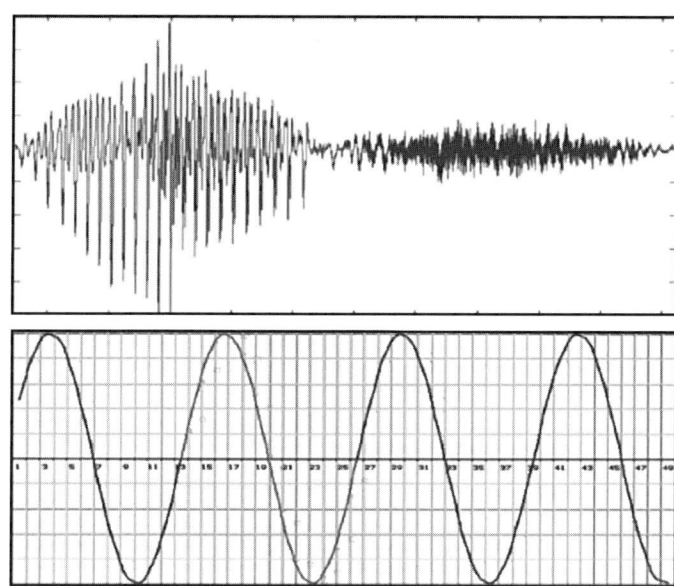

그림 7 (위에 보이는 음파와 같은) 파동에 대한 푸리에 분석은 이를 (아래에 보이는 것과 같은) 서로 다른 진동수와 진폭을 가지는 사인파의 무한합으로 나타내는 것이다.

확산 과정을 서술하는 함수에 관심이 있었지만, 그의 수학은 디지털 영상을 포함하는 수많은 함수에도 통했다. (수학적 견지에서 볼 때 디지털 이미지는 각 픽셀에 특정한 색깔이나 음영도를 대응하는 함수다.) 대부분의 실제 세계 함수는 무한히 많은 사인 및 코사인 함수를 더해야 함수를 다시 만들어낼 수 있는데, 푸리에는 그런 방법을 보여주었으며 특히 합 내에서 각 사인 및 코사인 함수의 계수를 계산하는 방법을 보였다.

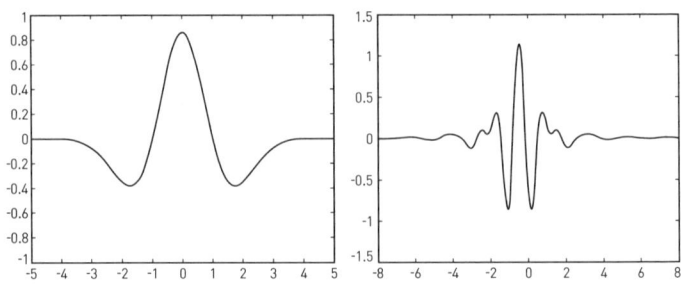

그림 8 웨이블릿. 왼쪽에 있는 것이 '멕시코 모자'로 불리는 데는 명백한 이유가 있다.

    사인과 코사인 함수가 규칙적인 파도 모양의 파동을 띠며 영원히 계속된다는 것이 푸리에 분석에서 복잡한 부분이면서 주어진 함수를 재생하기 위해 무한히 많은 사인 및 코사인 항이 필요한 이유다. 1980년대에 몇 명의 수학자가 파동의 유한 부분인 이른바 웨이블릿을 이용하여 푸리에 분석을 수행하자는 아이디어를 가지고 놀기 시작했다(〈그림 8〉을 보라). 그러한 웨이블릿을 만들어내는 함수는 사인이나 코사인 함수보다는 훨씬 복잡했지만, 이런 함수로 인한 복잡성이 커진 대가로 주어진 함수를 표현하는 방법은 크게 단순해졌다. 한 개의 '어미 웨이블릿'으로부터 시작한 뒤, 이를 한 단위 이동하거나(즉 한 칸 밀거나) 2배씩 확대 또는 축소하여 딸 웨이블릿들을 만들어내자는 것이 아이디어였다. 그런 다음 주어진 함수를 하나의 어미로부터 생성된 딸 웨이블릿들의 합으로 표현하는 것이다.

1987년 AT&T 벨 연구소의 잉그리드 도브시Ingrid Daubechies가[5] 컴퓨터에서 계산을 수행할 경우 이런 계산을 특히 효율적으로 만들어주는 일련의 웨이블릿을 만들면서부터 웨이블릿 이론이 실질적으로 도약했다. 도브시의 진척 이후 얼마 지나지 않아 FBI는 웨이블릿을 이용하여 지문을 부호화하기 시작했다. FBI의 컴퓨터는 디지털화한 지문 영상의 성분 비트들을 부호화하는 것이 아니라, 웨이블릿 표현에서의 주요 수치 매개변수들(계수들)을 부호화한다. 사법기관 요원들이 특정한 지문의 조합을 컴퓨터 화면에 보여주거나 인쇄해 달라고 요청하면, 컴퓨터는 파일에 저장된 계수를 이용하여 영상을 '재창조'한다.

수열을 써서 지문을 부호화하면서, 예를 들어 사건현장에서 얻은 지문과 데이터베이스 내의 지문을 대조하는 자동화된 컴퓨터 검색을 상대적으로 쉽게 수행할 수 있게 되었다. 컴퓨터는 표본으로부터 나온 수열과 매우 가까운 수열을 찾는다. (이 상황에서 '매우 가깝다'는 것이 어떤 것인지를 결정하기 위해 수학적으로 복잡한 접근법을 채택해야 하지만, 이것만 제외하면 간단한 과정이다.)

웨이블릿 부호화에서 한 가지 흥미로운 성질은 우리들의 눈이 이미지를 볼 때 집어내는 몇 가지 특징을 자동적으로 집어낸다는 것이다. 최종적으로 표현된 웨이블릿 계수 중에 근처의

---

5 2014 서울 세계수학자대회 당시 국제수학연맹IMU 회장을 지냈던 여성이다. (옮긴이 주)

계수와 상당히 다른 것들은 대개 이미지 내에서 사물의 경계를 이룬다. 이는 웨이블릿이 대체로 경계를 그려서 이미지를 재창조한다는 뜻인데, 우리가 스케치를 그릴 때 하는 일과 똑같다. 웨이블릿 변환과 인간 시각의 유사성은 우연이 아니며, 우리의 신경세포가 시각 신호를 웨이블릿과 비슷한 방식으로 걸러낸다는 의견을 피력하는 연구자들도 있다

10 점 잇기의 수학

사회연결망 분석하기

로스앤젤레스 시내 미군 신병 모집소 외부에 주차해둔 차량 밑에서 사제 폭탄이 폭발하여 지나가던 행인이 사망하고 그의 아내가 부상을 입는다. 35년 전 베트남전 반대 폭파사건의 모든 특징을 지닌 사건이었는데, 심지어 자신이 저지른 짓이라고 추가 공격까지 공언하며 FBI로 보내온 메시지까지(이번에는 전자우편이었다) 같았다. 다만 '베트남'이라는 단어가 '이라크'로 바뀌었을 뿐이다.

FBI는 1971년의 폭파사건은 사건 이후 바로 달아났고 그 뒤로 행방이 묘연했던 매트 스털링이라는 이름의 반전운동가가 저지른 짓이라고 믿어왔다. 스털링이 되돌아왔으며 일종의 기념행사를 치른 것이라고 생각한 돈은 과거 사건의 파일을 모두 입수한다.

하지만 다른 사람이나 다른 집단이 저지른 모방 폭파사건일 수도 있었다. 하지만 모방범죄이려면 새로운 범인이 과거의 사건에 대한 자세한 정보에 접근할 수 있었어야 하므로, 과거 사건이 새로운 사건을 일으킨 사람에 대한 단서를 줄 수도 있었다. 어느 쪽이든 돈은 1971년 폭파사건에 대해 찾을 수 있는 것은 모두 찾아야 했다. 찰리는 자신의 형이 산더미 같은 정보를 헤치며 일하는 것을 바라본다.

돈 현재는 스털링이 유력한 용의자이긴 한데, 35년이라면 흔적을 쫓기에는 상당히 오래전이잖아.

찰리 과거 사건 자료가 많아 보이는데, '사회연결망분석법'이라고 부르는 수학의 응용 분야를 이용해볼 수 있을 거야. 집단에서 어떻게 연관관계가 발달하는지 구조를 분석하는 기법인데, 숨은 패턴을 드러나게 해주지. 스털링이 조직에서 어떤 위치인지 알 수 있고, 누구와 긴밀히 협력했는지, 누구에게 영향을 줬는지 알 수 있지.

돈 그 수학으로 모방범죄인지도 판별이 돼?

찰리 이 분석법으로 용의자일 만한 사람을 찾아낼 수 있을 거야. 스털링이 용의자에 있는지 없는지도.

2006년 3월 3일 TV 시청자들은 〈넘버스〉 두 번째 시즌의 '항의Protest'라는 에피소드를 통해 사회연결망분석법을 소개받게 되는데, 9/11이 지나간 자리에서 매우 중요해진 비교적 최신의 수학 분야다.

새로운 종류의 전쟁, 새로운 종류의 수학

9/11 사건은 미국인들이 갖고 있던 '테러리스트'와 '연결망'이라는 단어들에 대한 인식을 곧바로 바꿔놓았으며, 미국과 여러 국가는 새로운 종류의 적과 새로운 종류의 전쟁을 치르기 위한 준비에 재빠르게 착수했다. 구체적인 장소에서 벌어지는 관습적인 전쟁에서는 전쟁이 벌어지는 지형에 대한 이해가 중요했다. 테러와의 전쟁에서는 구체적인 장소라는 게 없다. 9/11이 지나칠 정도로 잘 보여주었듯이 어느 곳이든 전장이 될 수 있다. 테러리스트들의 세력 기반은 지질학적이지 않으며, 그보다는 지구 전체에 흩어져 있는 일원들과의 연결망을 통해 가동된다. 이러한 적과 싸우기 위해서는 이 새로운 '영토'인 연결망을 이해해야 하며, 연결망이 어떻게 구성되며 어떻게 작동하는지

알아야 한다.

연결망에 대한 수학적 연구는 연결망 이론이나 망 분석법으로 알려져 있는데, 집합 내의 점들 사이의 연결성을 연구하는 '그래프 이론'이라는 순수 수학 분야에 기반을 두고 있다. 그래프 이론과 연결망 분석법의 기법을 이용하여 테러리스트 연결망과 같은 사회연결망을 분석하기 위해, 수학자들은 사회연결망분석social network analysis(SNA)이라 부르는 특화된 하위 분야를 발달시켰다. SNA는 9/11이 벌어지기 전까지도 급속도로 발달 중이었는데, 그 이후 훨씬 뜨거운 주제가 되었다. 범죄나 테러와 싸우는 데 SNA를 응용할 수 있다는 것이 전문가들에게 알려진 것은 몇 년 됐지만, 일반 대중들은 알카에다의 9/11 계획이 알려진 후에야 테러리스트들에 대한 조사와 감시에서 '점을 잇는 것connecting the dots'의 중요성을 알게 되었다.

9/11을 통한 사례 연구

기본 사실들은 현재 잘 알려져 있다. 2001년 9월 11일 아침 알카에다 테러리스트들이 4대의 민간 항공기를 공중납치하여 무기로 삼았다. 두 대는 뉴욕 세계무역센터 건물에, 한 대는 워싱턴 DC 국방부의 서쪽 동에 충돌했으며, 백악관으로 향하던 것으로 보이는 나머지 한 대는 용감한 승객들에 의해 항로가 돌려졌으나 펜실베이니아 주 피츠버그로부터 120킬로미터 떨어진 들판에 추락하면서 테러리스트들과 함께 산화하고 말았다.

당일 비행기에 탑승했던 19명의 테러리스트는 2003년에 체포된 파키스탄 출신의 칼리드 셰이크 모하메드가 지휘한 계획을 수행했다. 나중에 9/11 위원회로 알려진 패널들이 수행한 공식 조사보고서에는 공격받기 이전에 미국 첩보기관들이 가지고 있던 정보와 경고가 요약돼 있다. 국토안보국은 이후로는 '점을 잇기' 위한 분석에 필요한 정보를 모든 첩보기관이 공유하여 미래의 테러리스트들의 공격 계획을 차단하겠다고 다짐했다.

이런 노력에 수학자들은 무슨 기여를 한 걸까? 그리고 어떤 종류의 방법으로 테러리스트의 연결망을 분석하는 걸까?

'테러와의 전쟁'이라 알려진 것에서 첩보기관들이 이용하는 수학적 방법의 범위와 능력을 정당히 평가하기는 어렵다. 이용되는 기법들을 모두 설명하는 것은 어려울 뿐 아니라 사실 불법이기도 하다. 이런 문제에서 수학자들이 수행한 최선의 연구는 극비사항이다.

예를 들어 미국 국가안보국NSA은 세상에서 연구자 수준의 수학자를 피고용인으로 가장 많이 둔 것으로 알려져 있으며, 통신연구센터Centers for Communications Research(CCR) 같은 부속

기관은 세상에서 가장 능력 있고 창조적인 수학 문제 해결사들을 채용한다. 이들 수학자들은 암호학, 언어 및 신호 처리, 테러 방지 등에서의 실제 세상 문제를 풀기 위해 고도로 특화된 방법을 개발하고 이용한다. NSA와 유사 기관들은 자신들만의 광범위한 연결망인 (이 책의 저자들을 포함한) 대학 수학자들의 연결망을 보유하고 있는데, 이들과 시시때때로 협력하며 새로운 방법을 개발하고 어려운 문제를 해결한다. (《넘버스》의 초기 에피소드에서[1] FBI 요원 돈 엡스는 동생 찰리가 NSA에 자문을 해왔으며 자기보다 보안 허가 등급이 더 높다는 것을 알고 놀라기도 한다.)

  수학이 이용되는 방법을 짐작케 해줄 가장 좋은(또한 저자들에게 가장 안전한) 방법은 아마도, 첩보망은 제외하고 공개적으로 알려진 정보를 이용하여 전문가들이 연구했던 것을 들여다보는 방법일 듯하다. 9/11 테러리스트들에 대해 공개된 분석 중에 온라인 학술지 《퍼스트 먼데이 First Monday》에 2002년 4월에 게재된 것이 가장 흥미롭다. 논문 〈테러리스트 연결망 벗기기 Uncloaking Terrorist Networks〉를 쓴 발디스 크렙스 Valdis E. Krebs는 IBM, 보잉, 프라이스 워터하우스 쿠퍼스와 같은 고객들에게 정보가 흐르는 방식이나 복잡한 사회체계에서 관계가 작동

---

[1] 세 번째 에피소드 '벡터'에서 밝혀진다. 4시즌 이후 이 보안 허가와 관련된 에피소드가 몇 개 있다. (옮긴이 주)

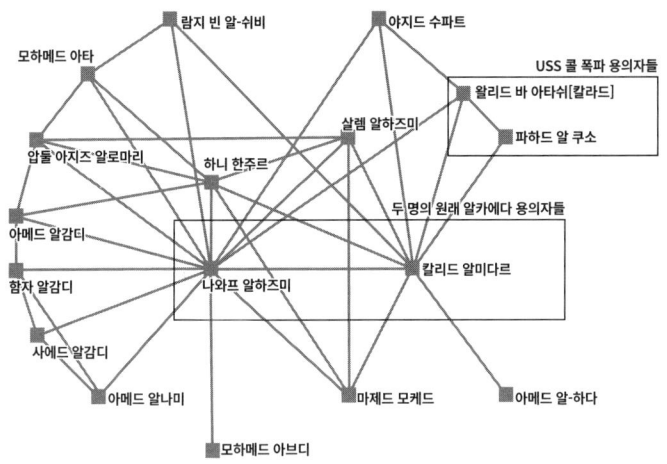

그림 9 9월 11일 공격 배후의 알카에다 집단의 그래프

하는 방식을 사회연결망분석을 적용하여 이해하는 걸 돕는 데 광범위한 경험을 가졌으며, 수학적으로 훈련을 받은 경영 컨설턴트다. 크렙스는 표준 SNA 계산법을 이용하여 (공개된 문서가 보여주는) 9/11 테러에 가담한 알카에다 연결망의 구조를 분석했다. 〈그림 9〉는 크렙스 및 이후 분석가들이 그의 웹사이트 orgnet.com에 게시한 핵심 인물들 사이의 관계를 그래프로 보여주고 있다. 연결선은 2000년 1월에 시작된 초창기 수사에서 용의선상에 올랐던 테러리스트들 사이의 직접적인 연관성을 나타내고 있는데, 당시 CIA는 네모 상자로 두른 두 명의 알카에다 공작원 나와프 알하즈미와 칼리드 알미다르가 말레이시아

의 알려진 테러리스트와 만난 후, 1999년부터 거주해왔던 로스앤젤레스로 돌아온 걸 알고 있었다. 다른 네모 상자에 들어 있는 파하드 알 쿠소와 알미다르와의 연결관계는 둘 다 말레이시아 회합에 참석했을 때 이루어졌다. 알 쿠소와 왈리드 바 아타쉬는 조금 뒤인 2000년 예멘의 아덴 항에 정박 중이던 구축함 USS 콜Cole 호의 폭탄 테러 사건으로 17명의 해군을 사망케 한 공격의 용의자 명단에 들어 있었다. 9/11 테러리스트 19명 중 11명이 〈그림 9〉에 나타낸 연결망에 포함돼 있는데, 이들 모두가 원래의 용의자인 알미다르나 알하즈미와 직접적으로 연결돼 있거나, 하나 건너 간접적으로 연결돼 있다.

물론 이 연결망은 9/11 공격과 뒤따른 조사 '이후' 그려진 그래프다. 수사관들과 수학자들에게 어려운 것은 수백 명이나 수천 명이 들어 있는 훨씬 더 큰 그림에서 정보를 '미리' 추출하는 것이다. 이렇게 큰 연결망에서는 잘못된 단서로 이끌리기 쉽다. 또한 이런 연결망에는 빠진 자료라는 상당히 난감한 현상을 겪기 쉽다. 예를 들어 존재가 알려져 있지 않거나, 존재는 알더라도 그래프 속에서 다른 이들과의 연관관계가 알려져 있지 않기 때문에 그래프에서 누락된 중요한 관련자들이 있을 수 있다.

거대한 연결망 속에서 지도자, 조력자, 연락 '매개자' 등등의 핵심 역할을 하는 개인들을 식별하는 것이 특히 중요한 난관이다. 그런 개인을 식별하는 데 그래프 이론과 사회연결망분석이라는 수학적 도구를 적용할 수 있다. 예를 들어 크렙스는 2002년 논문에서 더 큰 연결망 그래프를 분석하면서, 그 연결망 내에서 가장 중요한 사람이 누구인지 집어내기 위해 세 가지 표준 '점수'를 고안하여 계산했다. 이들 점수가 높았던 다섯 명은 다음과 같았다.

차수 점수	매개 점수	근접성 점수
모하메드 아타	모하메드 아타	모하메드 아타
마르완 알-셰히	에시드 사미 벤 케마이스	마르완 알-셰히
하니 한주르	자카리아스 무사우이	하니 한주르
에시드 사미 벤 케마이스	나와프 알하즈미	나와프 알하즈미
나와프 알하즈미	하니 한주르	람지 빈 알-쉬비

세 가지 점수를 계산한 목록 모두에서 모하메드 아타가 최상단에 있는데, 9/11 계획에서 그가 주모자 역할을 했음은 공격 직후 배포된 악명 높은 비디오테이프에서 오사마 빈라덴이 인정한 바 있다. 원래 용의자 중 한 명인 알하즈미와 한주르, 알-셰히는 9/11 당일 비행기에 탑승 중이었고 사망했다. 그 외의 사람들은 비행기에 탑승하지는 않았으나 핵심 역할을 했다. 나중에 무사우이는 '20번째 공중납치범'[2]으로 유죄 판결을 받

앉으며, 독일에서 아타의 룸메이트였던 빈 알-쉬비[3]는 미국으로 입국할 수 없었고, 알카에다의 유럽 병참망의 수장이었던 벤 케마이스는 나중에 다른 계획의 공모 혐의로 기소되어 밀라노에서 유죄 판결을 받았다.

위에 보여준 그래프보다 훨씬 거대한 연결망 그래프로부터 사회연결망분석 표준 계산을 통해 이들 핵심 인물들을 뽑아낸 것은 이러한 계산이 유용함을 보여주는데, 현재도 분석가들이 테러리스트 연결망을 감시하는 데 도움을 주려고 설치한 컴퓨터 시스템은 날마다 수천 번씩 계산을 수행하고 있다.

그래프 이론과 세 가지 중요성 척도

연결망 그래프에서 핵심 인물을 뽑아내기 위해 사용되는 계산을 이해하기 위해서는 몇 가지 기본적인 아이디어를 조합해야

---

2 당시 세 대의 비행기에는 테러리스트가 다섯 명씩 타고 있었는데 한 대에는 네 명이 타고 있었다. 따라서 20번째 납치범이 있었을 것으로 추측되며, 미국 입국이 계속 거절되었던 빈 알-쉬비가 유력한 것으로 판단하고 있다. 이에 무사우이가 대체자로 가담할 계획이었는데, 무슨 이유에선지 탑승이 불발됐지만 사건에 깊숙이 개입했다고 한다. (옮긴이 주)
3 정확히 사건 발생 2년 뒤 파키스탄에서 체포된 후 현재 관타나모에서 수감 중이다. (옮긴이 주)

한다. 먼저 현재의 논의에서 사용하는 그래프라는 수학적 개념은 수평축과 수직축을 가지는 '곡선의 그래프'와 같은 익숙한 개념의 그래프와는 다름에 유의하라. 그래프는 노드node라 부르는 점들—예를 들어 사람들—의 집합으로, 어떤 노드들끼리는 변edge으로 연결하고 어떤 노드들끼리는 연결하지 않은 것을 지칭한다. 동일한 두 개의 노드 사이에는 변을 두 개 이상 허용하지 않는 그래프, 즉 단순 그래프를 써서 '같이 일한다'든지 '유대관계가 있다'든지 '대화한 적이 있는 것으로 알려졌다'처럼 관계가 있음을 나타낸다. 두 노드 사이를 연결하는 변이 없으면, 관계가 존재하지 않거나 관계가 알려지지 않았음을 뜻한다.

그래프를 도시하면 도움이 되지만, 동일한 그래프라도 노드의 위치는 전적으로 편리한 대로(혹은 보기에 좋게) 선택할 수 있으므로, 도시하는 방법은 여러 가지다. 수학적으로 그래프는 그림이 아니라, 추상적인 노드들(꼭짓점이라 부르기도 한다)의 집합으로, 일부 노드의 쌍을 변으로 연결한 것이다.

그래프 이론의 기본 개념 중 사회연결망분석에서 중요한 것으로 밝혀진 것은 노드의 차수degree, 즉 변으로 직접 연결된 노드의 개수다. 인간의 연결망을 나타내는 그래프에서 차수가 높은 노드는 '마당발'인 사람을 나타내며, 대개 지도자들이다.[4]

하지만 직접적인 연결만이 중요한 것은 아니다. 두 노드 사이의 '거리' 역시 중요한 개념이다. 두 노드 사이를 연결하는 경로

path가 있으면, 즉 한 노드에서 시작하여 변으로 연결된 인접한 노드들을 거쳐 다른 노드로 끝나는 노드의 열이 있으면 (간접적으로) 연결돼 있다고 간주한다. 다른 말로 하면 인접한 노드를 '디딤돌' 삼아 변을 따라 여행하는 행로를 두 노드 사이의 경로라 부른다. 이런 경로의 길이length는 경로에 포함된 변의 수를 가리키며, 두 노드 A와 B 사이의 가장 짧은 길이를 노드 사이의 거리distance라 부르며 d(A, B)로 나타낸다. 길이가 가장 짧은 경로를 측지 경로geodesic path라 부른다. 특히 모든 변은 길이가 1인 측지 경로다.

노드들 사이의 거리 개념으로부터 핵심 노드를 식별하는 다른 방법을 얻을 수 있다. 즉 각 노드의 잠재적 중요성을 반영하는 '점수'를 주는 데 이용할 수 있는 또 하나의 중요성centrality 척도가 거리 개념으로부터 나온다. '매개' 개념은 각 노드마다 다른 노드들의 쌍 사이의 측지 경로를 따르는 디딤돌로서의 역할을 반영하는 점수를 준다. A로부터 B까지 C를 거치는(두 개 이상일 수도 있다) 측지 경로가 있으면 C는 잠재적 중요성을 얻는다. 더 구체적으로 말해 A와 B를 매개하는 C의 '매개 점수

---

4 원문에는 "여기서 '차수'는 이 장 후반부에 논의하는 '분리의 여섯 단계'라는 문구의 단계degree와는 다르다는 데 주목하라."가 들어 있지만, 우리말로는 구분이 되므로 생략했다. (옮긴이 주)

betweenness score'는

A로부터 C를 거쳐 B로 가는 측지 경로의 수

를

A로부터 B까지 가는 측지 경로의 수

로 나눈 것으로 정의한다. C의 전체 매개 점수는 가능한 A와 B에 대해 이들을 계산한 결과를 모두 더하여 계산한다. 여기에 차수는 낮지만 매개 점수는 높은 그래프의 예를 하나 들면 다음과 같다.

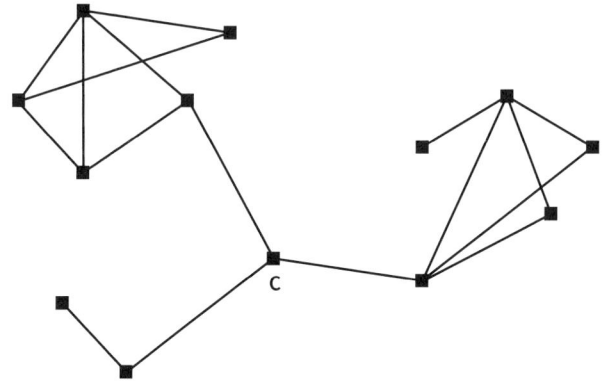

이런 노드들 혹은 인간 연결망에서 이들 노드가 나타내는 사람들은, 이들이 없었다면 거의 연결되지 않았거나 아예 연결되지 않았을 노드들의 집합을 매개해 연결해주는 중요한 역할을 한다.

크렙스가 사용한 '중요성 측도'로 앞의 표에서 세 번째로 나온 것이 '근접성closeness' 점수다. 간단히 말하자면 이 점수는 각 노드가 그래프 내에서 다른 것들과 얼마나 가까운지를 알려준다. 노드 C에 대해 그래프 내의 다른 노드들과의 거리 $d(C, A)$, $d(C, B)$…… 등을 계산한다. 그런 뒤 이들 거리의 역수를 더한다. 즉 다음과 같은 합을 계산한다.

$$1/d(C, A) + 1/d(C, B) + \cdots\cdots$$

C와 다른 노드 사이의 거리가 가까울수록 이들 역수가 더 클 것이다. 예를 들어 C로부터 거리가 1인 노드가 10개라면(따라서 C의 차수는 10이다), 근접성 점수는 10개의 1로 시작한다. 예를 들어 거리가 2인 노드가 60개라면 1/2을 60번 더하고, 거리가 3인 노드가 240개라면 1/3을 240번 더하는 등의 계산을 하면 다음을 얻는다.

$$10\times1+60\times1/2+240\times1/3+\cdots=10+30+80+\cdots$$

바로 인접한 노드만 계산하는 차수와는 달리, 근접성 점수는 거리가 2인 노드가 많으면 점수를 더 얻으며, 거리가 3일 때도 조금씩 더 얻는 식이다. 분석가들은 근접성 척도가 이 연결망을 통해 어떤 노드로부터 다른 노드까지 정보가 얼마나 빠르게 전파되는지 재는 좋은 척도라고 여긴다.

무작위 그래프: 거대 연결망을 이해하는 유용한 도구

예를 들어 NSA가 중동 지역과 같은 곳에서의 전화 통화나 컴퓨터 메시지를 포함한 통신을 감청하여 만들어낸 거대한 그래프에 포함된 세부정보의 양은 너무 많기 때문에, 수학자들이 이들의 '규모를 줄인 모델', 즉 특징을 이해하고 연구할 수 있을 정도로 충분히 작으면서도 실제 그래프를 분석하는 데 찾아야 할 것이 무엇인지 단서를 제공하는 모델을 찾고 싶어하는 것은 당연하다. 그래프와 연결망에 대한 최근의 연구에서 무작위 그래프random graph라 부르는 것에 대한 관심이 폭증했다. 이들 그래프는 거대 그래프 및 연결망의 구조적 특징을 이해하게 해줄 뿐 아니라, 불완전한 자료로 만들어진 그래프에서 얼마나 많은 정보가 빠졌는지 추정할 수 있게 해준다. 연결망 내의 사람들 사이의 통신이나 관계에 대한 완전한 자료를 얻는 것은—특히 비밀 연결망일 때—사실상 불가능하기 때문에, 이런 종류의 추정은 상당히 중요하다.

1950년대 후반 두 명의 헝가리 수학자 팔 에르되시Paul Erdös 와 알프레드 레니Alfred Renyi의 연구로부터 무작위 그래프의 연구에 대한 관심이 불붙었다. 이들은 비교적 간단한 무작위 그래프 모형을 연구했다. 가장 중요한 연구 중의 하나는 다음과 같은 것이다.

노드의 숫자 n을 선택하자. 모든 노드의 쌍(n×(n-1)/2 쌍이 있다)을 생각하고, 이들을 변으로 연결하느냐 마느냐 하는 것을 무작위 실험으로 결정하자. 다시 말해 앞면이 나올 확률이 p인 동전을 던진 뒤, 앞면이 나오면 변으로 이어준다.

따라서 모든 변은 무작위로 발생하며, 이들 변이 발생하느냐의 여부는 다른 변이 있느냐의 여부에는 전혀 영향을 받지 않는다. 이렇게 무작위로 만든 그래프에 대해 얘깃거리가 별로 없을 거라고 생각하겠지만, 오히려 반대로 드러났다. 무작위 그래프의 연구는 수학자들이 그래프 성분component이라 부르는 중요한 구조적 개념을 이해하는 데 특히 유용한 것으로 입증됐다. 만일 그래프 내의 모든 노드로부터 다른 노드에 이르는 경로가 있으면, 이 그래프는 연결되어 있다고 말한다. 그렇지 않은 그래프는 둘 이상의 성분으로—각 성분 자체는 연결돼 있으며 서로 다른 성분 사이에는 노드로 연결돼 있지 않다—분리된다. (수학자들은 '여기서부터 저기까지는 못 간다'는 현상을 이런 식으로 묘사한다.)

에르되시와 레니는 무작위 그래프에서 성분의 개수 및 크기를 결정하는 데 $1/n$에 가까운 p값들이 중요하다는 것을 보였다. (임의의 노드가 변으로 연결되는 노드의 개수는 평균적으로 $(n-1) \times p$임에 주목하라. 따라서 p가 $1/n$에 가까우면 각 노드의 평균 차수는 대략 1이다.) 구체적으로 에르되시와 레니는 변의 개수가 노드의 개수에 비해 일정 비율보다 적으면 이 그래프는 드문드문 이어져 있어 성분의 개수가 매우 많아지는 반면, 변의 개수가 노드의 개수에 비해 일정 비율보다 크면 이 그래프는 상당한 비율의 노드를 포함하는 거대 성분 하나를 포함하며 두 번째로 큰 성분은 대개 그보다 훨씬 적은 개수의 노드를 포함하기 마련이라는 것을 보였다. 이들 결과를 다듬는 것은 여전히 흥미로운 수학 연구 주제다.

무작위 그래프에 대한 연구는 1990년대 후반과 2000년대 초반 순수 수학자들과 사회연결망분석가 모두로부터 폭발적인 관심을 받았는데, 대체로 이들 그래프가 실제 세계의 연결망에서 보이는 종류의 그래프들에 대한 현실적이면서도 유연한 확률 모형이라는 것을 깨달았기 때문이었다.

실제 세계의 연결망은 꾸준히 발달하며 변하기 때문에, 무작위 그래프에 대한 수학적 연구의 초점은 그래프의 성장을 서술하는 모델에 맞춰졌다. 1999년에 쓴 대단히 영향력 있는 논문에서 앨버트 바라바시Albert Barabasi와 레카 앨버트Reka Albert는 선호적 연결preferential attachment 모델을 제시했는데, 이 모델에서는 고정된 개수의 변을 가지는 새로운 노드가 그래프에 더해지면서 기존 노드의 차수에 비례하는 확률로 무작위로 연결된다. 이 모델은 대단히 중요한 그래프, 즉 노드가 웹사이트이고 웹사이트들을 연결하는 하이퍼링크가 변인 그래프를 서술하는 데 놀라운 성과를 거두었다. 또한 서로 다른 차수의 노드의 빈도가 '거듭제곱 법칙 분포power law distribution', 즉 차수가 n인 노드의 비율이 대략 $1/n^3$이라는 법칙을 따르는 그래프를 만들어내는 기작을 주는 데도 성공했다. 훗날의 연구에서는 n^3 대신 $n^{2.4}$라든지 $n^{2.7}$과 같은 임의의 거듭제곱을 가지며 '성장'하는 무작위 그래프들을 만드는 방법도 나왔다. 이러한 방법들은 실제 세계 연결망을 이해하는 데 유용하다.

여섯 단계의 분리: '작은 세계' 현상

수학 연구의 여러 방향 중에서 최근 '작은 세계 모형small world

model'이라는 것이 연결망 분석가들의 이목을 끌었다. 1998년 덩컨 와츠Duncan Watts와 스티븐 스트로가츠Steven Strogatz가 쓴 논문이 촉매가 되었는데, 거대한 연결망 속에 몇 개의 무작위적 장거리 연결을 도입하면 이 연결망의 지름, 다시 말해 연결망 속의 노드들 사이의 최대 거리가 극적으로 축소되는 경향이 있다는 것을 보인 것이다. 보통 실제 세계의 연결망에도 이런 '과도적 지름길transitory shortcut'이 존재한다. 사실 9/11 테러리스트들의 연결망에 대한 크렙스의 분석에서도, 알카에다가 공격을 준비하면서 업무를 조율하고 진척을 보고하기 위해 연결망의 여러 분파들의 대표자들이 신중하게 때를 맞춰 가졌던 회합에 대해 서술하고 있다.

이러한 현상에 대해 1967년에 사회심리학자 스탠리 밀그램Stanley Milgram이 출판한 연구가 가장 유명하다. 이 연구는 미국 시민 두 명을 무작위로 고르면 평균적으로 길이가 6인 지인들의 사슬로 연결돼 있음을 시사한다. 밀그램은 이러한 주장의 근거가 된 실험에서 네브래스카 주 오마하에서 60명의 사람을 모집한 뒤, 매사추세츠 주에 사는 특정 주식중개인에게 '친구의 친구의 친구'일 것 같은 사람들을 통해 (인편으로!) 편지를 전달하게 했다. 사실 50번의 시도 중 오직 세 번만이 목적지에 도착했지만, 이 실험은 그 참신함과 호소력 및 바탕에 깔린 개념 덕에 불후의 명성을 얻었다.

와츠와 스트로가츠는 상당한 연구를 통해 더 정확하고 유용한 연구 결과를 냈지만, '여섯 단계'라는 아이디어는 굳건한 토대를 얻게 되어 신화적인 사실처럼 이 주제에 대한 대중들의 인식을 지배하고 있다. '여섯 단계의 분리'라는 용어는 존 구아르John Guare가 쓴 1990년의 희곡 제목에서 유래한 것이다. 이 연극에서 여자 주인공은 딸에게 이렇게 말한다. "이 지구에 사는 모든 이들은 다른 사람과 겨우 여섯 단계로 분리돼 있어. (중략) 나도, 너도, 이 지구상의 모든 사람이 여섯 명의 흔적에 매여 있지. 심오한 생각이야." 사실은 아니지만, 흥미로운 아이디어이긴 하다.

연결망의 지름, 즉 노드들 사이의 가장 긴 경로의 길이 혹은 경로의 길이의 평균이, 연결망의 규모에만 근거한 예상보다 작다는 것은 사실인 것 같다. 꽤 동떨어진 분야에서 자주 거론되며 흥미로운 두 가지 사례가 있다. 영화 산업에서 '케빈 베이컨Kevin Bacon 게임'은 영화배우들 사이의 연결과 관련돼 있다. 배우들이 그래프의 노드이며, 두 배우가 적어도 한 작품에 같이 출연하면 변으로 연결돼 있다고 본다. 배우 케빈 베이컨이 수많은 배우들과 영화에 출연한 것 같아 보였기 때문에, 두 배우에 대해 각각 케빈 베이컨과의 측지 거리로 정의하는 '베이컨 수'가 작으면 이 그래프에서 그다지 멀리 떨어져 있지 않다는 것을 보일 수 있다는 아이디어가 출현했다. 따라서 케빈과 함께 영화에 출연하면 베이컨 수가 1이고, 그와 같이 출연하지는 않았지만 베이컨 수가 1인 사람과 같이 출연했으면 베이컨 수가 2라는 식이다. 최근의 연구에 따르면 베이컨 수의 분포는 다음과 같다.[5]

0	1	2	3	4	5	6	7	8
1	1,673	130,851	349,031	84,615	6,718	788	107	11

이 연구에서 모든 배우와 케빈 베이컨 사이의 평균 거리는 2.94였다. 따라서 두 배우 사이의 거리를 (케빈 베이컨으로부터의 거리를 더하여 계산하는) 최대한 보수적으로 추정해도 2.94의 두 배 정도인 6이다! 물론 두 배우 사이의 최단 경로에 케빈 베이컨이 없을 수도 있으므로 보수적인 추정이지만, '같은 영화에 출연한 배우'라는 그래프에 대해 '여섯 단계 분리'를 만족하기에는 약간 모자라는 것은 사실이다. 이미 케빈 베이컨과의 거리가 6보다 큰 배우들이 있기 때문이다.[6] (물론 배우들은 같이 출연하

---

[5] 지금은 이 분포가 엄청나게 달라져 있으며, 앞으로도 많이 달라질 것이다. 최근의 결과는 웹사이트 https://oracleofbacon.org (베이컨의 신탁)에서 확인할 수 있다. (옮긴이 주)
[6] 2022년 말 현재 베이컨 수의 최댓값은 9이다. (옮긴이 주)

지 않은 배우들과도 알고 지내지만 말이다.)

수학자들에게는 다른 영웅이 있는데, 앞서 만났던 팔 에르되시다. 에르되시는 20세기 가장 생산적이었던 수학자 중 한 명으로, 1500편 이상의 논문을 썼으며 500명이 넘는 공저자가 있다. 2000년, 학술지에 게재된 6년간의 수학 논문으로부터 나온 자료를 이용하여 제럴드 그로스만Jerrold Grossman은 33만 7454명의 저자들을 노드로 가지며, 적어도 공동논문을 한 편 이상 쓴 저자들을 연결하는 49만 6489개의 변으로 이루어진 '수학 협업 그래프'를 만들었다. 평균 차수는 3.92였으며 실제로도 20만 8200개의 꼭짓점을 포함하는 '거대 성분'이 있었으며, 나머지 4만 5139개의 꼭짓점은 1만 6883개의 성분으로 나뉘어 있었다. 수학자의 '에르되시 수'는 그 수학자로부터 에르되시까지의 최단 거리다. 에르되시 자신은 정의상 0이며, 그와 같이 논문을 쓴 500명 이상의 수학자는 1이며, 에르되시의 공저자와 적어도 한 편 이상 논문을 같이 쓴 사람은 2이며, 이런 식으로 계속된다. (이 책의 저자 모두 에르되시 수가 2다.[7] 데블린은 사실 에르되시와 논문을 같이 쓰기는 했지만, 출판되지 않았으므로 셈에서 뺐다.) 그로스만의 연구가 나올 무렵 논문을 출간한 수학자 전체에 대한 에르되시 수의 평균은 4.7이었다. 알려진 가장 큰 에르되시 수는 15다.[8]

---

7 옮긴이의 에르되시 수는 현재 4다. (옮긴이 주)

점 잇기의 성공 사례

불완전한 정보로부터 만들어진 그래프에서 빠진 변을 추측하는 것이 사회연결망분석의 목표 중 하나다. 예를 들어 '삼인조 문제'는 '삼각형을 이루는' 현상과 관련돼 있다. 연결망 내의 세 노드 A, B, C에 대해 A와 B 사이, A와 C 사이에 모종의 관계가 있으면 B와 C 사이에도 동일한 관계—'아는 사이'라거나 '대화하는 사이'라거나 '같이 일하는 사이'—가 있을 가능성이 있다는 것이다. 이러한 가능성은 확률을 써서 가장 잘 표현할 수 있는데, 수학자들은 가용한 정보로부터 이들 확률을 추정하는 방법을 알아내려고 노력한다. 특정한 종류의 연결망과 관계에서, A와 B 사이의 연결과 A와 C 사이의 연결에 대한 자세한 정보들을 이용하여 B와 C 사이가 연결될 확률을 분별력 있게 짐작할 수 있다. 분석가는 연결망에 대한 다른 출처의 정보들과 이들 추측을 결합하여, 앞으로 가장 주목해서 감시해야 할 핵심 노드를 골라내는 능력을 향상시킬 수 있다.

---

8 이들 결과는 현재 많이 바뀌어 있다. 최신 결과는 https://oakland.edu/enp/compute/에서 찾을 수 있다. 예를 들어 2020년 조사 때 가장 큰 에르되시 수는 13이었다. 물론 여기서 가장 크다는 것은 유한인 사람 중에서 가장 크다는 뜻이다. 단독 논문만 쓴다거나, 소규모 집단 내에서 공동논문만 쓰는 등 성분이 다른 경우 에르되시 수는 '무한대'로 취급한다. (옮긴이 주)

2006년 6월 7일, 이라크 소재 알카에다의 지도자이며 전쟁 지대에서 최우선 지명수배 중이던 아부 무사브 알자르카위는 이라크 바쿠바 근처의 외딴 은신처에서의 회합 도중 미국 F-16 전투기가 떨어트린 폭탄에 의해 사망했다. 이라크에서 일하던 미국 시민을 납치하고 참수 장면을 TV로 방영하는 등 잔혹한 테러 활동을 주도했던 알자르카위의 위치를 찾아내어 사망케 하자는 것이 수년 동안 미국, 이라크, 요르단 정부의 최우선 과제였다.[9] 따라서 그를 추적하기 위해 상당한 노력과 인력이 투입되었다.

비록 사용된 방법의 세부사항은 엄중히 보호되는 기밀이지만, 알자르카위의 관련자들로 구성된 거대 연결망의 활동과 통신을 가능한 한 최대로 오랫동안 감시했던 것으로 알려져 있다. 이들 관련자 중 한 명으로 알자르카위를 '영적 조언자'로 묘사했던 셰이크 압둘 라만의 위치가 포착됐고, 결국 핵심 연결고리가 이어졌다. 미군 대변인이었던 윌리엄 캘드웰 소장은 이렇게 말했다.

> 뼈를 깎는 첩보 노력을 통해 우리는 그[압둘 라만]를 추적하고 움직임을 감시하여 그가 알자르카위와 접선하는 시각을 알아낼 수

---

[9] 한국인 김선일 씨를 납치하여 참수하기도 했다. (옮긴이 주)

있었다. (중략) 진실로 정밀한 첩보를 이용하여, 정보를 수집하고, 인적 자원과 전자 장비를 사용하여 매우 길고 고통스럽게 수주에 걸친 오랜 기간 동안 통신정보 분석을 해왔다.

미국 첩보 분석가들이 만든 연결망 그래프가 어떤 모습일지는 짐작밖에 할 수 없지만, 가장 중요한 목표물로부터 거리가 1인 노드를 식별하고 좁혀 들어가는 것이 핵심 단계였음은 분명하다.

11   게임이론과 위험분석

죄수의 딜레마

2005년 4월 22일 방송된 '더러운 폭탄Dirty Bomb'이라는 〈넘버스〉 첫 번째 시즌의 에피소드에서는 방사능 물질을 보통의 폭약으로 감싼 뒤 폭발시켜 치명적인 방사능 물질을 넓은 지역에 퍼뜨리는 '더러운 폭탄'이라는 대단히 현실적이며 무서운 테러 시나리오에 대한 위협을 부각시키고 있다. 이 에피소드에서 미국 내 테러리스트들은 방사성 동위원소인 세슘 137이 담긴 용기를 운반하는 트럭을 가로챈다. FBI의 조사에서 돌파구가 열리면서 범인들의 은신처를 급습하여 세 명을 붙잡게 된다. 불행히도 최소한 한 명의 공모자가 트럭과 방사능 물질을 가진 채

달아났는데, 붙잡힌 사내들은 자신들을 석방하지 않으면 로스앤젤레스 근처에서 폭탄을 조립해 폭발시킬 거라고 뻔뻔하게 협박한다.

돈과 FBI 동료들은 세 명의 용의자를 분리한 뒤 각각에게 형량 교섭의 대가로 트럭의 위치를 알려주게끔 구슬리는 통상적인 취조 방법을 이용한다. 하지만 이들 셋의 생각은 다르다. 먼저 석방시켜줘야 트럭의 위치를 알려주겠다는 것이다. 돈은 이러한 대치 상태를 해결하기 위해 찰리의 도움을 구한다.

찰리는 고전적인 수학 문제로 게임이론이라 부르는 수학 분야로부터 나온 '죄수의 딜레마'를 이용할 방법을 알아낸다. 찰리는 두 명의 죄수가 관련된 표준적인 형태로 이 문제를 설명한다.

예를 들어 두 명이 죄를 저질렀어. 아무도 자백하지 않으면, 각자 1년씩 복역하게 돼. 한 명만 자백하면 그는 석방되고 남은 한 명은 5년을 복역하게 되지. 둘 다 자백하면 2년씩 복역하게 된다고 쳐.

이런 시나리오의 이론적 해석은 이렇다. 만일 한 명만 자백하면 남은 한 명에 대한 재판에서 증언하겠다는 약속의 대가로 석방시켜주며, 재판에서 유죄 판결을 받은 이는 5년형을 선고받는다. 둘 다 자백하지 않으면 성공적으로 기소하는 것은 힘들기 때문에 피고인 측 변호인은 1년형으로 형량 교섭을 할 수 있다. 만일 두 명 모두 자백하면, 협조의 대가로 재판을 피할 수 있고 5년형 대신 2년형을 받게 되는 것이다.[1]

이런 시나리오는 중대한 딜레마를 제기한다. 두 죄수에게 최악의 결과는 자백하는 것이며, 둘 다 자백하면 2년형을 받는다. 따라서 둘이 입을 다물고 1년을 복역하는 것이 합리적으로 보인다. 만일 당신이 죄수였으며 입을 다물고 1년을 복역하는 것이 합리적이라고 추론했다가, 마지막 순간에 심경의 변화를 일으켜 상대방을 배신하고 석방되는 것은 어떨까? 똑똑한 처신이 아닌가? 사실 그러지 않는다는 게 바보처럼 보인다. 문제는 상대방 역시 그런 식으로 생각하게 될 것이며, 그 결과 둘은 2년을 복역하게 된다. 이를 헤쳐 나가려 할수록 점점 순환에 빠져드는 것을 알 수 있다. 결국 당신은 포기하고, 최악의 결과에 이르게 된다는 것을 뻔히 아는 바로 그 행동을 하는 것밖에 대안이 없다는 것에 굴복하게 된다.

정말로 가망 없는 딜레마라는 것을 여전히 확신하지 못한다면, 계속 읽어보라. 찰리와 마찬가지로 우리는 이 문제를 수학적으로 들여다보며 구체적인 답을 유도하려고 한다.

---

[1] 실제 1년형이냐, 2년형이냐, 5년형이냐 하는 숫자 자체는 중요하지 않은 것으로 밝혀진다. 다만 이들 사이의 대소 관계만이 중요하다. 하지만 우리는 이 숫자를 고수하기로 한다.

수학자들이 게임을 정의하는 방법

게임이론이 수학 과목이 된 것은 1944년 존 폰 노이만John von Neuman과 오스카 모르겐슈테른Oskar Morgenstern이 《게임이론과 경제행위The Theory of Games and Economic Behavior》라는 저서를 출간하면서부터다. 찰리가 설명하는 게임은 다음과 같은 보상행렬payoff matrix을 써서 정의할 수 있다.

		2번 죄수의 전략	
		신뢰	자백
1번 죄수의 전략	신뢰	둘 다 1년	1번 죄수 5년형
	자백	2번 죄수 5년형	둘 다 2년

죄수 한 명이 자백하고 다른 쪽은 자백하지 않으면, 자백한 쪽은 풀려나지만 동료를 믿었던 쪽은 5년형을 살게 된다는 것에 주목하라.

이제 1번 죄수에 대한 최선의 전략을 알아낼 수 있나 보기로 하자. (2번 죄수에 대한 분석도 완전히 동일하다.)

어떤 전략이 '열등하다'는 것은 상대가 어떻게 하더라도 다른 전략보다 더 나쁜 결과를 주는 경우를 말한다. 어떤 전략이 열등한 전략이면, 다른 전략을 선택하는 게 더 나아 보일 것이다. 그렇지 않을까? 살펴보자.

당신이 1번 죄수라면, 신뢰하는 것보다 자백하는 것이 항상 더 낫다. 상대방이 자백하면 5년이 아니라 2년을 복역하게 되며, 상대방이 나를 신뢰한다면 1년형 대신 풀려나게 되기 때문이다. 따라서 '신뢰'하는 것이 열등한 전략이며, 상대방이 어떻게 하든 '자백'이 더 나은 선택이다. (게임이론에서는 참여자들이 둘 다 합리적이면서 이기적이며, 모든 것은 보상행렬에 담겨 있다고 가정한다. 따라서 어떤 식으로든 '동료를 팔아넘긴 대가'와 같은 것을 보상행렬에 반영하지 않는 한, 방금 논리에는 빈틈이 없다.)

하지만 잠깐. 할 얘기가 더 있다. 만일 양쪽 죄수가 최선의 전략을 쓸 경우 둘 다 2년을 복역하는 결과를 낳는데, 반면 둘 다 '열등한' 전략인 '신뢰'를 택하면 사실 결과가 더 좋다. 둘 다 겨우 1년만 복역하면 되기 때문이다. 아하! 따라서 두 참여자에게 개별적으로 최선인 것이 집단적으로는 최선이 '아니다.' 게임이론가들이 협력이라 부르는 현상이 적용된다. '만일' 두 죄수가 서로 협력하여 상대방이 말하지 않을 거라고 신뢰하면, 이들은 최선의 결과를 얻게 된다.

합리적인 이기심과, 협력을 통해 달성할 수 있는 것 사이의 충돌이라는 이 역설적인 현상은 20세기 후반 게임이론의 발달에 강력한 영향을 미쳤다. 죄수의 딜레마 자체가 미국 정부의 전략에 수학적 방법의 응용을 개척한 정부의 싱크탱크인 랜드 연구소RAND Corporation[2]의 두 명의 수학자 메릴 플러드Merrill Flood와 멜빈 드레셔Melvin Dresher가 처음 제기한 것이다. 게임이론은 냉전시대 군사전략가들에게 중요한 도구였는데, 테러와의 전쟁에서 전략을 수학적으로 분석할 때 여전히 중요하다는 것을 앞으로 보게 될 것이다.

수학자 존 내시John Nash는 프린스턴 대학에서 박사학위를 받을 때 이룩한 게임이론에서의 돌파구 덕에 노벨 경제학상을 수상했는데, 그의 뛰어난 수학과 정신질환과의 분투 때문에 아카데미상 수상작인 〈뷰티풀 마인드〉로 일대기가 영화화되기도 했다. 현재는 내시 평형이라 부르는 것과 관련된 그의 이론은 '후회 없는' 전략에 대한 것이다. 후회 없는 전략이란 개별 참여자들이 선택한 전략의 조합 중에서, 어떤 참여자도 나중에 "내가 X라는 전략을 이용했다면 더 나았을 텐데."라고 말하며 후회하지 않는 조합을 말한다. 내시는 두 명 이상이 참여하는 게임으로 각 참여자에게 가능한 전략이 유한한 경우 이러한 평형 상태, 즉 다른 참여자들이 전략을 바꾸지 않는 한 어떤 참여자도 전략을 바꾸면 더 높은 보상을 얻을 수 없다는 점에서 안정

---

2 RAND(Research and Development) 연구소는 미국의 대표적 민간 연구 단체로 규모가 상당히 크다. 군사 문제 연구에서 싱크탱크 역할을 하고 있다. (옮긴이 주)

적인 전략의 조합이 적어도 하나 있다는 것을 증명했다.

모든 참여자가 자신들의 보상을 최대화하려고만 애쓰는 이성적이며 이기적인 게임에서는, 다른 조합의 전략을 선택하는 경우 적어도 한 명의 참여자는 전략을 수정하여 더 나은 보상을 얻을 가능성이 있기 때문에, 이러한 평형만이 가능한 안정적인 결과라는 것이 내시의 아이디어였다. 게임이론가들이 '혼합전략'이라 부르는 것이 이러한 평형상태에 관련돼 있는 경우가 종종 있다. 혼합전략에서는 각 참여자들이 목록 내의 전략마다(순수전략이라 부른다) 확률을 부여할 수 있고, 이들 확률에 따라 순수전략을 무작위로 고르기로 하면, 두 가지 이상의 전략을 이용하는 것도 허용된다. 야구에서 투수와 타자 사이의 지략다툼('전략의 게임') 때처럼 예를 들어 투수는 타자가 계속 추측하게끔 만들기 위해 직구, 커브, 체인지업 등의 순수전략에 각각 60%, 33%, 7%의 확률을 부여하고 이 중에서 선택하여 던질 수 있다.

죄수의 딜레마에 대한 위의 보상행렬의 경우 내시 평형을 만들어내는 전략의 조합은 단 하나인데, 두 죄수가 '자백'을 택하는 순수전략 두 가지의 조합이 평형전략이다. 다른 죄수가 전략을 바꾸지 않은 상태에서 각 죄수가 전략에서 이탈하면, 자신의 형량만 증가하고 만다. 하지만 '둘 다' 전략을 바꾸면 모두 보상을 얻게 되며, 형량을 2년에서 1년으로 낮출 수 있다.

협력의 메커니즘

죄수의 딜레마나 유사한 역설들은 더욱 일반적인 수학적 형식화를 싹틔우고 발달시켰다. 예를 들어 두 참여자가 같은 게임을 반복하게 하여, 상대방을 신뢰하는 법을 터득해 더 나은 보상을 얻을 가능성을 열어놓았다. 이로부터 흥미로운 가능성들이 생겨났으며, 1980년 경 미시건 대학의 수리과학적 정치학자인 로버트 액슬로드Robert Axelrod가 수행한 유명한 실험이 나왔다. 그는 의도를 지닌 대화나 '거래'를 하지 않고 연달아 죄수의 딜레마 게임을 하는 컴퓨터 프로그램 경진대회를 조직하고 세계 전역의 동료들을 초대했다. 각 참여자의 프로그램은 상대방의 프로그램의 대응에만 의존하여 행동하도록 했다.

 죄수의 딜레마 토너먼트의 승자는 간단히 점수를 기록하여 가리기로 했는데, 다른 모든 프로그램을 상대로 하여 평균 보상이 가장 우월했던 프로그램은 무엇이었을까? 놀랍게도 승자는 아나톨 래퍼포트Anatol Rapoport가 짠 '맞대응Tit for Tat'이라는 프로그램이었다. 이 프로그램은 참여한 프로그램 중 가장 간단한 것이었는데 다음 규칙에 따라 행동했다. 첫 번째 게임에서는 '신뢰'를 선택한 뒤, 이후로는 상대방이 선택했던 전략을 그대로 선택하게 했다. 이 프로그램은 '자백'을 선택한 상대방에게 즉각 벌을 주기 때문에 그다지 고분고분하지도 않았으며, 상대방이 협조하는 한 협조했기 때문에 지나치게 공격적이지도 않았다. 선수들 사이에 대화조차 하지 않았음에도 맞대응 전략은 다른 컴퓨터 '선수들'을 자신의 방식대로 게임하게끔 이끌었으며, 양쪽 모두에게 최선의 결과를 냈다.

〈넘버스〉의 '더러운 폭탄' 에피소드에 묘사된 가상의 시나리오에서는 세 명의 범죄자가 '사전'에 대화를 나눈 것이 명백했으며, 체포될 경우 강하게 대처하기로 동의했음이 분명했다. 그런 태도를 보이면 FBI가 방사능 재난을 막기 위해 자신들을 석방해줄 수밖에 없다고 믿었기 때문일 것이다. 수학자들은 이처럼 통상적인 게임이론의 가정으로부터 이탈한 것들도 테러리스트들의 전략을 분석하고 예측하여 이들을 방어하는 최선의 전략을 결정하기 위한 끊임없는 노력에 이용하고 있다. 찰리가 범죄자들의 협동을 깨트리기 위해 사용했던 방법은 수학자들이 실제로 게임이론을 강화하기 위해 다른 수학적 아이디어를 적용한 방법 중 하나인데, 곧 살펴보기로 하자.

위험평가와 최선의 전략

손실을 볼 위험에 처한 개인이나 집단이 각 손실에 수치(예를 들어 손실액)를 부여하고, 각 손실에 대해 비용과 발생 확률을 고려하여 예상되는 손실이나 손실로 인한 위험을 판단하자는 것이 위험평가risk assessment(때로는 '위험분석'이나 '위험관리'라고 부른다)의 배경이 되는 아이디어다. 이들은 비용이 초래되더라도 위험을 줄이는 행동방식을 고려할 수도 있다. 행동에 들어가는 비용과 그 행동을 취한 후에도 남는 위험을 더한 전체 비용을 최소화하는 최선의 조합을 찾아내는 것이 전체적인 목표다.

보험회사들이 매년 지불해야 할 보험금을 예상하고 총 보험금이 재정 보유분을 초과할 확률을 판단하기 위해 계산한 것이 최초로 위험평가를 응용한 것 중 하나였다. 이와 마찬가지로 많은 회사와 정부기관에서는 재난 수준의 사고, 화재, 홍수, 지진과 같은 자연재해를 포함한 다양한 종류의 위험을 수학적으로 평가하고 있으며, 비용 대비 효용을 높이면서 위험을 줄이기 위해 보험을 든다든지 안전장비를 설치하는 등의 행동을 취한다.

사법기관에서도 위험평가를 이용할 수 있는데, 비록 실제 수학의 혜택을 받지 않고 있지만 피고인들, 변호인들, 검사들은 늘 위험을 평가하고 있다. 구류 중인 범인들의 '모두 입 다물기'라는 견고한 전략을 깨트려야 하는 FBI 버전의 죄수의 딜레마에 직면한 찰리는 이들의 공통 전략이 이들 세 명에게 대단히 불평등한 위험을 초래한다는 것을 깨달았다. 어느 누구도 전혀 말하려고 하지 않는다고 돈이 한탄하자 찰리는 "이들은 남들이 얼마나 잃을지 모르기 때문이야."라고 대답한다.

찰리는 돈에게 다른 접근법을 시도해보라고 설득한다. 세 명을 한 방에 데려온 뒤 이들이 투옥될 경우 개인별 (게임이론적인 의미의) 위험을 수학적으로 평가해주자는 것이다. 이들 모두가 어떤 식으로든 더러운 폭탄 계획에 가담했기 때문에 교도소에 갈 확률은 무시할 수 없을 정도이므로, 찰리는 이들 각자에게 얼마나 다른 결과가 나오는지 보여주고 싶어했다.

보통의 열정적인 칼사이 학생들과는 전혀 다른 집단과 마주하는 것이 찰리로서는 겁이 났지만 용감하게 앞으로 나아가 더듬거린다. "오늘 제가 하려는 건 여러분 개개인의 위험도를 수학적으로 평가하는 겁니다. 기본적으로 말해서 제가 아는 대로 여러분이 직면한 다양한 선택과 그에 따른 각각의 결과를 수치화하는 거죠."

자신감을 얻은 찰리는 보드에 개인별 상황을 묘사하는 수치들을 적어나가며 "각각의 나이, 전과, 밖에 있는 사랑하는 사람 등의 데이터를 기초로 점수를 매겼죠."

찰리가 칠판에 G라고 라벨을 붙인 주모자의 거센 항의에도 불구하고, 강의는 결론으로 치닫는다.

"좋습니다. 답이 나왔네요. 피치먼 씨, 당신의 위험지수는 14.9점이군요. W는 26.4점이고, G는 위험평가 값이…… 이런, 7.9로군요."

피치먼이 묻는다. "그게 뭘 뜻하는 거요?" 돈이 대답한다. "교도소에 가면 바로 이 사람…… 마크[칠판에서는 W]³가 가장 많은 걸 잃는단 소리지."

돈과 찰리는 마크가 젊은 데다 전과도 없으며, 가족과의 유대 관계도 돈독하기 때문이라고 설명하고, 이 젊은이에 대한 위험 분석의 요약으로 이어진다. "따라서 협조하지 않을 경우 당신이 가장 많은 것을 잃는다는 것을 수학적으로 보여주었어요."

당연히 뒤따르는 것은 텔레비전 역사상 최초의 '수학으로 이끌어낸 유죄 인정 교섭'이었다! 억지스러운가? 그럴지도 모른다. 하지만 찰리의 수학은 딱 맞는 것이었다.

현실 세계에서의 대 테러 위험분석

오늘날에는 데이터 마이닝, 신호 처리, 지문 및 성문 분석, 확률과 통계 등등 많은 수학적 도구가 도입되어 테러와 싸우는 문제를 감당하고 있다. 테러리스트들과 방어자들은 상대편의 행동을 고려한 전략을 짜기 때문에, 게임이론을 응용하는 것은 냉전시대 내내 매력적인 방안이었으며 오늘날에도 마찬가지다. 하지만 죄수의 딜레마나 〈넘버스〉의 가상 에피소드 '더러운 폭

---

3   방송분에서는 마크로 나왔는데, 저자들은 벤이라고 적고 있다. (옮긴이 주)

탄'에서도 보았듯이, 게임이론은 최선의 행동방식을 결정하는 수단으로 삼기에는 한계를 지닌다. 측면에서 대화하거나 참여자들 사이에 합의가 형성되는 등 실제로 참여자들이 이용할 전략이 불확실한데다―게임이론가들은 이를 '불완전 정보'라 부른다―참여자들이 현실적인 보상을 어떻게 판단하고 있는지 알기 어렵기 때문에, 게임이론가들에게는 지극히 어려운 도전이 되고 있다.

게임이론에 의한 분석을 보충하거나 심지어는 대체하기 위한 수학자들의 노력에서 핵심 요소가 위험분석이다. 데이비드 뱅크스David L. Banks와 스티븐 앤더슨Steven Anderson이 2002년에 쓴 논문 〈대테러에서 게임이론과 위험분석의 조합: 천연두 사례〉가 좋은 예다.

이들은 많은 정부 전문가들과 연구자들이 초점을 맞춰온 시나리오를 이용하여 테러리스트들의 천연두 공격 위험을 분석했다. 가능한 공격은 세 종류의 범주로 나뉘었다.

- 천연두 공격 없음
- (미국에서 9/11 이후의 악명 높은 탄저균 편지처럼) 소규모 지역에서의 단발성 테러 공격
- 두 도시 이상에 대한 조직적인 테러 공격

방어용 시나리오는 넷이었다.

- 천연두 백신 비축
- 백신 비축 및 생물무기 감시 능력 개발
- 백신 비축, 생물무기 감시 개발, 핵심 인물에 대한 예방접종
- 전 인구에 대한 사전 백신 접종('면역 저하자'는 제외)

뱅크스와 앤더슨은 세 가지 공격전략 대 네 가지 방어전략에 대한 게임이론적 보상행렬에서 12개의 칸을 채우는 문제로 보았는데, 각 칸마다 방어자에게 소요되는 비용을 기입한다. 이들 칸에 넣을 수치 값을 정하기 위해, 각 칸을 따로따로 위험분석할 것을 제안했다. 예를 들어 '천연두 공격 없음'과 '천연두 백신 비축'이라는 전략의 조합은 (2002년 6월 당시 정부의 의사결정에 의하면) 저자들이 다음처럼 표기하는 비용을 초래한다.

$$ET_{Dry} + ET_{Avent} + ET_{Acamb} + VIG + PHIS$$

여기에서 각 항목이 가리키는 것은 다음과 같다.

ET_{Dry}, ET_{Avent} = 드라이백스Dryvax와 아벤티스Aventis 백신에 대한 효능 및 안전검사 비용

ET_{Acamb} = 아캄비스Acambis로부터 새로운 백신 생산과 검사에 드는 비용

VIG = 악성반응 검사를 위한 백신 면역 글로불린Vaccinia Immune Globulin의 적정 용량에 필요한 비용

$PHIS$ = 재고를 관리하기 위한 공중보건 인프라Public Health Infra-Structure 구축 비용

저자들의 분석 당시 아캄비스 비용은 5억 1200만 달러로 고정된 정부 계약이 있었지만, 드라이백스와 아벤티스 백신의 검사 비용은 임상시험 및 후속 시험 결과와 관련돼 있었다. 더구나 VIG의 적정 용량을 생산하고 검사하는 비용과, PHIS의 비용은 상당히 불확실했다. 저자들은 수학적 분석을 위해 이들 불확실한 비용을 전문가의 의견을 받아 산출해냈다. 이들 값을 최선의 추정값 한 가지로 대표하는 대신, 확률분포를 써서 가능한 값의 범위로 나타낼 것을 제안했다. 예를 들어 공중보건 인프라 비용은 9억 4000만 달러를 중심으로 하고 표준편차 1억 달러만큼 흩어져 있는 익숙한 종 모양 곡선을 모델로 삼았다.

일단 공격/방어 전략들 사이의 가능한 열두 조합에 대한 위험분석이 끝나자, 뱅크스와 앤더슨은 전문가들의 의견을 서술하는 확률분포를 써서 가능한 보상행렬을 표본 추출하여 고정된 값으로 채운 뒤, 게임이 어떻게 진행되는지 살펴보았다. 이

는 마치 답이 없는 질문들에 대해 가능한 해답들을 모자에서 꺼내는 것과 비슷했는데, 옳을 가능성이 있는 보상행렬들을 하나씩 하나씩 만들어내는 것이었다. 이들 보상행렬마다 각 방어전략에 대한 수행 점수를 계산했다. 이들 점수는 공격자들이 가능한 최선의 전략(게임이론의 언어로 '최대 전략')을 사용할 경우, 각 방어전략이 야기하는 비용을 묘사한다.

뱅크스와 앤더슨은 2002년 당시 전문가들로부터 받은 최선의 의견을 이용하여 컴퓨터 시뮬레이션을 통해 '전 인구 접종'이 방어에 가장 효과적인 전략임을 알아냈다. 하지만 이들은 네 가지 방어전략 모두 견줄 만한 범위 내의 점수를 받았으므로, 미국의 전략에 대한 대중적 논쟁에서의 불확실성이 이치에 벗어난 것만은 아니기 때문에, 자신들의 결과가 결론은 아님을 환기시켰다. 뱅크스와 앤더슨은 자신들의 수학적 방법을 미래의 테러 위협과 방어전략의 분석에 적용해야 한다고 권고하면서, 게임이론과 위험분석을 각각 따로 이용하는 것보다 '함께' 이용하는 것이 낫다고 주장했다. 위험분석 자체는 상대방과의 상호작용을("저쪽이 이렇게 하면, 나는 이렇게 해야지.") 포착하지 못하지만 게임이론은 이를 자연스럽게 반영하며, 반면 게임이론은 통상적으로 위험분석이 수용하는 보상의 확률 분석이 아니라 구체적인 보상행렬을 필요로 하는 것이다.

컨테이너 속 핵무기를 찾는 최적의 방법

2004년 미국 대통령 선거 운동 당시 테러리스트들의 위협 중의 하나로 항구를 통해 핵물질과 핵무기를 미국으로 밀수해 들어올 가능성에 대한 열띤 논쟁이 오갔다. 대부분의 사람은 이런 위협에 대한 방어 시스템은 해외 항구에서 미국으로 향하는 선박에 화물을 싣기 이전에 선적 컨테이너에 대한 검사가 포함되어야 한다고 믿는다. 홍콩 컨테이너 터미널 운영자연합은 세계에서 두 번째로 혼잡한 항구인 홍콩 항에 검사 장비를 설치하기 위한 시범 프로젝트에 착수했다. 그들은 다음과 같이 검사를 수행하려고 했다.

- 선적 컨테이너를 적재하고 선박에 하역하기 위해 진입하는 트럭은 반드시 허락을 받아야 정문을 통과할 수 있다.
- 정문 75미터 전방에서 트럭은 반드시 입구를 통과해야 하며, 중성자 방출을 검출하는 방사능 감시기radiation portal monitor(RPM)로 스캔해야 한다.
- RPM으로 컨테이너 내용물의 위험성을 판정할 수 없는 경우, 다른 종류의 스캔을 받거나 내용물 실사를 위해 세관검사 시설로 우회시킨다.

홍콩의 도선 프로그램은 트럭이 RPM 검출기가 장치된 입구를 시속 16킬로미터의 속도로 통과하며, 스캔 시간은 3초 정도 걸리도록 설계되었다. 스캔 시간을 늘리면 저수준의 중성자 방출까지 감지할 수 있겠지만, 라인의 진행을 늦추면 비용이 발생한다. 또한 검사 규약에는 '미국 세관 국경 보호 서비스'의 자동 선별 시스템automated targeting system(ATS)에 근거해 근접 정밀조사를 받을 컨테이너를 선별하는 시스템을 포함한 다른 변수들도 반영해야 했다. ATS는 컨테이너 선적마다 수반되는 선적 물품 목록과, 혹시 있을 수 있는 첩보 정보 및 아무래도 '수상한' 컨테이너 같다는 관찰지표 등의 데이터를 이용하는 전문 시스템이다.

홍콩 시범 프로젝트에서 하역 구역으로 진입하는 트럭의 정체停滯를 피하는 것이 핵심이었다. 정체를 야기하지 않으면서 RPM 스캔을 수행해야 했는데, 그렇지 않으면 항구 운영비용이 막대하게 증가한다. 정문을 통과한 트럭의 운전자 신원을 확인하고 컨테이너를 하역할 곳을 일러줄 감시관들이 있는 네 곳의 차선으로 대기열을 분기시켜주는 것도 장치의 세부사항에 들어 있다.

홍콩의 시스템은 효율적이도록 세심히 설계됐다. 하지만 수학적으로 분석할 기회를 가지지 못한 시스템에 대해서는 찰리 엡스가 만족하는 법이 드물듯이, 현실 세계 운영연구자들은(이

용어의 뜻은 아래에서 설명한다) 정문 앞에서 트럭을 RMP 스캔하는 것, 스캔을 분석하고 추가 조사할 트럭을 선별하는 규약, 전체 운영비용 등 홍콩 시스템의 모든 면을 수학적으로 모델링하기로 결정했다.

〈방사능 감시기의 최적 공간 배치에 의한 해외 항구에서의 핵무기 검출 개선 가능성〉이라는 2005년의 논문에서 로렌스 바인Lawrence M. Wein, 이팬 리우Yifan Liu, 젱 차오Zheng Cao, 스티븐 플린Stephen E. Flynn은 컨테이너 선적의 핵물질 검출에 대한 다른 종류의 대안 설계를 수학적으로 분석하여, 홍콩 프로젝트의 설계 효율을 개선할 수 있는지 판단하려 했다. 하지만 이들의 아이디어를 설명하기 전에 "운영연구Operation Research(OR)란 무엇이며, 어떻게 개선된 시스템이 나올 수 있는가?"라는 질문부터 답해야겠다.

실제 세상이 어떻게 운영되는지 연구하고 더 낫게 운영되도록 만드는 방법의 과학, 흔히 '더 나은 것의 과학'이라 부르는 것에 적용되는 광범위한 수학적 도구 및 방법을 가리켜 OR이라 부른다. 원래 제2차 세계대전 때 병참, 물자공급, 해전 등과 같은 군사 시스템에 적용되었던 OR은 전후 다른 응용처를 금방 찾아냈다. 산업체, (공항, 놀이공원, 병원 등을 포함한) 공공시설, 경찰서나 긴급구호 시설과 같은 공익사업 및 정부가 운영하는 여러 사업에서 효율을 높이는 데 응용된 것이다. 운영연구에 쓰이는 도구는 예를 들어 복잡한 시스템에 대한 모델링 사용, 알고리듬, 컴퓨터 시뮬레이션, 확률론, 통계학 등인데 모두 수학이다. 가끔 사용되는 '관리과학management science'이라는 용어는 운영연구의 동의어로 쓸 만하다.

우범지대에 순찰차를 배분하거나, 이목이 집중된 대상들을 보호하거나, 수사에 사용하기 위해 자료를 체계화하고 분석하는 방법 등의 경찰 업무에서도 OR이 응용된다. 많은 대학에 운영연구나 관리과학 학과와 교수진이 있는데, 이들은 수업 이외에도 대개는 수학적 방법에 대한 이론적 연구뿐 아니라 실제 세계의 문제에 대한 자문도 병행한다.

OR의 고전적인 세부 분야 중에 대기 이론queuing theory이 있는데, '줄서서 대기하는 것'에 관련된(영국에서 이를 '큐queue'라 부르는 데서 이론의 이름이 나왔다) 현상을 연구하는 확률론의 분야다. 이는 "은행에서 대기열을 가장 효율적으로 설계하는 방법은 무엇인가?"라든지 "고객들이 r이라는 비율로 유입되며 서비스에 소요되는 시간이 평균 t분일 때, 평균 대기시간을 5분으로 제한하려면 얼마나 많은 창구직원이 필요한가?"와 같은 질문에 대한 대답을 찾고자 하는 이론이다.

이제 신고 온 컨테이너를 배에 선적하기 위해 인내하며 기다리는 홍콩의 트럭들로 되돌아가자. 바인, 리우, 차오, 플린과 같은 운영연구자들이 더 나은 시스템을 설계하고, 이들의 수행성

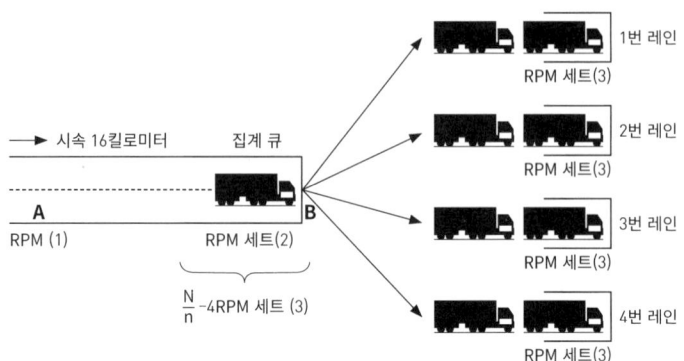

과 비용을 계산하는 데 수학적 분석을 어떻게 이용했는지 살펴보자. 먼저 정문을 통해 들어가는 트럭과 컨테이너의 흐름을 그린 위의 그림을 보자.

홍콩 시범 프로젝트 실험에서는 정문 B지점 75미터 전방의 A지점에 RPM을 설치했다. 트럭은 시속 16킬로미터의 통제 속도로 감지기를 지나쳐 가야 한다. 트럭에 실린 선적 컨테이너의 길이는 12미터이므로 통과하는 데는 대략 3초 정도 걸리므로,[4] 감지기는 3초 분량의 중성자 방출량을 수집한다. 계수된 중성자의 숫자는 A, ϵ, S, τ, r에 따라 달라진다.

---

4 원문에는 트럭의 속도는 시속 10마일, 컨테이너의 길이는 40피트로 되어 있다. 1마일은 5280피트이므로, 3600×40/(5280×10)≈2.7272…이다. (옮긴이 주)

A: 중성자 감지기의 넓이=0.3제곱미터

ϵ: 감지기의 효율=0.14

S: 초당 방출되는 중성자 수(중성자 방출원에 따라 다르다)

τ: 검사시간=RPM이 중성자를 계수하기 위해 허용된 시간(초 단위)

r: RPM으로부터 컨테이너 중심까지의 거리=2미터

결과는 다음과 같다.

$$\text{계수된 중성자의 평균 개수} = A\epsilon S\tau/4\pi r^2$$

계수된 수치의 변동성은 대략 평균의 제곱근에 2.8을 곱한 값을 폭으로(표준편차로) 가지는 종 모양 곡선으로 묘사한다. S보다 작은 비율 B만큼의 중성자배경복사가 있으며, 이 배경복사 역시 종 모양 곡선으로 묘사할 수 있으므로 다음과 같은 그림

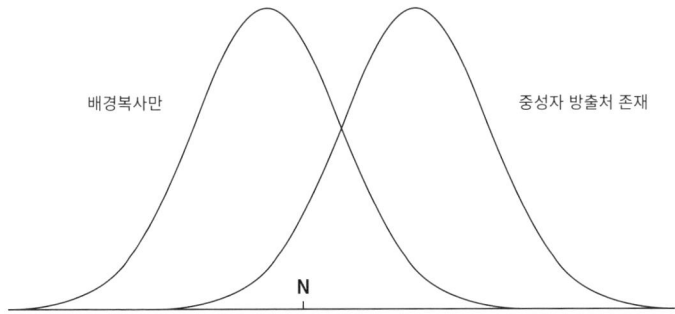

이 나온다.

다른 수준의 정밀 검사가 필요한 중성자 검출 횟수인 문턱값 threshold N을 넘으면, 인간 분석가를 불러서 컨테이너로부터 방출을 가리기 위해 과밀도 물질을 사용했는지 여부를 검출하기 위해 고안된 VACIS 감마선 영상 시스템으로 스캔 결과를 조사하게 한다. 스캔 결과를 읽은 분석가가 컨테이너의 안전성을 확신하지 못하면 트럭을 다른 곳으로 우회시켜서, 세관원이 고에너지 X선 스캔을 시행하거나 필요한 경우 컨테이너를 열고 내용물을 직접 검사한다. 이러한 조사는 전체 시스템에서 비교적 비싼 부분이지만, 방사성 물질을 신뢰할 수 있을 정도로 검출해 낼 수 있다. 설령 컨테이너가 RPM 문턱값을 초과하지 않더라도, 그중 5퍼센트 정도는 자동 선별 시스템으로는 믿지 못할 컨테이너이므로 VACIS 조사를 받으라는 신호를 보낼 수 있으며, 이들은 중성자 방출원에 대한 정보에 기초하여 따로 컨테이너에 대해 위험분석을 한다.

VACIS와 X선 스캔의 성공 확률이 또 다른 핵심 변수인데, 다음과 같은 비용이 든다.

- 고에너지 X선마다 250달러
- 컨테이너를 개봉하여 직접 검사를 할 때마다 1500달러
- RPM 기계 당 연간 비용 10만 달러

이 종합 분석의 목적은 주어진 연간 비용에 대해 가능한 탐지 한계

S_D: RPM이 초당 탐지할 수 있는 중성자의 수준

을 최저로 달성하는 시스템을 고안하는 것이다. 이때 중성자 출처를 RPM이 탐지할 확률은 적어도 95퍼센트는 되어야 한다는 조건을 만족해야 한다. 오류 경보, 즉 자연 발생한 배경복사 탓에 수치가 N보다 큰 값이 나온 컨테이너 역시 추가 검사 비용을 발생시키므로 모델링할 때 고려 대상이다.

연간 비용에 대한 제약과, 트럭의 흐름을 늦추지 말아야 한다는 제한조건 내에서 모든 것을 고려하여 시스템을 개선하기 위해 수학적으로 할 수 있는 것은 무엇일까? 바인과 공동저자들은 현존 설계를 분석하는 동시에 더 나을 가능성이 있는 세 가지 운영 방안도 분석했다.

1안: (현재처럼) RPM이 정문 앞 75미터 전방인 A에 있을 때
2안: 정문 B에 RPM 설치
3안: 각 레인 처리 지점마다 하나씩 RPM 4대 설치
4안: 3안에다, 정문 B 앞에 10대의 RPM을 일렬로 배치

운영연구 수학자들은 자신들의 논문에서의 양적 가정하에서 연간 비용 수준의 범위에서 다음을 보였다.

- 2안은 동일한 비용으로 탐지 한계 S_D를 2배 개선시킨다.
- 3안은 S_D를 추가로 4배 개선시킨다.
- 4안은 S_D를 추가로 1.6배 개선시킨다.

따라서 홍콩의 실험에서 사용한 1안에서 4안으로 바꾸면 전체적으로 시스템이 탐지할 수 있는 중성자 복사의 수치는 13배 개선된다. 어떻게 그럴 수 있었을까?

답은 두 부분으로 나눌 수 있다. 첫째는 검사시간 τ가 길어질수록 배경복사와, 그외의 중성자 방출을 정확히 구별할 확률이 높아지기 때문이다. 같은 이유로 통계학자들은 항상 가능한 한 표본을 많이 취할 것을 권장하는데, RPM이 중성자를 세는 시간이 길수록 종 모양 곡선들이 옆의 그림에 더 가까워지게 되어 더 효과적으로 구분되기 때문이다.

이제 두 곡선이 훨씬 덜 중첩하기 때문에 탐지에 이용할 문턱값 N을 상대적으로 낮추더라도 오류 경보의 빈도가 증가하지 않는다. 혹은 오류 경보가 발생하는 빈도는 전과 동일하도록 하는 N의 수준을 설정하면서 중성자 방출수 S가 더 작을 때도 성공적으로 탐지하게 할 수도 있다. 그러면 탐지 한계 S_D는 감

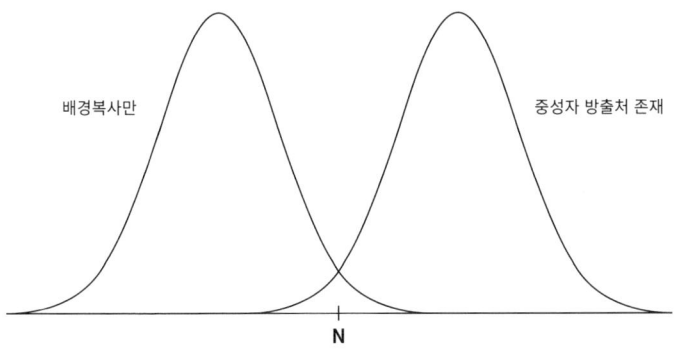

소한다.

저자들의 답의 두 번째 부분은 네 가지 안에 대한 대기모형의 분석에서 나온다. 컨테이너를 더 오래 노출시켜 검사시간 τ를 늘리자는 것이 목표다. A지점의 RPM은 트럭을 겨우 3초만 살펴볼 수 있는 데 반해, 트럭이 검문 과정을 통과할 때는 그보다 오래 기다리게 되므로 개선의 여지가 있음은 명백하다.

RPM을 A로부터 B로 옮기는 2안은 보통의 흐름에 비해 대기하러 들어오는 트럭이 많을 때가 종종 있어서 대기선에서 정체되어 정문 B지점 뒤에서 오래 기다리며 공회전할 때가 있다는 사실을 최대한 활용한다. 따라서 RPM을 이곳에 설치하면, 어차피 기다려야 하는 트럭들에 대한 검사시간을 더 길게 할 수 있다.

B지점의 RPM 한 대를 레인 당 한 대씩 전체 4대로 바꾸는 3안은 1안에 비해 훨씬 더 개선된 결과를 내는데, 검사관들이

레인 선두에 선 트럭을 통과시키는 데 소요되는 평균 처리 시간이 60초이기 때문이다. 정문 B지점 앞에 일렬로 RPM을 추가로 설치하는 4안은 검사시간을 늘려주어 탐지 한계를 더욱 감소시키게 해준다.

그런데 이렇게 RPM을 추가로 설치하면 비용은 어떻게 될까? 연간 예산은 고정돼 있는데, 각 단계에서 오류 경보의 빈도를 감소시켜서 X선 스캔과 직접 검사를 줄여주기 때문에 비용을 상쇄할 수 있다. 예를 들어 시스템을 통과하는 트럭의 유동률이나 비용과 같은 다른 변수의 제약은 유지할 때 시스템 내의 어떤 변수를 조정해야 더 나은 성과를 보이는지 판단하는 것이 OR 형의 수학적 모델링과 최적화(최선의 방법을 찾는다는 것을 표현하는 수학 단어)의 정수다. 만일 찰리 엡스가 바인, 리우, 차오, 플린과 같은 운영연구자의 업적에 대해 알았다면 뿌듯해했을 것이다.

항공기 승객 사전심사 시스템

2001년 9월 11일의 비극적인 사건 이후 미국 정부는 다시는 그러한 공격이 성공하지 못하게 차단하기 위해 재정 및 인적 자원을 대거 투자했다. 그 공격으로 1998년 이후 이미 시행 중이던 항공 안전 시스템을 강화하기 위한 정부의 노력이 더욱 커졌다. '컴퓨터를 이용한 승객 사전심사 시스템computer assisted passenger pre-screening system'(CAPPS)이라고 하는 이 시스템은 발권할 때 항공사가 승객으로부터 취득하는 기본 정보인 성명, 주소, 항공요금 지불 방법 등을 포함한 탑승자 기록에 의존하고 있다. 항공사는 그런 정보를 이용하여 교통보안국transportation security administration(TSA)에 알려져 있거나 테러리스트로 의심되는 자들을 포함한 '비행 금지자 명단'과 대조하고, 테러리스트 프로파일에 근거하여 '위험점수'를 계산할 수 있다. 테러리스트 프로파일이란 알려진 테러리스트들의 비행 습관에 대한 수십여 년치의 자료를 통계적으로 분석하여 끌어낸 테러리스트들의 전형적인 특징을 담은 목록이다. 만일 비행 금지자 명단에 걸리거나, 프로파일에 근거한 위험점수가 다소 높을 경우 항공사는 보통의 승객에 비해 이들 승객 및 승객의 소지품에게 좀 더 철저한 '2단계' 심사를 받게 한다.

1968년과 1969년 상업용 항공기의 공중납치가 빈번하게 일어나자(그런 사건이 50건이 넘었다) 유사한 시스템이 도입되었고 '공중납치범 프로파일'이 개발되어 몇 년간 이용되었는데, 나중에는 중단되었다. 공중납치범 프로파일이나 테러리스트 프로파일 모두가 극비이지만, 대중들의 논의에서 자주 추측되는 특징들은 있다. (예를 들어 혼자 여행하는 젊은이라면, 특히 현금으로 편도 항공권을 사지 않는 편이 좋다.)

　9/11 이후 새로 만들어졌던 TSA는 '비행 금지자 명단'뿐 아니라 테러리스트들에 대해 더 효율적인 프로파일을 고안하기 위해 필요한 통계분석에 대한 책임을 인계받았다. 정부 밖의 전문가들은 TSA가 테러리스트 프로파일을 개선하는 데 신경망 (3장을 보라)을 이용한다고 믿는다. 연방 당국자들이 테러리스트일 잠재성이 높은 것으로 간주되는 항공기 승객과 일반 승객을 구별하고, 이들을 좀 더 면밀하게 조사 및 수색하는 것을 당연한 상식으로 본다는 것은 의심의 여지가 없다. 그것이 CAPPS의 논리였다. 하지만 그런 시스템은 얼마나 잘 작동할 것으로 예상되는가? 그에 대한 답은 보기만큼 그렇게 간단하지 않다는 것을 곧 보게 될 것이다.

MIT 학생 두 명이 찾아낸 시스템의 허점

2002년 5월 MIT의 대학원생 두 명이 '전자 프런티어에서 윤리와 법률'이라는 수업에서 준비한 논문을 발표하여 전국적인 뉴스거리가 되었다. 사미드 차크라바티Samidh Chakrabarti와 애런 스트라우스Aaron Strauss는 CAPPS의 분석이 수업에 맞는 흥미로운 논문이 될 거라고 생각했는데, 이들의 수학적 분석 결과는 대단히 놀라워서 담당교수는 널리 출판할 것을 격려했고, 이에 따라 인터넷에 게시했다. 이들의 논문 〈놀이공원 부스: 컴퓨터를 이용한 승객 사전심사 시스템을 깨트리는 알고리듬Carnival Booth: An algorithm for Defeating the Computer Assisted Passenger System〉은 큰 반향을 불러일으켰는데, 테러리스트들이 행동양식을 약간 바꾸어 2단계 검사를 받을 승객을 무작위로 선택하는 CAPPS의 효과를 떨어트리는 방법을 명쾌한 논리와 수학적 분석으로 입증했기 때문이다.

이 두 학생의 가정은 이렇다.

- 시스템이 2단계 검사를 받을 승객을 어떤 식으로 선택하더라도, 그런 방식으로는 승객 중에서 겨우 8퍼센트만을 처리할 수 있다.
- CAPPS에서 '승객의 x퍼센트'를 무작위로 선택하여 2단계 검사를 받게 하라는 연방의 요구조건은 무작위로 2퍼센트만 선택하더라도 충족된다.
- 테러리스트가 2단계 검사로 넘겨진 경우 4명 중 3명은 성공적으로 차단된다.
- 2단계 검사로 넘어가지 않은 테러리스트는 4명 중 1명만이 성공적으로 차단된다.
- 2단계 검사를 위해 무작위 선택되지 않은 테러리스트 중

CAPPS에 의해 경고 신호를 보내는 비율은 모른다. 이를 p라 하자.

차크라바티와 스트라우스가 가정한 이들 비율은 주먹구구로 정한 것이 아니다. 정부의 기밀인 실제 비율을 분석하여 얻은 최선의 추정치에 근거한 것이었다. 이들의 결과는 이들 비율의 정확한 값에는 그다지 좌우되지 않는다. 미지의 확률 p는 승객을 2단계 검사로 보내기 위해 필요한 위험점수가 얼마나에 달려 있다. '8퍼센트 이하'로 2단계 검사에 할당하라는 요구조건을 맞추기 위해, 무작위 선택을 벗어난 테러리스트가 아닌 승객의 6퍼센트에 의해 달성되도록 위험점수의 문턱값을 선택해야만 했을 것이다.

따라서 CAPPS에 의해 차단되는 테러리스트의 전체 비율은 다음과 같다.

(★) p%의 3/4 + 2%의 3/4 + 남은 비율의 1/4

차크라바티와 스트라우스는 승객 명단에서 무작위로 선택하여 2단계 검사에서 8퍼센트를 처리하게 만드는 '순전히 우연'인 시스템을 비교용으로 고려했다. 이 경우 차단되는 테러리스트의 전체 비율은 다음과 같았다.

(★★)　　　　8%의 3/4+92%의 1/4=6%+23%=29%

(★)와 (★★)를 비교할 때 "더 많은 비율로 테러리스트를 차단하는 방법은 어떤 방법인가?"라는 게 가장 당연한 질문이다. 프로파일에 맞기 때문에 선택되는 테러리스트의 비율인 미지의 p값에 따라 답이 달라진다. 여기 몇 가지 예가 있다.

p의 값	차단되는 테러리스트의 전체 비율
2%	27%
4%	28%
6%	29%
8%	30%
10%	31%

이들 예로 볼 때 CAPPS 대 순전히 무작위적인 시스템이 평형점을 이루는 경우는 프로파일에 맞기 때문에 선택되는 테러리스트의 비율 p가 6퍼센트일 때다.

이제 문제의 핵심으로 들어간다. "프로파일에 맞는 테러리스트의 비율이 쥐꼬리만 한 6퍼센트보다는 높지 않겠는가?"라고 말할지도 모르겠다. 이 시점에서 차크라바티와 스트라우스가 '놀이공원 부스'라고 부르는 현상이 등장한다. 이들은 이렇게 논증했다. 테러리스트의 프로파일은 고정돼 있고 테러리스트 세포조직은 다양한 특징을 가진 구성원으로 이루어져 있기 때문에, 자신의 조직원이 비행기에 성공적으로 탑승하여 공격하길 원하는 테러조직은 다음과 같은 전략을 쓸 수 있다는 것이다.

- 조직원들을 '예행연습' 삼아 내보내어 CAPPS가 어떤 프로파일의 사람을 경고하고 어떤 프로파일의 사람은 경고하지 않는지 파악한다.
- 실제 공격 임무 때는 예행연습 때 경고를 받지 않은 조직원을 이용하면, 다음번에 동일한 프로파일에 걸리는 경우는 대단히 드물다.

차크라바티와 스트라우스는 이를 놀이공원 부스 효과라 불렀는데, "바로 앞으로 나오셔서 당첨자인지 확인하세요!"라고 외치는 놀이공원 부스의 호객꾼을 연상시키기 때문이다. 진짜 위협이 되는 장래의 공격자가 '당첨자'로 CAPPS 프로파일링 시스템 "앞으로 나오더라도" 2단계 검사를 촉발시키지 않는다.

MIT의 저자들은 이런 전략이 유효하려면 두 가지 근본적인 요소가 필요하다고 다소 길게 설명한다. 하나는 CAPPS의 프로파일이 (적어도 짧은 시간 동안은) 시간이 지나도 고정돼 있어야 한다는 관찰이다. 이는 어떤 개인이 프로파일에 의해 선택되지 않는 일이 '반복'된다는 뜻이다. 또 하나는 테러리스트 조직원들의 특징이 매우 다양하다는 인식에서 기인한다. 이 때문에 프로파일로 가려내는 시스템을 적어도 한 명 정도는 통과할 가능성이 크다는 것이다. 이런 주장을 뒷받침하기 위해 이들은 최근 사건들로부터 알려진 테러리스트들을 묘사했다. 예를 들어 '미국인 탈레반'인 존 워커 린드John Walker Lindh[5]는 19세의 마린 카운티 출신이었으며, 영국인 어머니와 자메이카 아버지를 둔 영국 시민 리처드 리드Richard Reid[6] 혼자서도 오늘날 비행기에 탑승하려는 우리 모두가 신발을 벗어 보이도록 만들었다.

이들 두 MIT 연구원들은 자신들의 논문에서 개별 테러리스트의 CAPPS 프로파일 점수의 다양성 및 불확실성을 반영하는 컴퓨터 시뮬레이션을 써서 좀 더 복잡한 분석을 했다. 예를 들어 이들은 어떤 테러리스트의 경우 예비 탐색을 반복할 경우, 무작위로 선택된 승객들에 비해 경고를 보내지 않는 정도가 훨

---

5 2001년 미국의 아프가니스탄 침공 때 미군과 맞서 싸운 탈레반 전투원이었으며, 그해 체포되어 복역 중이다. (옮긴이 주)
6 2001년 신발 밑창에 플라스틱 폭탄을 싣고 파리 발 마이애미 행 항공기에 탑승하여 터뜨리려 했으나 항공기 내에서 제지당하여 미수에 그쳤다. 탑승 전날 이미 한 차례 탑승이 거절됐던 것으로 알려져 있다. 유죄가 확정되어 복역 중이다. (옮긴이 주)

씬 높다는 것을 발견했다. 그런 경우 CAPPS가 그런 개인에 의한 공격을 차단할 확률은 무작위로 차단하는 경우보다 나빠질 것이다.

 이런 것이 수학의 힘이다. 기말 보고서를 쓰는 똑똑한 대학생 두 명만으로도 항공기 보안과 같은 민감한 문제에 상당히 기여할 수 있다.

12 법정에 선 수학

말총머리 금발의 날치기 사건

좋다. 찰리가 온갖 수학적 수단을 죄다 꺼내고 그 결과 돈은 다시 한 번 용의자를 검거한다. 〈넘버스〉 에피소드의 결말은 대개 이렇지만, 실제 세상에서의 수학은 여기서 끝나지 않는다. 수학은 범죄자의 발견에만 쓰이는 것이 아니라 법정에서도 쓰인다.

5장에서 설명했던 레지널드 데니 구타 사건 때 수학적으로 화질 개선한 사진을 이용했던 것이 한 가지 사례다. 7장에서 살펴보았듯이 DNA 프로파일 증거를 제출할 때 수반되어야 하는 확률 계산이 또 다른 예다. 하지만 이외에도 변호인들이나 재판관들이나 배심원들이 수학적 증거를 가늠해야 하는 경우가 많다. 수학을 제대로 하지 않으면 명백한 오심으로 이어질 수 있다는 것을 다음의 사례가 보여줄 것이다.

  1964년 6월 18일 정오 직전 로스앤젤레스 산페드로 지역에서 후아니타 브룩스라는 이름의 나이든 여성이 식료품 가게를 나서 집으로 걸어가고 있었다. 그녀는 식료품을 담은 바구니 위에 지갑을 얹은 채, 바구니를 지팡이로 끌고 있었다. 골목을 따라 걸어가던 브룩스는 빈 상자를 발견하고 집기 위해 멈췄다가, 갑자기 땅으로 밀쳐지는 느낌이 들었다. 넘어지면서 깜짝 놀랐지만 가까스로 시선을 들 수 있었는데, 말총머리를 한 금발의 젊은 여성이 자기 지갑을 들고 골목을 따라 달아나는 걸 볼 수 있었다.

  골목 끝머리에서 존 바스라는 이름의 남자가 자신의 집 앞에서 잔디에 물을 주고 있다가 울부짖는 소리를 듣게 됐다. 골목 쪽을 쳐다본 바스는 어떤 여자가 골목에서 달려 나오더니 길 건너편에 있던 노란 차에 타는 걸 보게 되었다. 차는 시동을 걸더니 방향을 돌려 떠나버렸고, 바스로부터 2미터 거리를 지나쳐 갔다. 바스는 턱수염과 콧수염을 기른 '검둥이 남자'가(당시는 1964년이었다) 운전자였다고 묘사했다. 또한 젊은 여자는 백인이었으며 키는 150센티미터를 살짝 넘었고, 짙은 색 옷을 입었으며, 말총머리를 한 금발이었다고 진술했다.

  브룩스는 로스앤젤레스 경찰에 절도사건을 신고했고 지갑에는 현금으로 35달러에서 40달러 정도 들어 있었다고 말했다. 며칠 후 경찰은 재닛 루이스 콜린스와 남편인 맬컴 리카르도 콜린스를 체포하고 결국 절도죄로 기소했고, 이들은 배심원 재판을 받게 되었다.

검찰은 흥미로운 도전에 직면하게 되었다. 목격자인 브룩스와 바스 두 명 모두 피고인 중 어느 한 명도 알아보지 못했다. (바스는 용의자 정렬에서 맬컴 콜린스를 가려내지 못했는데, 그는 턱수염이 없이 나타났던 것이다. 맬컴은 과거에는 턱수염을 길렀으나, 사건 당일에는 수염을 기르고 있지 않았다고 주장했다.) 말총머리를 한 금발에 대한 목격자의 진술 역시 몇 가지 의심을 샀는데, 절도사건이 벌어지기 직전 재닛 콜린스를 보았던 사람들은 그녀가 옅은 색의 옷을 입고 있었다고 증언했기 때문이다. 어떻게 해야 이들 두 피고인이 지갑 날치기범이라고 성공적으로 배심원들을 설득할 수 있을까?

검찰은 참신한 접근법을 취했다. 주립대학의 수학 전임강사를 전문가 증인으로 부른 것이다. 전문가 증언은 확률 및 이들을 조합하는 방법과 관련돼 있었다. 구체적으로 검찰은 수학자 증인에게 개별 사건의 확률에 근거하여 전체 사건이 한꺼번에 발생할 확률을 결정하는 곱셈 법칙을 설명해 달라고 요청했다.

검찰은 수학자에게 절도사건의 두 가해자와 관련된 특징 6가지를 고려하라고 주문했다.

턱수염을 기른 흑인

콧수염을 기른 남성

금발머리 백인 여성

말총머리를 한 여성

한 차에 탑승한 다인종 커플

노란색 차

그런 다음 검사는 수학자에게 무작위로 선택된 (무고한) 커플이 각각 이런 신상명세를 가질 확률로 간주할 만한 숫자를 일러주었다. 예를 들어 검사는 커플 중에서 남성 쪽이 '턱수염을 기른 흑인'인 경우는 10번 중에서 한 번이며, 남성이 (1964년에) 콧수염을 길렀을 확률은 4분의 1이라고 알려줬다. 그런 뒤에 검사는 전문가에게 커플 중에서 남성이 두 가지를 모두 만족하여 '턱수염과 콧수염을 모두 기른 흑인'일 확률을 어떻게 계산하느냐고 물었다. 수학자는 수학자들에게 잘 알려진 법칙인 '독립사건에 대한 곱의 법칙'을 설명했다. "두 사건이 독립이면, 두 사건이 동시에 일어날 확률은 각각의 개별 확률을 곱해서 얻는다."라는 법칙 말이다.

따라서 검사가 제기한 가상적인 경우, 즉 두 사건이 정말로 독립인 경우(이게 정확히 무슨 뜻인지는 나중에 논의하자) 곱의 법칙을 이용하여 두 확률을 곱하면, 흑인이 턱수염과 콧수염을 모두 가지고 있을 확률을 계산할 수 있다.

P(턱수염을 기른 흑인'이고' 콧수염을 길렀다)
 =P(턱수염을 기른 흑인)×P(콧수염을 길렀다)
 =1/10×1/4=1/(10×4)=1/40

검사가 수학자에게 가정하라고 준 확률 목록은 다음과 같다.

턱수염을 기른 흑인: 10분의 1
콧수염을 기른 남성: 4분의 1
금발머리 백인 여성: 3분의 1
말총머리를 한 여성: 10분의 1
한 차에 탑승한 다인종 커플: 1000분의 1
노란색 차: 10분의 1

검사는 수학자에게 이들 수치를 보수적인 것으로, 다시 말해 실제 확률은 적어도 이보다는 더 작을 것으로 간주하라고 요청했다.

수학자는 이들 확률을 조합하여 무작위로 고른 커플이 이들 신상명세를 모두 만족할 전체 확률을 설명했다. 수학자는 이들을 독립사건이라고 간주할 때(조금 더 뒤에 나온다) 동일한 곱셈

법칙을 사용하여, 즉 개별 확률을 곱해 무작위 커플이 전체 목록에 적용될 확률인 전체 확률PO을 올바로 계산하고 증언했다. 이 경우 계산 결과는 다음과 같다.

$$PO = 1/10 \times 1/4 \times 1/3 \times 1/10 \times 1/1000 \times 1/10$$
$$= 1/(10 \times 4 \times 3 \times 10 \times 1000 \times 10)$$
$$= 1/12,000,000$$

1200만분의 1이다!

검사가 수학 전문가에게 전체 확률을 계산하기 위해 1/10과 같은 다양한 확률을 줄 때는 이들 수치가 단지 '예시'일 뿐이라고 했다. 하지만 최종변론에서는 이들 수치가 '보수적인 추정치'였으며 따라서 "피고인들을 제외한 다른 누군가…… 유사한 사람이…… 그곳에 있었을 가능성은 10억분의 1쯤이다."라고 말한다.

배심원들은 맬컴 콜린스와 재닛 콜린스를 기소 내역대로 유죄 평결했다. 하지만 배심원들이 옳게 판단한 것일까? 수학자의 계산이 옳았던 것일까? 검사가 최종변론에서 '10억분의 1'이라고 주장한 것은 옳을까? 아니면 그 법정은 정의를 거대하게 희화화한 야단법석이었던 것일까? 맬컴 콜린스는 후자였다고 말했으며, 유죄 판결에 대해 항소했다.

1968년 캘리포니아 주 대법원은 '검찰 대 콜린스' 사건에 대한 판결을 내렸는데, 대법원의 의견서는 법적 증거를 연구하는 데 고전이 되었다. 수세대의 법학도들은 이 사건을 법정에서 수학을 이용한 판례의 하나로 연구해왔다.

캘리포니아 주 대법원의 의견서는(6 대 1 다수의견으로 추인했다) 다음과 같다.

> 우리는 수학적 확률 증거가 범죄사건의 소추에서 적절히 도입되고 이용되었느냐는 새로운 질문과 마주했다. (중략) 컴퓨터 시대의 사회에서 수학은 참된 마법사이나, 진실을 추구하는 사실의 발견자를 도울 때는 주문의 말을 던져서는 안 된다. 우리는 우리 앞의 기록에 의거하여, 확률에 의해 피고인의 유죄성을 판단하지 않아야 하며 재심을 받을 권리가 있다고 결론짓는다. 하급심을 파기한다. (후략)

콜린스 사건에서의 다수의견은 법학과 수학이라는 두 학문 분야 사이의 상호작용에 대한 흥미로운 예다. 사실 다수의견은 "이들 두 분야 사이에 내재적인 양립불가능성은 없으며" 법학에서 수학을 "사실의 발견 과정에서의 보조자"로 "경멸할 의사는 없다"고 힘주어 말했다. 그럼에도 대법원은 콜린스 사건에서 수학을 이용한 방식을 옹호할 수 없다고 판시했다.

대법원은 세 가지 중요한 요소 때문에 검찰의 '수학에 의한 재판'을 충격적으로 해체했다.

- '증거로서의 수학'의 적절한 사용 대 부적절한 사용('마법으로서의 수학')
- 사용된 수학적 논증이 해당 사건에 실제로 적용된다는 것을 입증하지 못한 점
- 피고인들이 무고할 가능성이 '10억분의 1'이라는 검찰 주장의 중요한 논리적 결함

검찰 측이 소추 당시 대체 무엇을 잘못했는지 살펴보자.

증거로서의 수학 대 마법으로서의 수학

미국 법에서는 받아들일 수 있는 증거를 전문가 증인이 제시할 때 두 가지 기본적인 방식을 인정한다. 전문가는 관련 사실에 대해 자신의 지식에 따라 증언하거나, 증거로 제시된 유효한 자료에 기반을 둔 가정의 질문에 대답할 수 있다. 예를 들어 전문가는 로스앤젤레스에서 노란색 차의 비율이나 금발 여성의 비율에 대해 증언할 수 있는데, 다만 그런 증언을 뒷받침할 통계

자료가 있어야 한다. 또한 수학자는 "이들 확률을 결합하면 전체적인 확률은 얼마일까요?"와 같은 가정의 질문에 대답할 수도 있는데, 유효한 자료에 근거한 가정이어야 한다. 하지만 대법원은 콜린스 사건의 경우 검찰 측이 유효한 확률임을 입증하기 위해 필요한 "증거를 제공하려는 어떤 시도도" 하지 않았다고 보았다.

더욱이 대법원은 검사의 수학적 논증이 목격자의 진술이 모든 면에서 100퍼센트 옳다는 가정과, 사건의 진범이 변장하지 (예를 들어 가짜 턱수염을 단다든지) 않았다는 가정에 근거하고 있음을 지적했다. (재판 기록에는 젊은 여성이 입었다는 옅은 색 옷과 짙은 색 옷에 대한 논쟁 및 피고인에게 턱수염이 있었느냐의 여부에 관한 논쟁이 포함돼 있다.)

대법원이 지적한 대로 증인의 진술의 신뢰성, 범인이 변장했을 가능성 등을 저울질하는 것은 전통적으로 배심원단의 기능이다. 하지만 이러한 저울질에는 수치적 확률이나 가능성 같은 것을 부여할 수 없다. 더욱이 대법원은 1200만분의 1이라는 '수학적 결론'에 호소한 것은 '과학적 정확성'을 명백히 현혹한 것이므로, 통상적인 증거가 가지는 신뢰성의 정도보다 떨어진다고 믿었다. 의견서에는 이렇게 쓰여 있다. "유죄일 가능성에 대한 수치적 지수를 산출한다고 주장하는 방정식에 대면한 배심원이, 불합리할 정도의 가중치를 그러한 수치에 부여하고 싶은 유혹에 저항하기는 힘들다." 바로 이 사실이 대법원이 검찰 측의 소추에서 찾아낸 '마법'의 핵심이었다.

검찰 측의 확률 계산은 왜 틀렸는가

최초 법정에서 허용한 방식으로 수학을 이용하는 것이 받아들여질 수 있느냐의 문제와는 별개로, 수학 자체가 옳았느냐의 여부도 문제다. 개별 특징에 대해 검사가 선택한 확률 값이 실제 증거에 의해 뒷받침되고 100퍼센트 정확했다고 해도, 검사가 수학자에게 요구한 계산은 중대한 가정에 근거하고 있다. 바로 그러한 특징이 '독립적'이라는 점이다. 만일 이 가정이 옳다면, 범죄를 저지른 커플이 맬컴과 재닛이 아니었더라도 이들 특징이 콜린스 커플과 우연히 일치할 확률을 계산할 때 곱셈 법칙을 이용하는 것은 수학적으로도 타당하며 합리적이다.

개별 확률을 전체에서 부분이 차지하는 비율로 생각할 때, 일부에서 차지하는 비율을 들여다 볼 때도 그 확률을 사용할 수 있다는 것이 독립성이라는 중요한 가정이 뜻하는 바다. 비슷하지만 계산하기 조금 더 쉬운 예를 들자. 예를 들어 가해자가 몰던 차는 차체가 땅에 가깝도록 특별한 스프링을 달아 '차체를 낮춘' 검은색 혼다 시빅이었다고 사건현장의 목격자가 말했다고 하자.

목격자가 가해자 차량의 다른 특징도 식별했을 가능성 같은 것은 무시하고, 확실한 자료에 근거해서 로스앤젤레스 지역에서 150대 중 한 대가 검은색 혼다 시빅이며, 차체를 낮춘 차량은 200대 중 한 대라는 걸 정확히 알고 있다고 하자. 곱의 법칙에 따라 검은색 혼다 시빅 중에서 차체를 낮춘 차의 비율을 결정하려면, 곱하면 된다.

$$1/150 \times 1/200 = 1/30,000$$

하지만 이런 계산은 모든 차량 중에서 차체를 낮춘 비율이, 검은색 혼다 시빅 차량 중에서 차체를 낮춘 비율과 같으며, 다른 색깔이나 다른 제조사 차량에 대해서도 모두 동일하다는 가정에 근거한 것이다. 만일 이들 비율이 모두 같다면 '검은색 혼다 시빅'이라는 특징과 '차체를 낮춘' 특징은 독립적이다. 하지만 검은색 혼다 시빅의 소유주들이 다른 차량 소유주들보다 차체를 낮추도록 주문 제작했을 가능성이 더 클 수도 있다. LA의 차량 중에 차체를 낮춘 검은색 혼다 시빅일 확률을 정확히 계산하려면(이들 수치에 대한 좋은 자료가 있다고 가정할 때) 다음과 같이 해야 한다. 예를 들어

검은색 혼다 시빅 차량의 비율＝1/150

검은색 혼다 시빅 중에서 차체를 낮춘 비율＝1/8

이었다고 하자. 그러면 차체를 낮춘 검은색 혼다 시빅 차량의 비율은

$$1/150 \times 1/8 = 1/(150 \times 8) = 1/1200$$

이므로, 1/30,000보다는 훨씬 크다.

  설명에서 사용된 숫자 1/8은 검은색 혼다 시빅 차량이 주어졌을 때, 이 차량의 차체가 낮춰져 있을 '조건부 확률'이라 부른다. 이 숫자를 결정하기 위해 혹은 정확하게 추정할 수 있게 신뢰할 만한 자료를 얻는 것은 차체를 낮춘 '모든' 차량의 비율―원래 계산에서 '200분의 1'이라고 계산했던 것―을 단순 추정하는 것보다 훨씬 어렵기 마련이다. 하지만 신중을 요하는 노력, 특히 형사재판에서는 이 수치를 결정하거나 추정하기 어렵다는 사실을 매우 미심쩍은 독립성 가정을 하는 변명으로 삼을 수는 없다. 전체 특징 목록이 많아지면(콜린스 사건에서는 6개였다) 모두가 독립이라는 가정을 할수록 잠재적인 오류는 증폭된다. 로스앤젤레스에서 범죄를 저지른 커플이 그러한 6가지 특징을 가졌을 확률을 정확히 추정하고 올바른 자료를 마련하

는 일은 설령 찰리 엡스라고 해도 애를 먹을 것이다.

하지만 원래 재판정이 저지른 잘못은 이게 마지막이 아니다. 대법원이 콜린스의 유죄 판결을 뒤집을 때 가장 통렬하게 지적한 오류는 형사 소추에 확률과 통계학을 적용할 때 흔히 발생하는 (예를 들어 정당화되지 않은 독립성 가정) 오류와 관련돼 있다. 흔히 '검찰의 오류'라 부르는 오류다.

이 악명 높은 오류는 검찰 측이 쓰는 미끼 전술의 일종인데, 의도치 않은 오류 때문에 잘못 저질러지곤 한다. 비록 정당성은 부족하지만

> P(일치) = 무작위 커플이 논의 중인 뚜렷한 특징들(예를 들어 콧수염을 기르고 턱수염도 기른 흑인)을 가지고 있을 확률

을 알아내려고 시도한 검찰 측의 계산을 우리 손에 들고 있다고 하자. 이 계산의 결과를 무시하고 논의의 편의상 P(일치)가 정말로 1200만분의 1이라고 가정하더라도, P(일치)와

> P(무고) = 콜린스 커플이 무고할 확률

사이에는 중대한 차이가 있다. 대법원이 적시한 대로, 콜린스 사건의 검사는 배심원들에게 1200만분의 1이 P(무고)를 계산

한 거라고 주장했다. 검사는 "피고인이 무죄이고, 이런 뚜렷한 특징을 가진 다른 커플이 실제로 그 절도를 저질렀을 가능성은 겨우 1200만분의 1"이라고 암시한 것이다.

이들 두 확률에 대한 혼동은 잘못이며 위험하다! P(일치)는 피고인들이 '무고하다면' 운 나쁘게도 절도를 저지른 커플의 목격자 증언과 일치할 확률을 계산하려고 한 것이다. 하지만 대법관들은 의견서에서 로스앤젤레스 지역에 그런 특징을 가진 커플이 얼마나 많은지를 고려해야 '무고할 확률'을 (설령 그런 것을 정확히 계산할 수 있다고 가정할 때) 계산할 수 있다고 설명한다. 의견서에는 이렇게 쓰여 있다. "그런 커플이 거의 없다고 인정하더라도, 있다고 하면 그중 누가 절도를 저지른 것일까?"

대법원은 의견서의 부록에서 다른 추정치를 계산하여 보탬으로써 훗날 콜린스 사건에 대한 의견서를 읽은 전 세계의 수학자와 통계학자의 심장을 따뜻하게 해준 절묘한 솜씨를 보였다. 검찰 측의 1200만분의 1 결과를 액면 그대로 받아들이더라도 로스앤젤레스 지역에 목격자들이 진술한 절도범들의 특징을 가지는 커플이 적어도 두 쌍이 있을 확률은 얼마일까? 대법관들은 로스앤젤레스 지역에 가해자일 가능성이 있는 쌍(꼭 커플일 필요는 없다)의 숫자로 큰 숫자 N을 택하고, 이들 쌍이 절도범들의 명세에 맞을 가능성을 1200만분의 1이라 가정하여 이 확률을 추정했다. 신상명세에 맞는 쌍에 대한 독립성 가정을 이용하여(정확히 옳은 것은 아니지만 큰 오류를 내는 원인은 아니다) 이항분포를 이용한 계산을 수행했다.

대법관들은 앞면이 나올 확률이 1200만분의 1인 동전을 N개 던진다고 가정했다. 이때 적어도 한 번 이상 앞면이 나왔다고 할 때(즉 적어도 한 쌍은 신상명세에 맞는다고 했을 때), 두 번 이상 앞면이 나왔을 확률, 즉 그 명세에 맞는 커플이 적어도 둘 이상일 확률은 얼마일까?

이 질문에 대한 답은 이항분포를 써서(계산기나 스프레드시트 프로그램을 써도 좋다) 쉽게 계산할 수 있는데, 당연히 잠재적인 '범인 쌍'의 수 N에 따라 달라진다. 설명을 위해 대법원은 당시 로스앤젤레스 지역에 사는 사람의 수인 N=1200만을 이용했는데, 이들의 계산은 "40퍼센트가 넘는다"는(실은 41.8퍼센트다)[1] 답이 나왔다. 대법원은 이런 방식으로 피고인이 목격자의 진술에 나오는 6가지 특징을 지녔다는 이유만으로 유죄라는 결론을 내리는 것은 전혀 합리적이지 않다고 논증했다.

물론 N의 값을 달리 선택하면 답이 달라진다. 하지만 콜린스 커플처럼 로스앤젤레스 내에서 유죄 후보자 쌍의 수 N을 300만으로 잡는다고 해도, 적어도 검찰이 배심원들을 동요시킬 때 의존했던 '수학에 의한 증명'이라는 견지에서 보더라도

---

[1] $r=12000000/11999999$이라 할 때 $1-12000000 \times (r-1)/(r^{12000000}-1)$이다. (옮긴이 주)

12퍼센트 정도의 확률이 나온다. 이 정도면 '합리적 의심을 넘어섰다'고 보기는 어렵지 않을까?

검사의 오류의 핵심은 계산된 확률이(예를 들어 1200만분의 1) 피의자와 일치하지만 재판에 회부되지 않은 사람들이 많이 있기 마련이라는 사실을 간과한다는 점이다. 따라서 재판 중인 사람이 무고함에도, 범죄자를 식별하는 데 이용된 특징과 운 나쁘게도 일치할 확률 P(일치)보다는 훨씬 확률이 높은 것이다.

콜린스 사건이 법조계에서 유명한 사례가 되었을지는 몰라도, 미국 사법 사상 거의 수학에 의존해서 재판 결과가 결정된 것은 그때가 처음은 아니었다. 콜린스 사건은 수학을 잘못 이용한 것으로 드러났다. 하지만 그보다 100년 전에 벌어졌으며 역시 유명한 다음 사건에서는 전혀 상황이 달랐다.

19세기의 유명 수학자가 위조를 설명하다

미국 위조사건 중에서 가장 유명한 사건 중 하나로 19세기 인구에 회자됐던 사건은 수학자 부자의 핵심 증언에 따라 결론이 났다. 하버드 대학의 유명한 수학교수였던 벤저민 퍼스 Benjamin Pierce는 당시 선도적인 수학자 중 한 명으로 오늘날에도 하버드에서는 젊은 수학자에게 벤저민 퍼스 조교수라는 명예로운 이름이 부여되고 있다. 그의 아들 찰스 샌더스 퍼스 Charles Sanders Pierce 역시 수리논리를 가르쳤던 뛰어난 학자로 19세기 과학 연구에 자금을 댄 선도적인 연방기관이었던 미국 해안측량조사부에서 일했으며, '미국적 실용주의'의 창시자로도 잘 알려져 있다.

퍼스 부자는 어떤 종류의 재판에 전문가 증인으로 법정에 출두했을까? 실비아 앤 하울랜드가 사망하면서 남긴 200만 달러 가치의—1865년 당시에는 엄청난 금액이었다[2]—부동산과 관련된 위조사건 재판이었다. 앤의 조카딸이었던 헤티 하울랜드 로빈슨은 자신에게 부동산의 일부밖에 남겨주지 않은 유언장에 대해 이의를 제기하고, 자신과 앤 이모는 비밀 합의를 했으며 그에 따르면 자신이 토지를 모두 물려받아야 한다고 주장했다. 그에 대한 증거로 로빈슨은 이모의 초기 유언장을 제시했는데, 전체 부동산을 자신에게 물려줄 뿐 아니라 이후에 작성되는 유언장은 무효라고 선언돼 있는 두 번째 페이지가 있었다! 부동산의 유언 집행인이었던 토머스 맨델은 두 번째 페이지는 위조라는 근거를 들어 로빈슨의 주장을 거절했으며, 부동산의 상속은 두 번째 유언장에 따르겠다고 결정했다.

로빈슨은 위조범죄 혐의로 소추된 것이 아니었다. 오히려 로

---

2   오늘날 가치로 3000만 달러가 넘는다고 한다. (옮긴이 주)

빈슨이 자신의 주장을 거절한 유언 집행인을 상대로 소송을 제기하면서 세상을 떠들썩하게 한 하울랜드 유언장 사건으로 알려진 로빈슨 대 맨델 소송이 발생했다. 바로 이 소송이 수학을 이용하여 결정되었다.

대부분의 위조사건에서는 X라는 사람의 서명이나 필체를 복제하려고 시도하며, 검찰 측이나 민사 소송인들은 X의 친필에서 표집한 것과 위조물이 다르다는 것을 법정에서 설명하려고 한다. 하지만 하울랜드 유언장 사건에서 쟁점은 반대였다. 위조가 지나치게 잘됐던 것이다!

벤저민과 찰스 퍼스는 피고 맨델 측 증인으로 소환되어 첫 번째 페이지의 진짜 서명과, 논란 중인 두 번째 페이지의 서명 사이의 유사성에 대한 세심한 과학적 조사 결과를 증언했다. (사실 두 번째 페이지는 '두 개' 있었지만 한 장만 분석되었다.)

두 개의 서명은 다음과 같았다.

여러분 자신의 서명 두 개를 들여다보면 둘 사이에 약간의 차이점이 눈에 띌 것이다. 하지만 하울랜드 유서에서의 두 서명은 동일해 보였다. 한 장을 다른 것 위에 대고 따라 그렸다는 것이 가장 그럴듯한 설명이다.

퍼스 부자가 한 일은 이런 의혹을 과학적 사실로 바꾸는 것이었다. 이들은 이모의 서명 두 개를 비교하고, 일치하는 정도를 숫자로 나타낼 방법을 고안했는데, 일종의 일치 점수에 해당한다. 이런 점수를 결정하기 위해 이들은 아래로 긋는 획을 이용하기로 결정했다. 서명 중에 그런 획은 30개였는데, 하나의 서명에서 30개의 획이 다른 서명에서 30개의 획과 '일치'하는 숫자를 세기로 했다. 첫 번째 글자 L의 획처럼 특정한 획이 '일치'한다는 것은 기본적으로 서명의 사진을 서로 겹쳐 놓아 판단했을 때 이들 획이 완전히 똑같다는 것을 뜻했다.

옆에 있는 두 서명을 비교했더니 30개의 획 전부가 일치했다는 것이 발견됐다! 이것이 순전히 우연에 의한 일치일 수 있을까? 아니면 진짜 서명 위에 논란의 두 번째 페이지를 얹고 따라 써서 논란 중인 서명을 얻었다는 명백한 증거일까? 여기에 수학적 분석이 들어간다.

퍼스 부자는 논란의 여지 없이 실비아 앤 하울랜드의 진본으로 알려진 서명 42개를 확보했다. 이들 42개의 서명 사이에는 비교할 쌍을 $42 \times 41/2 = 861$가지 방법으로 고를 수 있었다. 이들 861쌍에 대해 일치 횟수를 판단했다. 아래로 그은 30개의 획 중 일치한 것은 몇 개였을까? 861×30=25,830회를 비교한 것 중에 도합 5,325회의 일치를 찾아냈다. 이는 다섯 번 비교하면 그중 한 번이 완전히 일치한 것으로 판정되었다는 뜻이다.

나머지 분석은 수학적, 더 구체적으로 말해 통계학적이다. 아버지 퍼스는 30회의 획 중에서 30회가 모두 일치할 확률을 계산했는데, 각 획이 일치할 확률을 5325/25380=0.206156이라고 가정했다. 이들이 독립적으로(!) 일치한다고 가정할 경우, 퍼스는 곱의 법칙을 적용하여

$$0.206156 \times 0.206156 \times 0.206156 \times \cdots [30번]$$

즉

$$0.206156^{30}$$

이라고 했다. 이 수는 대략 375조분의 1이었다. (사실 퍼스는 계산에서 실수를 하여, 375 대신 조금 더 큰 숫자인 2666을 내놓았다.)[3]

퍼스는 1868년의 신사다운 수학자에게 기대되는 완전한 달변으로 자신의 결과를 이렇게 요약했다. "이처럼 어마어마하게 일어나지 않음직한 일은 사실상 불가능한 일입니다. 이런 순식

간의 그림자와 같은 확률은 실제 생활에서는 일어날 수 없습니다. (중략) 이런 우연의 일치가 일어난 원인은 그런 일치를 만들어내려는 의도가 있었기 때문일 것입니다."

이러한 수학적이고 은유적인 현란함에 비추어 법정이 헤티 로빈슨에게 불리하게 판결한 것은 당연히 놀랍지 않을 것이다.

현대 수학자나 통계학자라면 퍼스 교수의 분석에 대해 무엇이라고 말할까? 861쌍의 서명이 일치한 횟수를 세어 비교한 자료는 독립성 가정을 얼마나 잘 만족한 것인지, 혹은 이로 인해 나오게 될 이항분포 모형이 잘 맞는지 분석할 수 있을 것이다. 이들 861쌍에 대해 일치하는 정도를 셈한 자료는 퍼스의 모형에 전혀 맞지 않는다는 결과가 나온다. 하지만 이들 30개의 획이 일치하는 일은 대단히 드물다는 결론을 뒷받침하지 못한다는 뜻은 아니다. 마이클 핑켈슈타인Michael O. Finkelstein과 브루스 레빈Bruce Levine이 명저 《변호인들을 위한 통계학Statistics for Lawyers》에서 하울랜드 유서 사건을 논의하면서 지적한 대로, 오늘날의 통계학자들은 이런 자료를 "비모수적nonparametric" 방법으로 분석하는 걸 좋아한다. 이는 두 개의 서명을 비교할

---

3 3해 7500경, 즉 3.75×10^{20}분의 1이 맞다. 저자들은 375trillion이라고 했으나, 서양에서 현대적으로 쓰는 trillion은 1조, 즉 10^{12}에 해당한다. 다소 고전적인 단위로 영국에서 쓰는 '100만조'로 이해하더라도 10^{18}에 해당하므로 여전히 단위가 맞지 않다. 퍼스가 계산한 확률은 2.666×10^{21}분의 1이었다. (옮긴이 주)

때, 일치하지 않을 확률, 한 개 일치할 확률, 두 개 일치할 확률 등으로 시작하여 30개가 일치할 확률이 특정한 식을 만족한다고 가정하지 않는다고, 즉 막대그래프로 표현했을 때 특정한 모양을 띠지 않는다고 가정하여 분석한다는 뜻이다.

오늘날의 통계학자라면 좀 더 정당화할 수 있는 분석에 의지할 것이다. 예를 들어 영가설null hypothesis이 참이라면[4](즉 논란의 서명이 진본이라면), 진짜 서명은 43개이므로 서명의 쌍은 43×42/2=903쌍인데, 이들 쌍 각각의 서명이 가장 많이 일치할 쌍일 가능성은 동일하다고 볼 수 있다. 따라서 30개 중 30개가 일치하는 것이 얼마나 극단적인지 고려하지 않고서도—이는 903쌍의 서명 쌍 중에서 최고 수준의 일치를 보여주었다는 사실에 불과하다—이들 특정한 서명의 쌍이 다른 쌍보다 '더 일치'할 가능성은 고작해야 903분의 1이다. 따라서 0.1퍼센트 수준의 대단히 그럴 법하지 않은 사건이 일어났거나, 논란이 된 서명이 진본이라는 가정이 틀린 것이다. 이 정도만으로도 찰리 엡스가 형을 설득할 수 있었을 것이고, 헤티 로빈슨에게 수갑을 채우기에 충분했을 것이다!

---

4 과거 '귀무가설'이라 부르는 말이다. 어떤 사실을 증명하기 위해서, 이에 반대되는 가설인 영가설을 세운 뒤 그 가설하에 원하는 사실이 발생할 확률이 극히 작다는 것을 보여서 가설을 기각하는 방법을 많이 쓴다. (옮긴이 주)

배심원 선정에서 수학은 어떻게 활용되는가

이 책의 독자 중 범죄자는 거의 없을 거라고 믿는다. 독자들이 범죄의 희생자가 아니길 바라는 것은 물론이다. 따라서 여러분은 이 책에서 묘사한 것의 대부분을 읽는 데―아니면 〈넘버스〉를 시청하는 데―그칠 것이다. 하지만 만일 여러분이 미국 시민이라면 5분의 1 정도의 확률로 일생에 한 번 정도는 배심원 임무에 소환될 가능성이 있다.

대부분의 사람에게는 배심원으로 봉사하는 것이 사법체계를 직접 만나는 유일한 경험이다. 실제로 배심원에 선정되면, 여러분이 고려해야 할 증거의 일부가 수학적일 가능성이 약간 있다. 하지만 특히 심각한 사건인 경우 여러분 자신은 알지도 못한 채 몇 차례 수학의 대상이 될 가능성이 훨씬 크다. 바로 배심원 선정에 관한 수학이다. 검찰 측이나 변호인 측, 혹은 양측 모두가 선임한 통계학자들이―요즘 통계학자들은 상업적으로 개발된 배심원 프로파일링 시스템을 점차 이용하는 추세다―여러분을 배심원단에서 제외해야 할 만한 편향성이 있는지 판단하려고 할 때 수학적 대상이 되는 것이다.

일반적 인식에 따르면 배심원단은 12명의 시민으로 구성된 패널이지만, 사실 배심원단의 규모는 주마다 다르며 연방정부 배심원단도 다르며 최하 6명에서 최대 12명까지 이른다. 3명만으로 구성된 배심원단이 제안되기도 했지만, 받아들일 만한 수준의 공정성을 확보하기 위해서는 6명이 최솟값이라는 일반적인 공감대가 형성돼 있는 것 같다.

　현대의 배심원 선정과 관련하여, 1968년 '연방배심원 선정 및 직무에 대한 법률'에서 "유권자 명단에서 배심원 이름을 무작위로 선택"할 것을 명문화했으므로(물론 법적으로는 연방 법정에만 적용되는 법률이지만, 일반적인 기준을 설정한 것으로 간주된다) 처음부터 수학이 개입했다. 찰리 엡스였다면 무작위성이란 까다로운 개념이어서 적절히 다루기 위해서는 다소간 수학적으로 복잡할 수밖에 없다고 말했겠지만 말이다.

　배심원 선정 시스템의 목표 중 하나는 가능한 한 사회의 대표적인 단면을 골라 배심원단을 구성한다는 것이다. 따라서 선정 과정에서—선정 과정이 항상 그렇듯이 남용되기 쉽다—소수자 집단처럼 몇몇 특정 집단을 부당하게 차별하지 않는 것이 중요하다. 하지만 경찰 업무에서 인종적 편견 문제를 판단하는 문제에 대한 2장의 논의에서 그랬듯이 차별 여부를 가려내는 일은 미묘한 문제일 수 있으며, 겉으로는 명백한 차별처럼 보이는 것도 전혀 그렇지 않은 것으로 밝혀지기도 한다.

　1977년의 카스타네다 대 파티다 사건은 대법원까지 갔던 사건으로 자주 인용되는 재판인데, 로드리고 파티다라는 이름의 멕시코계 미국인이 남부 텍사스 국경의 히달고 카운티에서 강간 의도를 지닌 강도 혐의로 기소됐던 사건이다. 파티다는 텍사스의 배심원 선정 시스템이 멕시코계 미국인에게 불리하게 차별된 대배심원단을 선정했다는 근거를 들어 유죄 판결에 대해 항소했다. 인구조사 자료와 법정 기록에 따르면, 11년이 넘는 기간 동안 대배심원으로 소환됐던 사람 중 겨우 39퍼센트만이 스페인계 성을 가지고 있었으며, 반면 일반인 중 79퍼센트가 스페인계 성을 가지고 있었던 것이다. 대법원은 이를 차별로 인하여 확실히 승소한 사건임을 입증하기에 충분하다고 보았다.

법원은 통계분석에 근거하여 차별이라고 보았다. 이 분석에서는 만일 일반인들로부터 무작위적으로 배심원을 뽑아 배심원단을 구성했다고 가정할 때 표본 내에서 멕시코계 미국인의 숫자는 정규분포를 써서 모형을 세울 수 있다고 가정했다. 인구 중 79.1퍼센트가 멕시코계 미국인이었으므로, 11년 동안 대배심원으로 봉사하기 위해 소환된 870명 중에서 멕시코계 미국인의 수의 기댓값은 대략 688명이었다. 실제로는 339명만이 대배심원으로 봉사했다. 이 분포에 대한 표준편차는 대략 12명 정도로 계산되었으므로, 관측된 자료는 기댓값으로부터 대충 표준편차의 29배에 달하는 편차를 보였음을 뜻한다. 표준편차의 두 배나 세 배 정도의 편차는 통계적으로 있음직하다고 간주되지만, 이 사건의 수치는 압도적이었다. 기댓값에서 이처럼 벗어날 확률을 흔히 'p값'이라 부르는데, 10^{140}분의 1보다도 작다.

또 하나의 세간의 이목을 끈 사건은 1968년 유명한 소아과 의사 벤저민 스팍 박사가 베트남전 동안 영장을 찢어버리는 걸 옹호한 혐의에 대해 지방법원에서 유죄 판결한 사건이다. 무작위로 선택하기로 돼 있던 100명의 대배심 후보자 중에서 9명만이 여성이었다는 것이 알려진 후 이 유죄 평결에 대한 우려가 있었다. 당시 여론조사에 따르면, 남성들보다는 여성들 사이에서 훨씬 반전 정서가 퍼져 있었다. 스팍 박사의 변호인단은 통계학자(겸 법학 교수) 한스 지젤Hans Zeisel에게 배심원 선정 시스템 분석을 의뢰했다. 지젤은 스팍의 재판 이전 2년 반 동안 지방법원의 재판관 7명이 관련된 46건의 배심원 후보자들을 조사하여, 스팍의 사건을 맡았던 바로 그 재판관은 다른 재판관들에 비해 여성 후보자가 꾸준하게 적었다는 것을 발견했다. 이 사건에서의 불일치에 대한 p값은 대략 10^{18}분의 1이었다. 이런 명백한 차별 사건이 스팍 박사의 항소가 받아들여지는 데 핵심적인 역할을 하지는 않은 것으로 드러났는데, 헌법 수정조항 1조[5]를 근거로 항소가 승인됐기 때문이다.

이 두 사건이 보여주는 것은 철저한 통계적 분석을 적용하면, 배심원 선정에서 기준이 되는 '합리적 의심'을 훨씬 넘어선 정도의 차별이 있는지 판단할 수 있다는 것이다.

---

5 의회가 언론, 출판, 종교, 발언 등의 자유를 제한하는 법률 제정을 막는 조항. (옮긴이 주)

하지만 배심원 후보자의 선정은 얘기의 일부에 불과하다. 미국의 사법체계에서는 개별 배심원이 세 가지 사유 중 하나에 해당하면 후보자에서 빠질 수 있도록 허락하고 있다.

첫 번째 사유는 배심원의 업무가 과중할 때다. 통상적으로 이는 재판이 오랜 기간 지속되어 격리해야 할 때 발생한다. 그런 경우 유아를 둔 어머니, 소규모 자영업자 등은 배심원 의무 면제를 신청한다. 이 때문에 재판이 길 때는 일반적으로 배심원단이 대개 은퇴자나 노동하지 않아도 될 만큼의 재산이 있으며 여유 시간이 많은 사람들로 구성된다는 불합리하지만은 않은 결론에 이르는 경우가 많다.

선정 제외의 두 번째 사유는 소송 당사자 중 어느 쪽에서 특정 배심원 후보가 그 재판에서 공정할 수 없다는 것을 법정이 만족할 만하게 설명할 수 있을 때다.

세 번째 사유는 세밀한 통계적 혹은 심리적 프로파일에 영향을 받을 잠재성이 있는 배심원일 때다. 이른바 '이유 불요 기피 peremptory challenge'라는 것으로, 검찰 측과 피고인 측 모두가 아무 근거를 대지 않고도 일정 수의 배심원을 배제하는 것이 허용된다. 물론 검찰이나 변호인이 어떤 배심원을 배제해 달라고 말할 때는 실은 이 특정 배심원이 자신들의 사건에 호의적이지 않을 거라고 의심하기 때문이다. 도대체 그런 것은 어떻게 알아내는 것일까?

배심원 프로파일링

이유 불요 기피권이 사건의 양측에 자신들의 이익에 맞게 배심원을 선정하려고 노력할 자유를 어느 정도 주긴 하지만, 소수자들과 같은 보호되는 집단을 상대로 차별할 권리까지 주는 것은 아니다. 1986년의 뱃슨 대 켄터키 주 사건에서, 배심원단은 아프리카계 미국인 제이슨 뱃슨을 절도 및 장물 취득죄로 유죄 평결했다. 이 사건에서 검찰 측은 이유 불요 기피권을 이용하여 아프리카계 미국인을 모두 배제시켜서 전원 백인으로 구성된 배심원단만 남겼다. 이 사건은 대법원까지 가게 되었는데, 배심원단의 구성에 근거하여 유죄 평결이 뒤집혔다. 당시 뱃슨은 21년형을 받고 복역 중이었는데, 재심의 위험을 무릅쓰기보다는 절도건에 대해 유죄 협상 교섭을 하여 5년형을 받아들였다.

언제나 그렇듯이 우연한 변동 효과에 비해 차별당했다는 것을 입증하는 것은 까다롭다. 또 다른 사건인 미국 정부 대 조던 사건에서 정부 측은 이유 불요 기피권으로 아프리카계 미국인 7명 중 3명을 배제했는데, 반면 21명의 백인 중에서는 3명만 배제했다. 이는 배심원 후보 중에서 아프리카계 미국인이 배제될 가능성은 백인에 비해 3배 많다는 것이다. 이 사건에서 p값은 0.14로 계산되었다. 다른 말로 하면 7번 중에 한 번은 이러한 배심원 프로파일링이 발생할 수 있다는 것이다. 항소심에서도 차별의 증거가 불충분하다고 판결했다.

불법적인 차별은 배제됨에도 불구하고 검찰 측이나 변호인 측에서는 자신들의 이익에 맞는 배심원단을 꾸리려고 노력할 만한 여지가 상당히 많은 것으로 드러났다. 어떤 특징이 특정 배심원이 투표하는 방식을 짐작하는 데 믿을 만한 지표인지 사전에 판단하는 것이 요령이다. 그런 특징은 어떻게 결정할까? 설문조사를 수행하고 통계학을 이용하여 결과를 분석하는 것이다.

1970년대 초반 국방장관인 헨리 키신저를 납치하고 징병 후보자 시스템의 기록을 파손하려는 음모를 꾸민 혐의로 기소된 반전 활동가들, 이른바 '해리스버그의 7인Harrisburg Seven'의 변호인으로 참여한 사회학자들이 이런 아이디어를 처음으로 시험했다. 변호인들은 지역적으로 수집된 설문조사 자료를 바탕으로 반체제 인사들에게 덜 동정적인 해리스버그 시민들을 배제하며, 조직적으로 배심원을 선정했다. 이들 배심원단은 심각한 혐의에 대해서는 결론을 내지 못했고, 이들 활동가들을 고작 한 건의 작은 범행에 대해서만 유죄로 평결했는데, 상당히 보수적인 펜실베이니아의 도시에서 기대되는 '냉혹한 배심원'과는 거리가 멀었다.

13 카지노에서의 수 싸움
수학을 이용하여 시스템 깨기

카드를 세는 사람들

블랙잭 테이블의 여성 딜러는 능숙하다. 카드를 돌리면서 플레이어들과 농담을 나누는데, 그러면 점점 더 베팅을 키우는 경향이 생긴다. 검은 가죽 재킷을 입고 긴 머리에 염소수염을 기른 젊은 남자가 테이블로 오더니 빈자리에 앉는다. 5000달러를 칩으로 교환하여 다음 판에 거액을 베팅한다. 딜러와 다른 플레이어들은 베팅의 규모에 깜짝 놀라지만, 젊은 남자는 모스크바에 있는 가족 얘기를 하며 분위기를 가라앉힌다. 그 판을 이기며 큰 이익을 남기더니, 한 판 더하는 대신 칩을 주워 모아 자리를 뜬다. 카지노 주차장에서 자신의 차를 찾는 그는 불안해하는 듯하고, 심지어는 두려워하는 듯하다. 잠시 후 그는 모습이 보이지 않는 저격범의 총에 맞아 사망한다.

이는 2006년 1월 13일 방송된 〈넘버스〉 두 번째 시즌의 에피소드 '더블다운'의 첫 장면이다. 〈넘버스〉의 사건들이 대개 그렇듯 줄거리는 범죄 그 자체에 대한 것이 아니라, 피해자와 용의자가 살고 있는 특별한 세계에 대한 얘기다. 이 경우에는 카지노 도박장에 도전하는 전문 블랙잭 선수들의 세계에 대한 것이다. '더블다운' 에피소드가 펼쳐지면서 시청자들은 피해자 유리 체르노프가 헌팅턴 공대의 뛰어난 수학과 학생이라는 것을 알게 되고, 자연스럽게 찰리가 도움을 주는 사건이 된다. 도움을 주기 위해 찰리는[1] 45년이 넘게 카지노 블랙잭 세계에서 벌어지고 있던 현실의 지혜 대결의 장—때로는 그 이상의 대결의 장—을 파헤치게 된다.

이 대결의 한쪽은 비밀스럽고 은밀한 '카드 카운터card counter'들이 차지하는데, 보통은 팀을 짜서 활동하며 카지노로부터 거액을 따기 위해 정교한 수학과 고도로 발달된 기술을 적용한다. 다른 쪽은 카지노 도박장인데 카드 카운터들을 협잡꾼으로 간주하며, 카운터로 알려진 이들의 사진이 든 파일을 보유하고 있

---

[1] 이 에피소드에서는 찰리보다는 동료 물리학과 교수인 래리 플라인하르트 교수가 더 많이 관여한다. (옮긴이 주)

다. 카지노의 주인들은 딜러와 피고용인들에게 몇 시간 안에 수만 달러를 따고 사라져 버릴 수 있는 선수급의 신예들을 살펴보라고 지시해두었다.

대부분의 주에서[2] 블랙잭을 하면서 카드를 카운팅하는 선수는 문자 그대로는 범죄자가 아니다. 하지만 카지노에서는 이들을 숙적이자 협잡꾼으로 보며, 칩을 조작하는 자나 카지노의 돈을 훔치기 위해 부정직한 딜러와 공모한 자들과 별다르지 않다고 본다. 카드 카운터들은 발각되거나 게임을 금지당할 위험이 있기 때문에 변장을 하며, 딜러의 눈으로부터 자신의 진짜 능력을 속이기 위해 공들여 연극하거나, 발각되지 않기 위해 처절하게 노력하며 몰래 빠져나가는 등 범죄자처럼 행동해야만 한다.

카지노가 까다로워 하는 근본 원인은 적어도 블랙잭만큼은 다른 카지노 도박꾼들과는 달리 영악하고 적절한 지식을 갖춘 선수가 실제로 카지노보다 유리하기 때문이다. 카지노는 자신들이 제공하는 게임에서 정확한 승리 확률을 알며, 플레이어들보다 약간(대개 2, 3퍼센트 정도) 유리하게 확률을 설정하여 막대한 이득을 취한다. 이렇게 하면 한두 명의 플레이어는 가끔씩 일확천금을 벌지만 거대 다수는 그렇지 못하며, 주나 개월 단위

---

2 네바다 주는 예외다. 이익이 많이 나는 도박사업 이외에는 꽤 가난한 주이므로, 카지노에서 카드 카운팅을 불법으로 하라는 법률 제정을 압박할 수 있었다.

로 보면 카지노는 꾸준한 이익이 보장된다.

예를 들어 크랩스craps 게임에서는 (칩을 조작하거나, 조작된 주사위를 사용하거나 등등) 실제로 부정한 범죄적 행동을 하지 않으면, 어떤 선수도 결국에는 딸 수 없다. 정직한 선수가 이기더라도 이는 다시 하고, 또 하고, 또 하면 결국 쌓아 올리게 될 손실을 미리 받아둔 것뿐이다. 결국 그런 일이 일어난다는 것을 수학이 보장한다.

하지만 블랙잭은 다르다. 어떤 상황하에서는 플레이어들이 유리하다. 언제가 그런 상황이며 그 상황을 어떻게 이용하는지 아는 플레이어라면, 계속 게임하는 것이 허용되는 경우 그런 이점을 기반으로 큰돈을 딸 수 있다. 카드 카운터들은 더 오래 게임할수록 더 많이 승리할 수 있다.

블랙잭의 비대칭적 규칙

카지노 블랙잭에서는 테이블 앞의 각 플레이어는 각각 딜러를 상대로 경기를 한다. 플레이어와 딜러 모두 두 장씩으로 시작하며 번갈아 가면서 추가로 카드를 한 번에 한 장씩 더 받을 수 있는(자기 패에 '추가hit'할) 권리가 있다. '파산bust' 즉 21을 넘기지 않으면서 가능한 한 합이 높은 패를(그림 카드는 모두 10으로 세며, 에이스는 1일 수도 11일 수도 있다) 얻는 게 목적이다. 만일 플레이어가 딜러보다 합이 크면 플레이어가 승리하며, 만일 딜러의 합이 크면 딜러가 승리한다. 대부분의 판에서 득실은 공정하며, 따라서 플레이어는 판돈을 잃든지 두 배를 받는다.

카지노에게 가장 골칫거리는, 자신들이 제공하는 방식에서는 딜러가 엄격한 전략에 따라야만 한다는 점이다. 딜러가 가진 패의 합이 17 이상이면 반드시 '멈춰야stand' 하며(카드를 더 받는 것이 허용되지 않는다) 그렇지 않은 경우 딜러는 더 받을 수도 있고 그만 받을 수도 있다.[3] 카지노가 돈을 잃는 걸 막아주었을 난공불락의 수학적 장벽에 작은 균열이 생기는 건 바로 이런 운영 규칙 때문이다.

카지노 블랙잭에서 이런 규칙을 잠재적으로 유리하게 이용할 가능성은 알려져 있었으며, 1962년 젊은 수학과 교수 에드워드 소프Edward Thorp가 저서 《딜러를 이겨라Beat the Dealer》를 출간하기 전까지는 겨우 몇 사람만이 써먹었다. 찰리 엡스와 그다지 다르지 않은 방식으로—물론 FBI가 범죄를 해결하기 위해 도움을 요청하는 형은 없었지만—소프는 UCLA에서 MIT로(나중에는 어바인의 캘리포니아 대학으로) 학교를 옮기며 자신의

---

3 어떤 카지노에서는 에이스를 11로 세어 총합이 17을 넘을 때는 더 받아야 한다는 이른바 '유연한 17 규칙'을 적용하기도 한다.

경력을 수학 연구자로 시작했는데, 수학 학술지에서 블랙잭에 대한 짧은 글을 읽은 뒤 블랙잭과 다른 카지노 게임 사이의 흥미로운 차이점에 관심이 생겼다.

한 판의 게임에서 일어나는 일은 그 판의 나중과 이후의 판들에서 일어나는 일에 영향을 줄 수 있다. 따라서 블랙잭은 플레이어에게 유리한 도박은 없다는 수학 법칙의 적용을 받지 않는다.[4]

블랙잭 게임에서 플레이어와 딜러에게 비대칭적인 특징은 딜러가 따라야 하는 '17 규칙' 이외에도 더 있는 것으로 드러났다. 플레이어들은 딜러의 첫 번째 카드, 소위 '펼쳐진 카드 up card'[5]를 보고, 그 정보를 고려하여 카드를 더 받을 것인지 멈출 것인지 결정하는 데 이용할 수 있다. 즉 플레이어는 고정된 전략의 딜러에 비해 다양한 전략을 구사할 수 있다. 다른 차이점도 있다. 플레이어와 딜러가 모두 21을 초과하면 딜러가 이긴다는 규칙은 명백히 카지노에게 유리한 비대칭성 중 하나다. 하

---

4 2015년 이레미디어에서 국내 번역본 《딜러를 이겨라》가 나왔다. 다만 '21 게임의 승리 전략'이라는 원래 책의 부제 대신 '켈리 공식으로 카지노와 월가를 점령한 수학자 이야기'라는 부제를 사용하여 책의 내용에 혼동을 주고 있다. (옮긴이 주)
5 플레이어의 카드 두 장은 모두 펼쳐놓지만, 딜러의 카드는 두 장 중에 한 장만 액면이 보이게 놓는다. 이를 가리키는 용어다. (옮긴이 주)

지만 플레이어에게 유리한 비대칭성도 있다. 예를 들어 플레이어에게는 '더블다운double down'[6]이나 '스플릿splitting pairs'[7]이라는 특별한 운영을 할 기회가 주어지는데, 대개 유리하게 작용한다. 또한 처음에 받은 두 장이 '내추럴natural'[8]이면, 즉 에이스 한 장과 (그림 카드든 액면 숫자가 10이든) 10 한 장의 조합이면, 딜러가 내추럴이 아닌 한 3:2에 상응하는(보통은 반반이다) 보너스를 받으므로 상당히 짭짤하다.

블랙잭에서는 매 판 사용한 카드를 묻기discard 때문에, 플레이어들이 이들 비대칭성을 이용하여 자본을 축적할 수 있다. 카드를 묻는다는 것은 게임이 진행될수록 카드 뭉치 내의 10 카드의 숫자의 분포가 변할 수 있음을 뜻하므로, 약삭빠른 플레이어는 이를 이용할 수 있다.

소프가 1962년 자신의 혁신적인 발견을 출간하자, 이들 비대칭성과 다른 미세한 점들로 인한 알짜 효과 때문에 라스베이거스 스트립strip[9]에서 블랙잭은 사실상 공평한 게임이었으며 카지노의 이득은 거의 0에 가까웠다.

---

6 카드를 한 장만 더 받는 조건으로 판돈을 두 배로 올리는 것. (옮긴이 주)
7 처음에 받은 두 장의 패가 같은 경우, 둘을 쪼개서 두 패로 나누어 플레이하는 것. 주로 10이나 에이스 두 장이 들어온 경우 이렇게 하면 유리하다. (옮긴이 주)
8 이를 '블랙잭'이라 부르는 게 일반적이다. 게임 이름이 블랙잭인 이유다. 이때는 판돈의 1.5배를 받는다. (옮긴이 주)
9 라스베이거스 카지노 밀집 지역을 가리키는 명칭. (옮긴이 주)

보통 카지노 측에 유리함이 보장되어왔던 산업에서 소프의 발견은 완전히 예상 밖이었고 뉴스거리가 되기에 충분할 정도로 인상적이었으며, 수많은 도박꾼들이 소프가 추천한 전략으로 플레이하기 위해 블랙잭 테이블 앞에 모였다. 소프의 전략은 플레이어들이 언제 패를 추가로 받을지, 언제 멈출지 등등에 대해 몇 가지 규칙을 암기할 것을 요구한다. 이들 규칙은 모두 확률 계산이라는 탄탄한 수학에 근거하고 있다. 예를 들어 플레이어가 총합 16인 패를 쥐고 있고, 딜러의 패에 에이스가 한 장 보일 때 한 장을 더 받을지 말지 확률 계산을 한다. 소프는 딜러가 도달하게 될 다양한 합계의 확률과 플레이어가 한 장 더 받아서 도달할 합계의 확률을 계산한 뒤, 더 받을 때와 더 받지 않을 때의 승리 확률을 비교하여 플레이어가 두 방안 중 더 나은 쪽을 취하도록—예로 든 경우에는 한 장 더 받아야 한다—권했다.

카지노는 자신들의 사업이 번창하는 것을 보고 기뻐했으나, 머지않아 새로 유입된 블랙잭 열혈팬들은 오로지 소프의 전략만을 철저히 따르고 있다는 것을 알게 됐다. 승리하고 싶어하는 상당수가 적시에 전략을 적용할 만큼 세밀한 부분을 기억하는 데 어려움을 겪거나, 뽑은 패가 불운하다는 엄연한 현실에 마주치자 수학적으로 유도된 최선의 전략을 별로 추종하지 않기도 했다. 좋은 패나 나쁜 패가 연이어 들어오면—예를 들어 기본 전략의 지시를 따르다가 연이어 진 경우—플레이어들은 소프가 꼼꼼하게 계산한 지시사항을 종종 무시하곤 했다.

그럼에도 《딜러를 이겨라》는 놀랄 만한 성공을 거뒀다. 70만 부 이상 팔렸으며 《뉴욕타임스》 베스트셀러 목록에도 올랐다. 블랙잭 게임은 절대 예전과 같은 게임이 아니게 됐다.

수학자의 비밀 무기 - 카드 카운팅

소프가 첫 번째로 개발한 기본 전략은 카지노의 돈벌이 게임을 단순히 공정한 게임으로 바꾸었을 뿐이다. 그렇다면 어떻게 블랙잭이 카지노를 잠재적인 패배자로 만들고 수학자들과 열혈 학생들의 돈벌이가 된 걸까? 소프는 1960년대 초반 이용할 수 있던 가장 강력한 컴퓨터를 이용하여 블랙잭 전략을 좀 더 주의 깊게 분석하고, 두 가지 기본 아이디어를 짜냈다.

그중 하나는 플레이어가 카드뭉치에 남아 있는 10의 비율에 따라 (받을 것인지, 멈출 것인지, 더블다운할 것인지 등의) 전략을 더 변용하는 것이었다. 예를 들어 카드뭉치에 10이 많이 남아 있고 플레이어가 손에 든 패는 16으로 나쁜데 딜러는 10을 가지고 있는 경우처럼 파산할 가능성이 평소보다 높으면, 기본 전략을 영리하게 수정하여 더 받는 대신 그만 받도록 선택할 수 있다. (카드뭉치에 10점짜리 카드가 많이 남아 있으면, 16에 한 장을 더 받으면 파산하게 될 확률이 높아지기 때문이다.) 반대로 상대적으로 낮은 수의 카드가 뭉치 속에 있어서 파산할 가능성이 평소보다 낮으면, 보통이라면 기본 전략에 따라 더 받지 않았을 상황에서도 한 장을 더 받을 수 있다. 이런 변화로 이익이 될 비율이 0이었던 것이 플레이어에게 약간 이득이 되도록 바뀐다.

카드뭉치 속에 남은 10점짜리 카드 개수의 비율이라는 정보에 따라 판마다 베팅액을 바꾸는 것이 플레이어가 쓸 수 있는 또 하나의 전략이다. 왜 그렇게 해야 할까? 10점짜리 카드의 비율이 플레이어의 다음 판 전망에 영향을 주기 때문이다. 예를 들어 카드뭉치에 10이 많이 남아 있으면, 내추럴이 나올 가능성이 올라간다. 물론 딜러가 내추럴이 될 가능성도 올라가지만, 플레이어는 내추럴이 나오면 보너스를 받는 반면 딜러는 그렇지 않다. 따라서 플레이어와 딜러에게 내추럴이 더 자주 나온다는 것은 플레이어로서는 순이익이 생긴다는 뜻이다!

소프가 자신의 베스트셀러 독자들에게 수학을 소개하는 정도였더라도, 카지노로서는 충분히 좋지 않았을 것이다. 소프의 전략을 이해할 수학적 능력이 충분한 플레이어들의 자비를 바라야만 했을 테니까 말이다. 하지만 소프는 한술 더 떴다. 소프는 플레이어들에게 어떻게 카드 개수를 카운트할 수 있는지 보여주었다. 즉 판이 진행되면서 10과 10이 아닌 카드들의 개수를 계속 세어나가면, 다음 판이 평소보다 더 이익일지 손해일지, 손익은 어느 정도일지에 대한 유용한 지표를 얻기 때문이다.

그 결과 소프의 책을 읽은 수천 명의 독자가 소프의 지시대로 '10의 전략'을 이용하는 카드 카운터가 되기 시작했으며, 라스베이거스나 네바다 주의 여타 지역에 도착하는 기차, 비행기, 버스에 탄 승객들의 손에 그의 책이 들려 있기 시작했다. 그곳에 가면 소프의 수학적 분석으로 인한 열매를 적용하여 거액을 벌 수 있게 된 것이다.

카지노는 곤경에 빠졌으며 머지않아 플레이어의 승리에 기여하는 특징들을 제거함으로써 블랙잭의 규칙을 바꿨다. 또한 네 뭉치, 여섯 뭉치, 여덟 뭉치 등 여러 뭉치의 카드를 한꺼번에 섞는 방법을 도입했고, 섞인 카드를 담아두며 딜러가 꺼낼 다음 패의 뒷면만 보이게 해놓은 목재 혹은 플라스틱 재질의 '슈shoe'에서 카드를 꺼내어 도르게 했다.

슈는 승리 전략을 개발한 소프 교수를 기려 '교수 차단기professor stopper'로 불리기도 했는데, 아주 크지는 않았지만 그의 책에 막대한 관심을 더해주기에 충분했다. 또한 여러 뭉치의 슈는 두 가지 효과를 가져왔다. 카지노는 카드를 덜 섞어도 됐으며, 상당수의 카드가 여전히 슈에 남아 있어도 게임을 지연시키지(수익에 좋지 않다) 않으면서도 다시 섞을 수 있게 되었다. 이 때문에 카드 카운터들이 이용해먹을 만한 가장 유리한 상황이 차단됐는데, 남은 패가 상대적으로 적을수록 플레이어에게 유리하기 때문이다. 또한 여러 뭉치의 게임은 보통 플레이어 대 하우스의 승률을 대략 1.5퍼센트 정도 하우스에게 유리하게(위에 언급한 비대칭성이 주요 이유다) 만들었다. 여러 뭉치를 함께 섞은 뒤 패를 돌리면 소프의 카운팅 전략으로 유리한 뭉치를 찾아내는 데 더 오랜 시간이 걸리게 되며, 시간이 길어질수록 플레이어가 카운팅에서 실수를 저지를 가능성은 더 커지기 때문에 카지노로서는 더 좋아졌다.

보통의 블랙잭 플레이어들이 이런 규칙의 변화를 불평할 것으로 예상했으나, '더블다운'이나 '스플릿' 같은 플레이를 할 기회를 줄인 것에 대한 불평만 있었다. 따라서 카지노는 누그러졌고 거의 기존의 규칙을 재도입했다. 하지만 여전히 슈는 유지했는데, 블랙잭 테이블 중에는 간혹 지금도 뭉치가 하나인 게임을 제공하기도 한다.

로든의 이야기: 도박꾼이 파산하지 않을 수 있을까

이 시점에서 우리 저자 중 한 명인 로든이 소프의 시스템을 체험한 것을 말하지 않고는 못 배길 것 같다. 1963년 여름 나(로든)는 대학원 방학을 맞아 남부 캘리포니아의 고향으로 돌아가 항공우주 산업체에서 일하고 있었다. 소프의 책에 흥미가 생겼는데, 특히 '도박꾼의 파산 문제'가 블랙잭에서의 승리라는 대단히 실용적인 문제에 빛을 던져준다는 소프의 설명 부분이 흥미로웠다. 캘리포니아 공대 재학 시절 수학 공부를 하던 당시 그 문제에 친숙해 있었지만, 켈리 도박 시스템이나 소프가 설명한 다른 자금 관리 규칙은 들어본 적이 없었다.

이들 규칙은 잘 알려진 원칙에서 파생하며 중요함에도 거의 이해되고 있지 않은 "결국에는 확률을 이길 수 없다"는 것을 반영하고 있었다. 몇 년 뒤 캘리포니아 공대의 공개 강의 때 나는 청중들과 함께 정교한 실험을 하여 이 사실을 설명했다.

나는 컴퓨터 프로그래밍을 써서 룰렛 게임장에서 하나의 숫자에만 꾸준히 매주 5일, 하루 8시간, 1년 내내 베팅한 결과를 수학적으로 시뮬레이션한 결과인 '도박 이력'을 청중 개인당 하나씩 1000개를 뽑아 나눠주었다. 룰렛 게임에서 카지노는 5.6퍼센트 유리하지만, "3개월 뒤 여전히 따고 있는 사람은 몇 명입니까?"라고 물었을 때 청중 중에서 100명 정도만 손을 들었다. 강의가 끝날 때쯤 빡빡한 경쟁을 뚫고 '최고의 룰렛 플레이어'로서 경기력을 증명하는 액자 인증서를 받게 된 우승자는 여성이었다. 청중 중에는 1년 내내 룰렛을 하여 이득을 챙긴 사람이 세 명 더 있었다! (나는 노련한 진행자였기 때문에 컴퓨터로 시뮬레이션을 수행하여 결과를 인쇄하라고 요청하기 전에, 청중 중에서 돈을 딴 사람이 한 명도 없을 확률을 계산했는데 비교적 작은 값이었다.)

오랜 기간 동안 룰렛을 하면 반드시 잃는다는 사실을 때로는 무작위 확률 요동이 거스르므로, 그 이면 역시 옳다는 것도 그다지 놀랍지 않다. 만일 소프의 시스템을 이용하여 승리 확률에 이점을 가지고 블랙잭을 할 경우, 결국에는 딴다는 약속의 땅에 도달하기 전에 빈약한 판돈을 잃게 될 가능성 역시 여전히 있다.

물론 소프는 책에서 이를 모두 설명하고 있으며, 1950년대 벨 연구소의 물리학자가 개발한 전략으로 현재 자본금의 일정 비율―평균적으로 카지노보다 유리한 비율과 같은 값으로 잡는 게 보통이다―이상은 절대로 베팅하지 말라고 하는 켈리의 도박 시스템의 유용성을 강조하고 있다. 이론상 이런 전략은 '도박꾼의 파산' 가능성을 완전히 제거하게 된다. 불행히도 카지노 게임에는 최소 베팅액이 있다. 따라서 예를 들어 자본금이 5달러 이하로 내려갈 경우, 작은 비율의 소액을 베팅하는 건 허용되지 않는다. 그 시점에서 마지막 한 판을 플레이하면 전액을 잃을 가능성이 생기며, 진정한 도박꾼의 파산을 겪게 된다.

조를 짜서 카지노와 겨루다

소프의 책이 거둔 성공에 대한 카지노의 초기 대응은 수학 좀

하는 애들과 카지노 사이의 계속되는 전쟁의 서막에 불과한 것으로 드러났다. 수학의 수익이 나는 응용을 익힌 학생들은 머지않아 여러 뭉치로 하는 블랙잭이 단일 뭉치에 비해 명백히 불리하지만, 대단히 매력적이고 써먹을 만한 특징을 몇 가지 지니고 있다는 것을 깨달았다. 예를 들어 여러 뭉치의 카드로 게임하는 경우, 남은 카드의 구성이 플레이어에게 유리해지면 대개 꽤 오랜 판 동안 계속 유리한 상태이기 마련이므로 카드 카운팅을 숨기는 게 더 쉬웠다. 플레이어와 딜러의 패의 유리함과 불리함은 뭉치에 많은 카드가 남아 있다는 점 때문에 어느 정도 상쇄되었다.

또한 블랙잭 플레이어들은 조를 짜서 플레이하기 시작했는데, 여러 뭉치로 하는 카드 게임의 주기를 훨씬 늘리는 데 필요했다. 조를 짜서 플레이하는 것의 개척자 중 한 명은 켄 우스턴Ken Uston이었는데, 퍼시픽 증권사의 부사장직을 그만두고 블랙잭으로 돈 버는 일에 온 시간을 바쳤다. 그가 쓴 《켄 우스턴의 블랙잭》은 카지노를 상대로 한 조직적 플레이 방법을 보급하여, 카드 카운터들이 이득을 취할 잠재력을 대단히 향상시켰다.

조원들이 돈을 공동출자하고, 각자 따고 잃은 금액의 순수익을 분배하는 것이 가장 간단한 형태의 조직적 플레이다. 낮은 비율의 이점을 실제의 수익으로 전환하려면 여러 판을 플레이할 필요가 있는데, 예를 들어 다섯 명으로 조직된 플레이어들이 팀으로 행동하면 개인적으로 경기하는 것보다 다섯 배 많은 게임을 할 수 있으므로, 가능성을 상당히 높일 수 있다.

더구나 팀플레이를 하면, 노동의 분업화라는 고전적인 경제 원리를 채택하여 훨씬 더 효과적으로 탐지를 피할 수 있다. 우스턴이 제안한 것은 '큰손 팀'이었는데, 자신을 지도한 전문 도박사인 알 프란체스코의 아이디어라고 언급했다. 아이디어는 이렇다. 카드 카운터는 카지노 측에 유리하면 적은 금액의 베팅을 하다가 남아 있는 카드가 유리하면 갑자기 베팅액을 늘리는 등 베팅액의 규모를 바꾸어야 하기 때문에 카지노에게 발각될 수 있다. 하지만 팀플레이를 하는 경우 한 명의 플레이어는 충분히 유리할 때까지는 전혀 베팅을 하지 않다가 거액으로 베팅함으로써 발각의 위험을 피할 수 있다.

어떤 팀원은 '물색꾼'으로 행동하자는 것도 아이디어다. 이들은 여러 테이블을 다니며 슈에서 나온 카드들을 꾸준히 카운팅하며 소액만을 걸며 조용히 플레이한다. 유리한 뭉치가 나오기 시작하는 것이 보이면, '큰손'에게 그 테이블로 오라는 신호를 보내 이득을 취하는 것이다. 따라서 큰손은 테이블을 전전하며 오로지 거액만을 베팅하다가(대개는 크게 긁어모은다) 카드 카운터들이 카드뭉치가 불리해졌다고 신호하면 그 테이블을 떠나는 것이다. 물색꾼들의 소액 베팅은 팀 전체의 이익이나 손실에는 별로 영향이 없으며, 전체의 손익은 큰손의 손익이 지배한다. 이런 식으로 테이블을 옮겨 다니는 큰손을 본 누군가가 이런 전략을 알아채면 꽤 위험하긴 하지만, 말 그대로 수십 개의 블랙잭 테이블을 갖춘 거대하고 혼잡한 카지노의 북새통 덕분에 노련하고 경험 많은 팀은 전혀 발각되지 않고도 밤새 잘 짜인 안무를 따를 수 있기 마련이다.

이런 종류의 팀플레이로 꾸준히 이익을 얻을 수 있다는 잠재력은 많은 대학의 수학과 학생들 사이에 상당한 관심을 끌었다. 특히 1990년대 상당 기간 동안 MIT 출신의 팀은 상당히 효과적으로 네바다 주 및 미국 내 다른 지역의 카지노 도박장을 털어먹었다. 이들은 항상 승리하는 것도 아니었고(언제나 우연한 변동이 피할 수 없는 역할을 한다), 은밀한 기술과 변장이 항상 효과를 보인 것도 아니었으므로, 개별적으로는 고무적인 경험부터 형편없는 경험까지 다양했다. 하지만 전체적으로는 카지노의 돈을 상당히 마르게 했다. 이들 착취자의 많은 수가 벤 메즈리치Ben Mezrich의 유명한 저서 《하우스 꺾기Bringing Down the House》,[10] 잡지나 신문 기사, 텔레비전 다큐멘터리(이 다큐에서 우리 저자 중 한 명인 데블린은 스크린상에서 제임스 본드 역을 한 유일한 수학자가 되었다), 최근의 영화 〈21〉(21은 블랙잭 게임의 다른 이름이

---

[10] 국내 번역본은 《MIT 수학 천재들의 카지노 무너뜨리기》(자음과 모음, 2008)다. (옮긴이 주)

다) 등에 기록돼 있다.

그렇다면 오늘날의 블랙잭 카지노는 어떨까? 기록되지 않은 수학 지향적인 카드 카운터들이 여전히 플레이 중인 것은 거의 틀림없지만, 카지노의 대응책에는 이제 첨단기술 기계인 '자동 카드 섞는 기계'가 포함돼 있다. 1990년대 초반 존 브리딩John Breeding이라는 이름의 트럭 운전사는 슈 대신 여러 뭉치의 카드를 보관하면서 이미 사용된 카드를 자주 자동적으로 섞어주는 기계로 대체하자는 아이디어를 냈다. 이로부터 '셔플 마스터Shuffle Master' 기계들이 개발되었고, 현재는 많은 카지노에 비치되어 딜러가 카드를 섞는 시간 낭비를 줄여주면서 카드 카운터들이 이익을 챙기는 것도 줄여준다. 이들 기계의 최신 버전은 CSM(continuous shuffling machine, 연속 카드 섞기 기계)이라 불리는데 사실상 "무한한 뭉치로부터 카드를 도르는 것"에 가까운 특징을 보이므로 카드 카운팅이 쓸모가 없어진다. 블랙잭을 전문적으로 하는 사람들의 하위문화에서는 이들 기계를 '언짢은 슈'라고 부른다.

카드뭉치가 하나인 게임도 여전히 있지만, 카지노에서는 내추럴에 대한 3:2 보너스를 6:5로 바꾸어 '이득의 갈취'로 변모시키는 불온한 경향을 보이고 있다. 이렇게 하면 터무니없게도 카지노에게 1.4퍼센트나 유리하게 되어, 깨알 같은 약관을 읽지 않는 부류의 사람들에게는 바람직한(또한 아마도 비싼) 교훈을 주는 게임으로 바뀐다. (카지노가 1.4퍼센트 유리하다는 것을 '터무니없다'고 생각하지 않는 독자라면, 게임 테이블로부터 멀찌감치 떨어져 있는 편이 좋을 것이다.)

〈넘버스〉의 '더블다운' 에피소드는 카드 섞는 기계 제조회사에 자문으로 고용된 떠돌이 천재 수학자가 기계 내에서 카드를 무작위로 섞는 걸 제어하는 알고리듬을 고의적으로 형편없게 만든다는 아이디어를 중심으로 진행된다. 그런 뒤 수학과 학생들을 끌어 모아 기계가 도르는 카드의 패턴을 해독하는 데 필요한 지시사항으로 무장시켜, 카드가 나오는 순서를 예상할 수 있게 만든다. 작가들이 약간의 극적인 요소를 더하긴 했지만, 요점은 좋았다. 찰리가 관찰한 대로 "어떤 수학적 알고리듬도 완전한 난수를 만들 수는 없다." 의도적으로 난수를 형편없이 (혹은 악의적으로) 설계한 알고리듬은 휴대전화든 인터넷 보안이든 카지노 테이블에서든 실제로 악용할 수 있다.

수학자들이 플레이하는 게임

소프 자신은 베스트셀러로부터 얻는 인세를 제외하고는, 자신의 카지노 방법을 써서 거액을 번 적이 없다. 하지만 자신의 수학적 전문성을 적용하여 다른 게임에서 부를 챙긴 적은 있다.

블랙잭을 변화시키는 데 놀랄 만한 성공을 거둔 직후 소프는 주식시장으로 관심을 돌려 《주식시장을 이겨라》라는 책을 썼으며, 수학적 아이디어를 이용하여 주식 거래로부터 이익을 창출하는 헤지펀드를 시작했다. 19년 동안 소프의 펀드는 월가에서 '연평균 순수익률'이라 부르는 것에서 15.1퍼센트를 달성했다. 이는 5년마다 자본을 두 배씩 늘리는 것보다 살짝 낫다.

오늘날 월가와 금융회사 및 기관에는 수학이나 물리학 등을 공부했던 '퀀트quant'들이 상당히 많은데, 이들이 금융 및 투자에 대한 수학 연구를 대단히 수익이 나는 사업으로 바꾸어놓았다.

짐작할 수 있을 것이다.

다시 로든의 이야기: 캘리포니아 공대생들이 카지노와 겨루다

소프의 책이 나온 지 10년 쯤 후인 몇 년 전, 나는 카지노가 자신들의 사업에 수학이 제기하는 위협을 얼마나 심각하게 받아들이고 있는지 절실히 느끼게 된 경험을 했다. 당시 나는 교수가 되어 모교인 캘리포니아 공대로 돌아와 있었고, 학창 시절 짧았던 카지노로의 외도는 이미 오래전의 일이었다. 그때나 지금이나 내 전공은 통계학과 확률론이었으며, 간간히 친구의 친구가 카지노에서 크게 한몫 잡았다는 얘기를 듣곤 했다. 소프와 다른 이들이 만들어냈던 블랙잭 카드 카운팅이 예를 들어 '하이로hi-lo' 카운팅으로 발전한 것도 알고 있었다. 하이로 카운팅에서는 카드뭉치에서 10이나 에이스 카드가 나올 때마다 1을 더하고, 2부터 6까지의 낮은 숫자 카드가 나오면 1을 빼는 단일한 숫자만을 기억한다. 이 숫자가 클수록 좋은 방향이어서, 남은 뭉치에 10이나 에이스가 더 적기 때문에 17일 때 카드를 더 받아도 파산할 가능성이 줄어들어 플레이어에게 유리하다. 이들 새로운 전략은 더 강력할 뿐 아니라 소프의 원래 전략에 비해 더 쉬웠다.

봄방학 기간이 시작될 즈음의 어느 날 졸업반 학생 한 명이 연구실에 들러 자신에게 확률론 독서과정 지도를 부탁했다. 그는 내가 가르쳤던 표준 과정에서는 간단히 맛만 보았던 어떤 주제(용어를 아는 사람들을 위해 말하자면, 구체적으로 막걸음random walk(확률보행)과 확률변동)에 대해 더 탐구하기를 원했다. 그 학생이 무슨 속셈인지 알았어야 했는데! 몇 번 정도 매주 한 번씩 만나며 학생과 함께 확률을 계산하고 특정한 종류의 무작위 변동을 시뮬레이션하는 비교적 고급 기술까지 나갔을 때쯤 순전히 수학적인 목적 이상의 낌새를 채기 시작하고 학생에게 물었다. "이들 주제에 대해 특별히 '실용적인' 관심이 있는 건가?"

그렇게 살짝 찔러보자 학생은 입을 열고 몇 가지 얘기를 들려주었는데, 고백컨대 상당한 대리만족을 느꼈다. 그와 친구 한 명은 졸업반 학생이어서 수강해야 할 학점 부담이 가벼웠으므로, 대부분의 낮과 밤을 라스베이거스에서 블랙잭을 하며 보내왔다는 것이다. 이들은 여전히 남아 있는 단일 뭉치 게임을 찾아다녔는데, 다만 최소 베팅액이 높았기 때문에 '쿼터'[11]를 쌓아 놓고 게임을 했다는 것이다(부유한 집안 학생이었다).

꽤 큰돈을 걸고 게임하는 젊은 남성들이라 예의주시 대상일 수밖에 없었으므로, 발각되거나 게임을 거절당하는 걸 피하기 위해 상당한 노력을 기울여야 했다. 그들은 취객을 가장하고 칵테일을 가져다주는 웨이트리스에게(그녀는 가장하지 않았다) 극도의 관심을 보였고, 몰래 카운팅하면서도 게임에는 별로 관심이 없는 척했다. 이들은 상당히 조심하며 교활하게 카지노를 공격할 계획을 짰다.

매주 이들은 공격할 카지노 네 곳을 골랐고, 24시간 대신 20시간 주기로 잠을 자며 나흘간 블랙잭을 하곤 했는데, 이 주기 덕에 8시간 교대근무를 하는 카지노의 직원들과는 주당 겨우 두 번만 마주치게 되었다. 다음 주가 되면 다른 카지노 네 곳으로 옮겼으며, 적어도 한 달이 지나기 전까지는 철저하게 같은 카지노에는 들어가지 않았다.

게임을 금지당하는 것만이 유일한 위험은 아니었다. 소프의

---

[11] 25센트라는 뜻이지만, 여기서는 25달러짜리 칩을 뜻한다. (옮긴이 주)

책에도 설명된 대로 몇몇 카지노는 '타짜 딜러'를—예를 들어 '밑장 빼기' 같은 기술의 전문가—들여온다는 비난을 사고 있었다. 맨 위의 카드가 플레이어에게 좋은 숫자인 경우 두 번째 장을 빼서 주는 것을 밑장 빼기라고 하는데, 딜러는 맨 위의 카드를 몰래 훔쳐본 뒤 밑장을 빼서 주는 어려운 동작을 시행하는 것이다. 어느 날 꼭두새벽 인기 있고 매우 화려한 카지노에서 게임을 하던 내 학생과 그의 친구는 테이블의 신참 딜러가 평소보다 일찍 나온 것을 알아챘는데, 소프에 따르면 이는 위험 신호였다. 학생들은 적당히 경계하며 몇 판만 더 하면서 추이를 지켜보기로 했다.

 딜러의 오픈된 카드는 10이었고 내 학생은 13을 패로 쥐고 있었으므로 한 장 추가해 달라고 할 상황이었다. 밑장 빼기에 직면하여 냉정을 유지하던 학생은 추가해 달라고 딜러에게 신호를 보냈다. 그 뒤에 일어난 일은 〈넘버스〉의 한 장면이어도 어울렸을 만할 것이다. 딜러는 요청한 카드를 도르기 위해 자신의 손을 날쌔게 움직였지만, 그 동작으로 인해 다른 카드 한 장이 높은 곡선을 그리며 테이블 위로 날더니 바닥에 떨어져 버렸다. 다행히도 내 학생이 받은 카드는 8이었으므로 합이 21이 되어 딜러를 이겼음은 놀라운 일이 아니다. 이런 극적인 장면에서 세 가지 교훈을 배웠다고 한다. 밑장 빼기를 할 때 숙달되지 않은 타짜는 속임수를 감추려고 하다가 의도치 않게 맨 윗장을 지나치게 많이 움직인다는 것과, 속임수를 쓰는 딜러가 보지 못한 밑장 카드가 맨 윗장의 카드보다 플레이어에게 더 좋은 것으로 드러날 수도 있다는 것과, 이 캘리포니아 공대의 영웅들이 딴 돈을 현금화하고 다시는 그 카지노로 되돌아가지 않아야 할 때가 왔다는 것이었다.

학생의 비밀스러운 삶에 발을 들여놓은 몇 주 뒤 그 학생은 라스베이거스로의 모험을 그만두었다고 말해주었다. 당시로서는 꽤 큰돈이었던 1만 7000달러나 순수익으로 벌었지만, 이제는 그만둘 때가 왔다는 걸 알게 됐다고 했다. 나는 천진하게 물었다. "왜 그렇게 생각한 건가?" 학생은 '하늘에서 보는 눈' 시스템이 어떻게 돌아가는지 설명하기 시작했다. 카지노 측은 천장에 위치한 비디오카메라로 게임을 지켜볼 수 있었다. 카메라로 속임수를 잡아낼 뿐 아니라 카드 카운팅도 잡아낸다는 것이다. 카메라를 통해 게임을 지켜보는 카지노 직원 역시 카드 카운팅을 배웠으며, 플레이어가 베팅 규모를 선택하는 걸 관찰함으로써 카드 카운팅을 하는지 하지 않는지 꽤 신뢰할 만하게 잡아낼 수 있다는 것이다.

내 학생과 그의 친구는 카드 카운터로 찍히는 걸 피하기 위한 보통의 기술을 모두 이용하여 한 달을 건너뛴 뒤 잘 알려진 카지노로 되돌아갔다. 블랙잭 테이블에 앉아 쿼터를 조금 산 뒤 첫 판의 베팅을 시작했다. 갑자기 딜러 감독관인 '핏 보스pit boss'가 나타나더니 학생들이 쌓아놓은 칩 더미를 뒤로 밀치고 정중하게 자신들의 카지노에서는 이제 환영받지 못할 거라고 고지했다고 한다. (네바다 주에서는 카지노 측이 임의로 플레이어를 차단할 수 있다.)

내 학생이 최대한 꾸며낸 표정을 지으며 왜 자신들은 간단한 블랙잭 게임 하나도 못한다는 것인지 물었을 때 핏 보스는 이렇게 대답했다고 한다. "우리에게서 700달러 정도 따간 것으로 아는데, 그 이상은 못 가져간다." 꼬박 한 달 전에 고작 700달러를 따갔기 때문이었다는 것이다. 카지노는 수학에 의지하여 많은 수익을 올리고 있으면서도, 남들이 그렇게 하는 건 부당하다고 외친다.

부록 〈넘버스〉 첫 세 시즌의 수학적 시놉시스

〈넘버스〉의 수학은 진짜인가?

우리 저자 둘은 이 질문을 많이 했다. 가장 간단한 답은 '그렇다'이다. 제작자들과 작가들은 자신들의 주소록에 실린 미국 전역 수백 명의 전문 수학자 중 한 명 이상이 낸 대본 아이디어를 돌려보며, 드라마에 나오는 수학에 정확성을 기하기 위해 상당한 노력을 기울였다.

 드라마에서 묘사된 방식으로 수학을 이용하여 정말로 범죄를 해결할 수 있느냐는 것은 대답하기 더 힘든 질문이다. 어떤 경우에는 분명히 '그렇다'가 답이다. 실제로 범죄를 해결하는 데 수학자들이 동원됐던 실제 사건에 기초한 에피소드들이 있다. 두어 개의 에피소드는 실제 사건의 경로를 꽤 충실하게 따랐는데, 그 외에는 작가들이 실제 사건을 바탕으로 볼 만한 드라마를 만들기 위해 극화하는 특권을 행사했다. 하지만 실제 사건에 기초하지 않은 에피소드들도, 드라마에서 묘사된 수학을 비록 항상 '믿음이 가는' 것은 아니지만 일반적으로 실제로 이용할 수는 있다. (또한 실제 세상에서의 경험이 보여주듯, 가끔 수학을 '믿기지 않게' 응용하는 일이 실제로 일어난다.) 에피소드를 본 후 회의적인 비평이 나오는 것은 수학의 능력이나 적용 범위에 대해 잘 알지 못해서일 때도 있었다.

여러 가지 면에서 이 시리즈를 생각하는 가장 정확한 방법은 좋은 과학소설과 비교하는 것이다. 많은 경우, 범죄를 해결하는 데 특정 수학을 이용하는 것으로 묘사된 것은 가능성이 있으며 어쩌면 미래의 언젠가는 일어날 수도 있다.

완전히 비현실적인 것 중 하나는 기간이다. 빠르게 진행되는 41분짜리 에피소드에서 찰리는 형을 도와 TV 상의 시간으로 하루나 이틀에 범죄를 해결해야 했다. 현실에서 범죄 탐지에 수학을 이용하는 것은 길고도 느린 과정이다. (아주 인기 있는 CSI 유의 TV 시리즈에서 묘사된 실험실 기반의 범죄 감식의 이용 역시 마찬가지다.)

또한 수학자 한 명이 찰리처럼 수학적이고 과학적인 기법 전반에 대해 익숙하다는 것도 비현실적이다. 물론 찰리는 텔레비전의 슈퍼히어로이며, 그 때문에 보는 재미가 있다. 실제 수학자의 업무를 관찰하는 것은 실제 FBI 요원의 업무를 지켜보는 것 정도밖에 흥미롭지 않다! (누군가 건물에서 나오기를 기다리며 오랫동안 차 안에만 앉아 있다든지, 컴퓨터 화면을 노려보거나 기록을 살펴보면서 보내는 많은 시간들…… 지루하다.)

또한 찰리는 놀랄 만큼 짧은 시간 내에 많은 자료를 모을 수 있는 것처럼 보인다. 현실에서 수학을 응용할 때 필요한 자료를 습득하고 컴퓨터가 소화할 수 있게끔 적절한 형태로 입력하는 일은 노동집약적인 작업으로 몇 주나 몇 달이 걸릴 수 있다. 또한 필요한 자료를 구할 수 없는 경우도 자주 있다.

찰리가 보여주는 방식으로 특정한 수학적 기법을 실제로 이용할 수 있느냐의 여부와 무관하게, 실질적으로 모든 에피소드에서 돈이 제시한 문제에 찰리가 '접근'하는 방식만큼은 한 가지 확실하게 믿을 수 있는 것이다. 찰리는 문제에서 필수적인 요소만 남기고 무관한 것은 쳐내며, 인식할 만한 패턴이 있는지 찾으며, 적용할 수 있거나 변용할 수 있는 수학적 기법이 있는지 아니면 어떤 수학을 적용할 가능성은 없다는 것을—몇 개의 에피소드에서 그런 일이 있다—보며, 최소한 손에 쥔 사건에는 적용할 수 없지만 유추를 통해 돈이 나아갈 수 있는 방법을 시사하는 수학적인 면이 있는지를 판단한다.

하지만 위의 관찰들은 진정한 요점을 놓치고 있다. 〈넘버스〉는 수학을 가르치기 위해 혹은 설명하기 위해 만들어진 것이 아니라는 점이다. 〈넘버스〉는 엔터테인먼트이며, 비교적 볼 만하게 성공했다. 이름에 걸맞게 작가들과 연구자들과 제작자들은 미국 공중파 텔레비전에서 가장 인기 있는 허구의 범죄 시리즈 중 하나를 제작하는 틀 내에서 수학을 바르게 이용하기 위해 상당한 노력을 기울였다. 그렇지만 좋은 텔레비전의 관점에서 보자면, 드라마의 주인공 중 한 명이 수학자라는 것은 부수적일 뿐이다. 따지고 보면 이 시리즈가 지향하는 시청자 중에 당연히 수학에 대해 지식이 있는 시청자의 비율은 아주 낮을 수밖에 없다. (미국의 1100만 명의 시청자가—〈넘버스〉첫 에피소드 방송 때의 평균 시청자 수—고급 수학 지식을 가졌을 수는 없는 일이다!) 사실 이 시리즈의 원래 제작자이며 지금은 제작책임자인 닉 팔라치와 셰릴 휴턴에 따르면, 애초에 방송사에게 이 프로그램을 만들고 판매하도록 설득한 포인트는 문제를 해결하는 두 종류의 인간들 사이의 상호작용에 대한 매혹이었다고 한다.

돈은 현장에 밝은 노련한 경찰의 논리로 사건에 접근한다. 찰리는 추상적이고 논리적인 사고를 하는 자신의 전문 분야로 문제를 끌고 온다. 가족관계로 함께 묶여 있는 돈과 찰리는(이들의 아버지 앨런은 실제로 상당량의 수학을 이해하는 유일한 가족 구성원인데, 앨런을 연기한 배우 저드 허쉬Judd Hirsch는 대학에서 물리학을 전공했다) 범죄를 해결하기 위해 협력하는데, 시청자들은 이들의 서로 다른 접근법이 어떻게 상호작용하며 얽히는지 엿보게 된다. 그리고 분명히 말하는데, 수학적 사고와 문제를 해결하는 다른 접근법 사이의 상호작용은 '매우' 현실적인 현상이다. 바로 이런 상호작용이 과학, 기술, 의학, 현대 농업 등 매일 우리가 살아가는 데 기대는 거의 모든 것들을 우리에게 주어왔으며 앞으로도 줄 것이다. 〈넘버스〉는 이것을 매우 올바르게 보여줬다.

〈넘버스〉의 처음 세 시즌의 에피소드별 시놉시스를 간략히 덧붙인다. 대부분의 에피소드에서 찰리는 다양한 수학을 이용하고 언급하지만, 우리는 사건을 해결하는 데 중요한 수학적 기여만을 요약해서 보여주려 한다.

첫 번째 시즌(2005)

1화—파일럿

연쇄 강간범이자 살인자가 로스앤젤레스에서 활보 중이다. 돈은 아버지의 집에 들렀다가 식탁 위에 사건장소를 표시한 지도를 올려놓는데, 우연히 찰리의 눈에 띈다. 찰리는 사건장소로부터 살인범이 사는 장소를 역추적하는 수학 방정식을 개발하여 사건을 풀도록 도와줄 수 있다고 말한다. 찰리는 스프링클러를 써서 아이디어를 설명한다. 스프링클러로부터 나온 개개의 물방울이 어디로 떨어질지 예측할 수는 없지만, 모든 물방울의 패턴을 알면 스프링클러 꼭지가 있는 장소를 역추적할 수 있다는 것이다. (찰리의 집 칠판에 보이는) 방정식을 이용하여 찰리는 '핫존'을 식별해내고, 경찰은 핫존 내의 DNA 표본을 모두 모아 살인범의 흔적을 찾으려 한다.

2화 — 불확정성 원리

돈은 일련의 은행강도 사건을 수사 중이다. 찰리는 예측 분석을 써서 강도들이 다음에 어느 은행을 공격할지 정확히 예측한다. 확률 모형과 통계분석을 조합한 자신의 해법을 설명하면서 찰리는 물고기의 움직임을 예측하는 방법에 비유한다. 하지만 돈과 팀원들이 강도들과 맞서게 되자, 격렬한 총격전이 벌어지고 요원 한 명을 포함하여 4명이 사망한다. 찰리는 큰 충격을 받고 집 차고로 도피하여 유명한 미해결 문제인 'P 대 NP' 문제를 풀려고 한다. 찰리의 어머니가 작년에 불치병에 걸렸을 때도 처박혀 있었던 곳이다. 하지만 동생의 도움이 필요했던 돈은 찰리를 다시 사건으로 복귀시키려 애쓴다. 찰리가 다시 사건에 개입하면서 은행강도의 패턴이 '지뢰 찾기' 게임과 닮았다는 것을 깨닫는다. 강도들은 매 강도사건에서 얻은 정보를 이용하여 다음번 목표물을 고르고 있었던 것이다.

3화 — 벡터

LA에서 여러 사람이 질병에 걸리기 시작하는데 몇 명은 그날로 사망한다. 치명적인 바이러스를 살포한 생물테러 공격일 가능성을 조사하기 위해 돈과 찰리가 각자 소환되어 온다. (돈은 이를 보고 놀란다). 찰리를 불러들인 질병통제예방센터 직원은 '벡터 분석'을 하는 데 도움이 필요하다고 말한다. 찰리는 바이러스의 근원점을 찾는 일에 착수한다. 자신의 접근법은 '통계분석과 그래프 이론'이 관련돼 있다고 말하면서, LA 지도 위에 알려진 발병 건을 모두 도시하여 군집을 찾고 감염 패턴을 찾으려 한다. 뒤에 가서 찰리는 '첫 번째 환자patient zero'를 찾아내기 위해 질병의 확산에 대한 'SIR(감염가능자, 감염자, 회복자) 모형'을 개발 중이었다고 설명한다.

4화—구조적 붕괴

찰리는 다리에서 뛰어내려 자살했다고 하는 대학생이 살해된 것이라고 믿는다. 로스앤젤레스의 최근 완공된 중요 건물 하나가 소유주의 주장과는 달리 구조적으로 안전하지 않다는 것을 연구 중이던 공학 논문과 그의 사망이 관련돼 있다는 것이다. 다리로부터 시신이 위치한 곳의 거리에 의혹을 품은 찰리는 다리에서 뛰어내린 학생의 위치가 자신의 계산과 맞지 않다는 근거를 댄다. 건물에 대한 학생의 자료로부터 시작하여 찰리는 그 건물이 특정한 종류의 특이한 풍향 조건에서는 구조적으로 불안정하다는 것을 설명하는 컴퓨터 모델을 만든다. 기초공사에 의심이 생긴다. 회사의 기록에서 수치적 패턴을 찾아낸 찰리는 불법 이주 노동자를 고용한 것을 덮기 위해 기록을 조작했다고 판단한다.

5화—주요 용의자

5세 여자아이가 납치된다. 여자아이의 아버지 에단이 수학자라는 것을 알게 된 돈은 찰리의 도움을 요청한다. 에단의 집 연구실 화이트보드에 끼적인 수학을 본 찰리는 에단이 150년 이상 풀리지 않고 있는 유명한 수학 문제인 '리만 가설'을 연구 중이라는 걸 알아본다. 해법을 찾아낸 사람은 상금 100만 달러를 받을 수 있을 뿐 아니라, 인터넷 보안 암호를 깨는 방법도 알아낼 수 있다. 돈이 납치범 중 한 명의 신원을 알아내고 "세계에서 가장 큰 재정 비밀을 푸는 것"이 계획이라는 것을 알게 되자, 에단의 딸이 납치된 이유가 명백해진다. 하지만 찰리가 에단의 논증에서 중대한 결함을 발견한다. 둘은 납치범들을 속여서 그들이 요구하는 인터넷 해독키를 제공할 수 있다고 믿게 만들어, 그들의 근거지를 추적하여 딸을 구할 방법을 찾아내기로 한다.

6화—사보타주

연쇄 사보타주[1] 사고를 일으킨 파괴범이 일련의 치명적인 열차 사고가 자신의 소행이라고 주장한다. 범인은 매 사고현장마다 숫자 메시지를 남겼으며, 돈에게 전화를 걸어 일련의 충돌 사고에 대해 알아야 할 모든 것이 그 메시지 속에 들어 있다고 주장한다. FBI 팀은 메시지를 수치 암호라 생각하며, 찰리가 이를 해독하기 위해 노력한다. 찰리는 메시지 속에서 많은 수치 패턴을 발견하지만 암호를 깰 수가 없다. 찰리와 FBI 팀은 매 사고가 기존 사고를 재현한 것임을 깨닫게 되며, 찰리는 결국 이 메시지는 암호가 아니라고 생각한다. 메시지는 기존의 어떤 추돌 사고에 대한 자료의 보충이다. 찰리는 말한다. "이건 암호가 아니라 숫자로 말하는 이야기야."

7화—위조된 현실

위조범 몇 명이 미술가를 납치하여 소액권 위조지폐를 만들기 위한 도안을 그리게 강요한다. 이들 위조범들은 적어도 5명을 죽였기 때문에 돈은 실종된 미술가를 빨리 찾아내지 못하면 위조지폐를 만드는 작업이 끝나는 대로 살해될 거라고 믿는다. 사건과 관련된 가게의 감시 비디오 영상의 화질을 개선하는 알고리듬을 위해 찰리가 불려온다. 위조지폐를 살펴본 찰리는 고의로 만들었지만 패턴이 없어 보이는 결함을 알아챈다. 찰리의 지도학생 아미타는 다른 각도에서 영상을 바라보면 패턴을 포착할 수 있을 거라고 일러준다. 찰리는 그런 방식을 써서 납치된

---

1 기계 등을 고의로 고장 내어 쓸 수 없게 만드는 것을 가리키는데, 여기서는 열차를 미리 고장 내는 등의 방법으로 사고를 일으킨 것을 가리킨다. (옮긴이 주)

미술가가 그린 비밀 단서를 읽을 수 있었고, 덕분에 FBI는 범죄단의 소재를 알게 된다.

8화—신원 위기

주식 사기로 수배 중인 남자가 자신의 아파트에서 목이 졸린 채 발견된다. 1년 전 벌어졌던 살인사건과 섬뜩할 정도로 유사한데, 어떤 전과자가 자수하자 돈이 종결지었던 사건이었다. 돈은 자신이 무고한 사람을 교도소에 보냈는지 알기 위해 예전 사건을 재수사해야 한다. 첫 번째 사건 때 자신이 놓친 것이 있는지 증거를 살펴봐 달라고 찰리에게 요청한다. 찰리는 사진으로부터 용의자를 식별하는 데 이용하는 절차와, 신원확인에 지문을 이용했던 방법에 의문을 품는다. 찰리는 목격자 증거의 신뢰성에 대한 통계적 분석을 수행한다.

9화—0번 저격수

저격수에 의한 살인이 계속되면서 로스앤젤레스가 공포에 휩싸인다. 찰리는 피해자에서 발견된 총탄의 궤적을 계산하여 저격수의 위치를 알아내려고 노력하며 '항적 계수 모델'을 사용했다고 언급한다. 찰리는 자료를 그래프로 나타내고 축을 적절히 선택함으로써 두 명 이상의 저격수가 활동 중이라고 결론 짓는다. 자료가 지수 곡선을 따르는 게 수상하며, 최초의 '0번 저격수'에 고무된 저격수 공격이 유행을 타고 있음을 시사한다. 찰리는 주택 소유주들이 자신의 집을 특정한 색깔로 칠하기로 결정하는 상황과 비교하면서 많이 논의됐던 '티핑 포인트 tipping point'를 언급한다. 찰리는 '평균 회귀' 용어를 써서 저격범들의 정확성을 분석하고, 0번 저격수에 대해서는 피해자가 저격당한 장소가 아니라 저격범이 총을 발사한 장소가 핵심 패턴이라고 결론짓는다.

10화―더러운 폭탄

방사능 물질을 싣고 가던 트럭이 도난당하고, 도둑들은 12시간 내로 2000만 달러를 지급하지 않으면 LA에 폭탄을 터뜨리겠다고 협박한다. 돈이 트럭의 행방을 좇는 동안 찰리는 방사능 확산 패턴을 분석하여, 폭탄을 터뜨렸을 때 시민들에게 가장 타격을 줄 만한 장소를 알아낸다. 하지만 갱단의 진짜 목적은 FBI로 하여금 도시 전체를 비우게 하여 복원 시설로부터 값비싼 예술품을 훔치려는 것이었다. 결국 FBI는 세 명의 범인을 찾아내어 체포할 수 있었는데 이들은 자신들을 석방하지 않으면 방사능 폭탄을 터뜨리겠다고 협박한다. 세 죄수를 고립시켜 개별 취조하는 것이 이른바 '죄수의 딜레마'를 연상시킨다는 것을 관찰한 찰리는, 셋을 한데 모은 뒤 이들이 각각 얼마나 잃게 되는지 위험분석 계산 결과를 제시한다. 이로 인해 가장 잃을 것이 많은 이가 방사능 물질이 숨겨진 곳을 실토하게 된다.

11화―희생

정부의 기밀 프로젝트를 연구 중이던 전산과학 선임 연구자가 자신의 할리우드힐스 자택에서 살해된 채 발견된다. FBI는 살해 당시 사망자의 컴퓨터에서 자료가 지워졌다는 것을 알아낸다. 돈의 수사 결과 피해자는 혹독한 이혼 과정을 겪고 있었으며, 자신의 재산을 분할하지 못하게 하려고 애쓰던 중이었다. 찰리는 예측 방정식이라 부르는 것을 이용하여 피해자의 하드 드라이브에서 지워진 자료를 상당수 복구할 수 있었고, 사망자가 연구 중이던 프로젝트가 야구 통계학과 관련돼 있다는 것을 알게 된다. 하지만 이들 숫자를 검색하자, 이들 자료는 야구에서 나온 것이 아니라 다른 종류의 이웃들 사이에서 사는 사람들에 대한 정부 통계자료라는 것을 발견하게 된다.

12화―요란한 가장자리

돈은 교통안전위원회에서 온 요원과 함께 로스앤젤레스 도심에 위험할 정도로 가깝게 비행하던 수수께끼의 미확인 비행물체에 대한 목격담을 조사하며 테러리스트의 공격이 아닌지 걱정한다. 조사를 돕기 위해 찰리를 불러오고 이 비행물체가 항공여행을 혁신할 수 있는 신기술의 일부라는 것을 발견한다. 하지만 사보타주로 인해 추락하면서 시험비행을 위해 탑승 중이던 선임 엔지니어가 사망했다는 증거를 발견하면서 수사는 불길한 방향으로 전환된다. 잡음이 많은 환경에서 레이다와 같은 약한 신호를 발견하기 위해 앨버타 대학의 수학자가 개발한 '스퀴시-스퀴시 알고리듬'에 대해 상당한 논의가 나온다.

13화—범인 추적

돈이 교도소 버스 충돌 사건을 조사하는 동안, 찰리는 확률분석을 이용하여 버스 충돌은 사고가 아니며 복수를 결심 중인 위험한 살인자가 탈출하려는 음모의 일부분이라는 결론을 내린다. 그가 자신의 의도를 실천하기 전에 돈과 찰리는 살인자를 찾아내야 한다. 찰리는 확률론을 써서 살인자가 다음에 갈 만한 장소를 추측하려고 애쓴다. 일반인들이 목격한 수많은 도주자 신고 중에서 더 신뢰할 만한 것이 무엇인지를 판단하기 위해 베이즈 분석을 이용하는 작업을 해야 한다. 찰리는 이 결과를 이용하여 시간과 장소를 도시하여 도주 경로를 보여준다.

두 번째 시즌(2005~2006)

1화―판단에 따른 결정

연방판사의 아내가 차고에서 총에 맞아 사망한다. 원래의 목표가 그녀였는지, 아니면 갱단 두목을 사형 언도할 수 있는 재판의 재판장인 남편이었는지 확실치 않다. 돈은 판사가 교도소로 보낸 많은 범죄자 중 복수를 꾀했을 가능성이 가장 큰 사람이 누군지 알고 싶어한다. 찰리는 물망에 오른 용의자 목록을 좁힌다. 처음에는 '베이즈 필터'를 이용하는 접근법을 언급하다가 나중에는 '역 결정 이론'에 대해 얘기한다. 아마도 찰리가 하려던 것은 베이즈 정리를 '역으로' 이용하여 각 용의자가 살인을 저질렀을 확률을 계산하려던 것 같다. 돈은 찰리의 계산 결과 확률이 높게 나온 용의자들에게 집중할 수 있게 된다.

2화―나아지거나 최악이거나

젊은 여성이 베벌리힐스의 보석상 주인에게 찾아와 납치된 아내와 아이의 사진을 보여주며 가게를 털려고 한다. 이 여성은 많은 다이아몬드를 가지고 가게를 나서던 도중 보안 요원의 총에 맞아 사망한다. 여성의 가방에서 발견된 차량 원격 제어기에는 열쇠가 없었다. 찰리는 FBI가 암호를 풀도록 도와서 차량 구매 내역을 통해 여성의 신원을 파악하고, 가게주인의 납치된 아내와 딸을 구조하려고 한다. 차량 원격 제어기의 보안성은 일련의 숫자에 기반하고 있으므로, 전체 암호에 단서를 줄 만한 수치적 패턴을 찾는 것이 수학적으로 '당연한' 접근법이다. 아마도 찰리는 그렇게 했을 것 같지만, 구체적으로 어떤 기술을 이용했는지는 말하지 않는다.

3화—집착

인지도가 높은 할리우드 영화제작자의 젊은 아내가 집에 혼자 있다가 스토킹을 당한다. 집에는 대규모의 감시 카메라가 갖춰져 있었지만, 한 대도 침입자의 모습을 녹화하지 못했다. 찰리는 침입자가 집과 카메라의 위치를 잘 아는 사람이어서 카메라 앞을 지날 때마다 레이저를 써서 임시로 카메라를 '눈멀게' 만들었다는 걸 알아챈다. 비교적 적은 정보로부터 신뢰할 만한 스토커의 이미지를 만들어낼 수 있는 복잡한 화질 개선 알고리듬을 이용해 비디오 영상을 분석하는 데 이른다.

4화—계산된 위험

엔론 사건에서 영감을 받았음에 분명하다. 대형 에너지 회사의 재정 담당관으로 중요한 금융사기를 폭로한 내부고발자가 살해된다. 돈이 부딪힌 문제는 그녀를 죽일 만한 동기를 가진 사람의 수가 어마어마하다는 것이다. 법정에서 자신들에게 불리한 증언을 하는 것을 막고 싶어하는 회사 고위층, 회사가 파산하면 직장을 잃게 될 수천의 피고용인들, 연금 대부분을 잃게 될 수많은 사람이 있다. 찰리는 금융사기에 의해 영향을 받는 모든 사람들로 이루어진 용의자 관계 확률 수형도를 '가지치기'라 부르는 기술을 이용하여 좁혀나간다. 그런 뒤 유체가 흐르는 방법을 이용하여 회사를 통한 자금의 흐름을 모델링하여 살인자를 집어낸다.

5화—암살

위조범을 체포하는 도중 돈은 암호화된 항목이 든 노트북 컴퓨터를 발견하고, 내용을 해독해줄 수 있느냐고 찰리에게 묻는다. 찰리는 NSA에 자문을 하던 배경에 의지하여 노트북 암호를 깰 수 있었는데, 로스앤젤레스에 거주하는 콜롬비아 난민을 살해하기 위한 숙련되고 노련한 암살 계획이 들어 있음을 발견한다. 사건의 후반부에서는 게임이론의 아이디어에 근거하여, 특히 암살자가 다른 상황에서 어떻게 행동할지 추론함으로써 암살범을 쫓는 방법을 돈에게 일러주는 것으로 기여한다.

6화—취약한 목표물

로스앤젤레스 지하철에서 국토안보부가 훈련하는 도중 누군가 열차 내에 포스진phosgene 가스를 살포하면서 실제 긴급 상황으로 변한다. 돈이 이 사건에 배당된다. 찰리는 가스의 흐름을 파악하기 위해 (개별 입자의 운동에 근거하여 액체나 기체의 흐름을 알아내는 통계역학에 근거한) 고전적인 삼투 이론을 써서 가스가 살포된 지점을 정확히 알아낸다. 돈이 유력한 용의자를 알아내자, 찰리는 선형 삼투 이론을 적용하여 그가 다음번에 어디에서 어떻게 공격할지 예측하려고 한다. 이 이론은 비교적 새로운 분야인데, 찰리는 핀볼 게임기에서 돌아다니는 쇠구슬을 이용하여 설명한다.

7화—수렴

로스앤젤레스 부유층에 대한 연쇄 절도 사건이 저택 소유주 한 명이 살해되면서 불길한 전환을 맞는다. 절도범들은 저택에서 훔쳐갈 값나가는 물품에 대해 상당한 양의 내부정보를 가지고 있었으며 집주인의 세세한 움직임을 잘 아는 듯했다. 하지만 목표가 된 집들 사이에는 공통점이 없어 보였으며, 이들 도둑들에게 자세한 정보를 제공할 만한 출처는 더더욱 없어 보였다. 찰리는 데이터 마이닝 기술을 이용하여 이 일에 접근하고, 데이터 마이닝 소프트웨어를 이용하여 지난 6개월 동안 지역 내의 가택 절도 사건에서 패턴을 찾으려 한다. 결국 동일한 자들에 의한 소행으로 보이는 일련의 차량 절도 사건을 발견해내고, 이들의 검거에 이르게 된다. 찰리는 집주인들의 최신 휴대전화에서 발견된 GPS 위치 칩으로부터 나온 신호를 포착하여 집주인들의 움직임을 추적했다는 것을 간파함으로써 이 사건에 기여한다.

8화—뻔한 곳에서

필로폰 제조실에 대한 급습 작전이 어긋나면서 집에 설치된 부비트랩이 폭발하고 FBI 요원 한 명이 사망한다. 이 제조실은 찰리가 무리짓기 알고리듬을 이용하여 사회연결망을 분석한 결과 발견한 곳이다. 집에서 발견된 컴퓨터로부터 나온 사진의 화질을 개선하다가 비밀 메시지를 이용한 아동 포르노그래피 영상이 드러난다. 컴퓨터 하드 드라이브에 대한 추가 분석을 통해 숨은 파티션이 있다는 것이 드러나는데, 거기에는 필로폰 제조실의 총책에 대한 단서를 제공하는 내용이 들어 있었다.

9화—독소

미지의 사람이 일반의약품에 독을 주입하고 있다. 머지않아 돈과 그의 팀은 캘리포니아 산악지대로 은신한 도망자를 추적한다. 찰리는 정보 이론과 조합론(슈타이너 수형도)으로부터 영감을 받아 돈을 돕고 사건을 해결한다. 돈이 취해야 할 행동에 대한 설명을 줄 만큼 수학이 그다지 많이 이용되지는 않는다.

10화—논란의 뼈

고대 유골의 발견으로 인해 박물관 골동품 전문가가 살해되는 일이 발생한다. 찰리는 탄소연대측정법과, 상품의 효율적인 분포와 관련된 조합론의 개념인 보로노이Voronoi 도표에 대한 지식을 이용하여 범죄를 해결하기 위해 돕는다. 탄소연대측정법은 현재 뼈대나 뼈 조각과 결부된 사망 연대를 추정하는 데 수학을 이용하는 표준적인 응용이 됐다. 보로노이 도표는 9화 '독소'에서 찰리가 언급한 슈타이너 수형도와 그다지 다르지 않아서, 수사에서 핵심 측면에 이목을 집중시키는 수단에 가깝다.

11화—그을음

방화범이 SUV 대리점에 불을 질러 판매원이 한 명 사망한다. 현장에는 극단적인 환경주의 단체의 이름이 스프레이로 쓰여 있었는데, 이 단체는 관련성을 부인한다. 돈은 이들 단체의 짓인지 아니면 다른 누군가가 불을 지른 것인지 알아내야 한다. 화재에서 방화범의 신상을 알려줄 만한 패턴이 있는지 알아내기 위해 찰리에게 도움을 요청한다. 찰리는 '주요 성분 분석'을 이용하여 방화 '지문'을 만들어내면 꽤 정확하게 범죄자를 식별할 수 있다고 말한다.

12화—옛날의 폭력배

갱단에 잠입하여 일하던 FBI 요원이 살해된다. 위장이 들키지 않은 것처럼 보였기 때문에, 라이벌 갱단 사이의 계속되는 다툼의 하나처럼 보인다. 4년 동안 8000건이 넘을 정도로 갱단의 살인이 많기 때문에 사회연결망 분석을 이용할 만한 충분한 자료가 있으며 이들 살인 사이의 맞대응 고리를 찾을 수 있다고 생각한다. 찰리의 분석으로 인해 다른 것들보다 비정상적으로 긴 연쇄살인이 드러나는데, 동일한 살인범 혹은 살인범 집단의 소행일 가능성이 커 보인다. 이들 연쇄살인에서 다소 이상한 특징이 잡히면서 결국 돈은 사건을 해결한다. 에피소드 제목 'The O.G.'는 옛날의 폭력배old gangster를 뜻한다.

13화—더블다운

막대한 돈을 딴 채 카지노를 떠난 직후 살해된 젊은 남성이 그 지역 대학의 뛰어난 수학과 학생으로 밝혀지자, 돈은 그가 승리 확률을 높이기 위해 '카드 카운팅'을 이용한 플레이어의 일원이 아닌지 의심하게 된다. 찰리의 분석은 블랙잭에서 이기기 위해 수학적 분석을 이용했던 50년의 역사 중 최근의 발전 상황을 반영하고 있다.

14화―수확

호텔 지하실에서의 의심스러운 활동을 보고받은 돈은 장기 매매 암시장 계획을 밝혀낸다. 인도의 가난한 시골 지역 출신의 젊은 소녀들을 설득하여 콩팥 같은 장기를 떼어 로스앤젤레스의 부유한 환자에게 팔게 한 것이다. 이들 소녀들을 데려와 수술한 뒤 되돌려 보내는 것이다. 하지만 소녀 한 명이 죽자, 돈은 이들 조직이 다른 소녀들이 죽더라도 더 잃을 건 없다고 생각하지 않을까 걱정하기 시작한다. 경찰이 현장에 도착했을 때 찍은 사진 중에서 일부만 녹은 얼음덩어리를 근거로 소녀의 사망 시각을 파악하는 데 찰리가 기여한다. 이들 얼음은 운송 도중 신장을 보존하기 위해 들여왔을 것이므로, 소녀에게 수술하던 시기에는 녹지 않은 상태였을 것이기 때문이다.

15화―달리는 사람

칼사이에서 DNA 합성기가 도난당하는데, 돈은 도둑이 이를 테러집단에게 팔아서 생물학적 무기를 제조하는 데 이용할지 모른다고 의심한다. 찰리는 실제 세계의 자료에서 맨 앞의 숫자 중에서 1은 30퍼센트, 2는 18퍼센트, 3은 12퍼센트 등으로 줄어들다가 9는 겨우 4퍼센트라는 놀라운 분포를 설명하는 벤포드Benford의 법칙과 유사한 것을 제안하여 (매우 소소한 수준에서) 도움을 준다. 소박한 직관에 따르면 무작위로 분포한 숫자라면 각 숫자는 1/9씩 일어나야 하지만, 실제 세상에서 나온 자료는 그렇지 않다. 돈이 맡은 사건에서 자주 나오는 맨 앞의 숫자가 칼사이의 라이고LIGO 실험실의 것과 일치한다는 것이 밝혀지자, 래리 교수가 황급히 실험실로 간다. 라이고는 '레이저 간섭계 중력파 관측소Laser Interferometer Gravitational-Wave Observatory'를 뜻하는데, 칼사이의 실제 모델인 캘리포니아 공대에서 라이고 실험실을 운영 중이다. (다만 이 시설은 칼텍 캠퍼스에 없으며, 실은 캘리포니아에도 없다.)[2]

16화—항의

돈과 대원들은 신병 모집소 바깥에서 발생하여 두 명을 사망케 한 전쟁 반대 폭파 사건을 수사 중인데 35년 전인 1970년대 반전 활동가의 폭파 사건과 유사하다. 과거 폭파범은 잡히지 않았으며, 당시 FBI의 주요 용의자는 폭파 사건 이후 모습을 감췄다. 찰리는 사회관계망 분석을 이용하여 돈을 도와 1971년의 폭파 사건을 누가 저질렀는지 알아내려고 하다가, 예기치 않게 베트남전 반대운동 집단에 FBI가 잠입해 활동했던 것을 밝혀낸다.

---

[2] 실제 시설은 워싱턴 주와 루이지애나 주에 있는데, 칼텍과 MIT가 공동으로 설립했다. 2015년 9월 실제로 이 실험실에서 세계 최초로 중력파를 관측했다. 이 공로로 2017년 노벨 물리학상이 주어졌다. (옮긴이 주)

17화—마음의 게임

자칭 심령가가 제공한 단서를 따르던 수색팀이 황무지에서 소녀 세 명의 시신을 발견한다. 피해자는 모두 불법 이민자로 기이하게 제의 의식 도중 살해된 정황으로 보이는데, 실은 이들의 위장 속에 불법 마약을 넣고 멕시코 국경을 넘어 밀수해온 뒤 이를 꺼내기 위해 살해된 것으로 드러난다. 이 에피소드에서 찰리의 활동은 대부분 돈과 그의 동료들에게 초능력 같은 것은 없으며 심령가라고 주장하는 이들은 사기꾼이라는 걸 설득하는 데 바쳐지고 있다. 하지만 어떤 힘과 제약조건 아래서 물체의 혼돈스러운 운동을 묘사하는 포커Fokker-플랑크Planck 방정식을 이용하여 밀수자들이 숨어 있을 만한 곳을 알아내어 사건을 해결하는 데 기여한다.

18화—모든 것이 정당하다

무슬림 여성의 권리를 증진하기 위한 다큐멘터리를 만들던 로스앤젤레스의 인권 활동가인 이라크 여성이 살해된다. 찰리는 수많은 용의자에 대한 통계적 기록을 조사하여 가장 범죄를 저질렀을 만한 사람을 찾으려고 애쓴다. 이를 위해서는 살인도 불사하게 만드는 요소들에 가중치를 매겨야 한다. 이로 인해 찰리는 각 용의자에게 '점수' 즉 확률을 부여하는데, 점수가 가장 높은 사람이 주요 용의자라고 볼 수 있다. 이런 식으로 가중치를 주는 것을 통계적 회귀라고 부르는데, 찰리가 이용하는 특별한 회귀 방법은 '로지스틱logistic' 회귀라 부른다.

19화—암흑물질

돈과 동료들은 총격범 한 명을 포함하여 8명의 학생이 사망한 고등학교 총기난사사건을 수사 중이다. 이 학교에는 각 학생의 움직임을 추적하는 무선주파수신원확인RFID 시스템이 갖춰져 있었기 때문에, 찰리는 시스템에 기록된 자료를 토대로 '포식자-피식자' 방정식을 이용하여 학교 복도에서의 총격범과 피해자들의 움직임을 추적한다. 분석 도중 비정상적인 패턴이 드러나자, 찰리는 지금까지는 아무도 의심하지 않았던 세 번째 총격범이 있다고 확신한다.

20화—총과 장미

정부 사법기관 요원이 자택에서 사망한 채 발견된다. 처음에는 자살처럼 보였으나, 이 여성의 최근 세부 행적과 비밀스러운 삶이 드러나기 시작하면서 돈은 점점 의혹을 품게 된다. 찰리는 그 지역 내의 경찰 무선장비에 잡힌 총격 기록을 근거로 음향지문을 이용하여 요원이 사망하던 당시 방 안에 다른 사람이 있었다는 결론을 내린다. 음향 지문은 실제 총격 사건에서 여러 차례 이용됐는데, 1963년 케네디 암살 사건 때는 유명한 '잔디

언덕'에서 발사한 두 번째 총격이 있었을 확률이 높다는 수학적 분석이 있었다.

21화—광란

어떤 남성이 FBI 사무실에서 요원의 총을 빼앗아 마구잡이로 총을 쏘기 시작한다. 데이비드 싱클레어 요원이 그를 제압했는데, 그가 점잖은 남편이자 아버지였음이 드러났으며 동기라고는 없어 보였다. 상당한 수사 후에 돈은 위험한 무기거래상에 대한 다가올 재판을 어긋나게 하려는 정교한 계략에서 이 남자가 졸로 활용되었음을 알게 된다. 찰리는 총격범의 경로가 브라운 (무작위) 운동과 얼마나 닮았는지 파악하여 수사에서 핵심 단계를 제공한다. 또한 4차원 초입방체 hypercube의 비유를 들어 총격을 시공간의 사건 event으로 보고 조사하자고 제안한다.

22화—반사

돈은 은행 시스템에 침투해 들어가 자신을 포함한 고객의 신원과 금융 자산에 접근하려 했던 컴퓨터 해킹 사기를 조사 중이다. 이 활동의 배후에는 러시아 마피아가 있음이 밝혀진다. 은행 컴퓨터와 데이터 시스템의 안전성이 많은 첨단 수학에 의지하고 있으며 찰리도 일부 언급하긴 하지만, 흥미롭게도 이 사건을 해결할 때는 수학을 그다지 이용하지 않는다. 찰리와 아미타가 돈을 돕기 위해 이용하는 추적 시스템 속에 수학은 '가려진 채 묻혀' 있다.

23화—잠류潛流

해안가에 쓸려 온 젊은 아시아 여성들의 시신 몇 구가 발견되는데, 배에서 내던져진 것 같다. 여성 중 한 명이 조류 독감에 걸려 있다는 것이 발견되자 상황은 더 심각해진다. 찰리는 해류에 초점을 맞춘 계산을 수행하여, 피해자들을 물속에 내버렸을 가능성이 가장 큰 장소를 찾으려고 한다. 수사가 진행되면서 돈과 그의 팀은 이 소녀들과 성매매 산업 사이의 연관관계를 발견한다.

24화—대형 스타

돈은 자신들의 집 밖의 차에서 발견된 젊은 여성 두 명의 피살 사건을 수사 중이다. 이들은 약물 과다 복용으로 사망한 것처럼 보이지만, 돈은 연쇄살인이라고 결론짓는다. 찰리는 두 여성의 평소 일정을 분석하여 살인자에 대한 단서를 줄 만한 패턴이 있는지 찾으려고 노력하지만, 돈은 거의 표준 수사 기법만으로 사건을 해결한다.

세 번째 시즌(2006~2007)

1화—연속 살인

시즌 첫 방송으로 2부작은 처음이다. 젊은 커플이 전국을 가로지르며 강도와 살인을 벌인다. 이들의 움직임이 돈의 팀에 합류한 어떤 FBI 요원[3]의 추적에 의해 영향을 받는다는 것이 명백해지자, 찰리는 요원들이 이들을 추적하는 것을 돕기 위해 '추적 곡선'을 이용한다. 도망자 중 한 명이 잡히고, 나머지 한 명이 자신의 파트너와 교환하기 위해 리브스 요원을 납치하면서 수학의 효과가 중요해진다.

2화—두 명의 딸

1화 '연속 살인'의 완결편이다.

3화—출처

지역 소규모 화랑에 도둑이 들어 값비싼 그림을 훔친다. 주요 용의자 중 한 명이 살해되자 사건이 점점 불길해진다. 찰리는 사라진 그림의 고해상도 사진을 수학적 기법으로 분석하고 동일한 화가가 그린 다른 그림에 대해 유사한 분석을 한 뒤 비교

---

[3] 이안 에저튼 요원이다. 정식 팀원은 아니지만 가끔 등장한다. (옮긴이 주)

하여, 도난당한 그림이 가짜라는 결론을 내리게 된다. 이로 인해 돈은 용의자 명단을 새로 만든다. 찰리의 분석은 다트머스 대학의 (실제) 수학자가 개발한 방법을 이용하는데, 그림의 세부사항(밝은 부분과 어두운 부분의 상대 면적, 색깔의 선택, 시점 및 모양, 폭, 붓칠의 방향 및 두께, 붓질 내의 모양 및 융기선 등)을 몇 개의 숫자로 압축하여 화가의 기법에 대한 수치적 '지문'을 만드는 방법이다.

4화—스파이

중국 영사관의 통역가가 뺑소니 차량 사고로 사망한다. 차가 그 여성을 어떻게 치고 갔는지 찰리가 수학적으로 분석하자, 살해된 것이 분명했다. 돈은 사망한 여성을 조사하던 도중, 그녀가 스파이로 일해왔을 수도 있다는 걸 알게 된다. 찰리가 개발해온 안면 인식 알고리듬을 이용하여 도움을 주고, 컴퓨터 이미지 속에 숨은 비밀 메시지setganography를 드러내기 위한 추출 알고리듬을 이용하지만, 돈과 동료들은 대체로 찰리의 개입과 무관하게 좀 더 전통적이고 비수학적인 기법으로 사건을 해결한다.

5화—교통

돈은 LA 고속도로에서의 연쇄 공격을 수사 중이다. 이들 공격이 우연일까, 한 명의 공격일까? 그중에 모방범죄는 없을까? 찰리와 아미타는 유체 흐름의 수학을 이용하여 교통 흐름을 분석함으로써(실제 교통 흐름 연구에서도 자주 이용되는 기술이다) 첫 번째 도움을 준다. 하지만 공격의 특징과 피해자 선정이 지나치게 무작위적인 듯 보이는 순간 찰리가 큰 기여를 하게 된다. 범죄의 패턴을 조사한 찰리는 돈에게 한 명의 가해자의 소행임에 틀림없다고 설득한다. 이제는 피해자들을 연결해주는 숨은 공통점을 찾는 것이 까다로운 문제가 된다.

6화—승산이 없다

〈넘버스〉 에피소드에서 수학을 매우 잘못 이용한 드문 사례 중 하나다. 젊은 경마 도박꾼이 경마장에서 살해된다. 그가 지난 5일 동안 30번의 경주에서 30번의 베팅을 했는데 모두 승리한 것으로 밝혀진다. 수학적으로 대단히 일어날 법하지 않은 일이어서 경주가 조작되었음에 틀림없어 보이지만, 그럼에도 보통은 수학적으로 올바른 세계에 사는 찰리는 절대 그렇게 보지 않는다. 항상 실제 세계의 세상 지식에 정통한 돈이라면 조직 범죄자라 해도 그렇게 많은 경주를 조작할 방법은 없다고 분명 말했을 것이다. 수학적인 관점 및 개연성이라는 관점에서 볼 때 전체적으로 엉뚱한 에피소드다. 더 할 말이 없다.

7화—정전

전기 변전소가 잇달아 고장나면서 로스앤젤레스 지역에 정전이 발생한다. 돈은 테러리스트들이 온 도시를 암흑으로 몰아넣는 연쇄 고장을 일으키려는 공격을 감행하기 전에 예행연습을 하는 것이 아닐까 걱정한다. 하지만 찰리가 전력망을 분석하여 고장난 변전소 중 어떤 곳도 연쇄 고장을 일으킬 수 없다는 것을 발견하면서, 다른 목적을 가진 공격이 아닐까 의심한다. 기초적인 집합론을 이용하여(벤Venn 다이어그램과 불Boole 조합론) 목표가 된 변전소와 제외된 변전소를 분석한 찰리는 진짜 목표를 알아낼 수 있었다. 재판을 기다리고 있던 남자가 갇혀 있는 교도소였는데, 수많은 다른 범죄자들은 그가 죽기를 바라고 있었던 것이다.

8화—하드볼

연습 도중 나이든 야구선수가 갑자기 사망한다. 그의 로커에서 발견된 스테로이드가 치사량이며 이는 고의일 수밖에 없다는 것이 밝혀지면서 사건은 불길해진다. 선수는 살해된 것이다. 살해된 선수가 거금을 요구하는 협박 이메일을 받았던 것이 발견되면서 찰리가 사건에 개입한다. 미지의 발신자는 선수의 성적에 대한 수학적 분석에 근거하여 그가 스테로이드를 이용하기 시작한 시점을 정확히 알고 있었기 때문이다. 처음에는 야구 성적 통계에 대한 수학적 분석인 세이버메트릭스를 이용하는 젊은 야구팬에게 의혹이 간다. 이 젊은 팬이 스테로이드 사용을 짚어낸 핵심적인 수학적 아이디어는 '변화시점 탐지'라고 부르는 것이다.

9화―낭비하지 말라

학교 운동장에 싱크홀이 생기면서 교사 한 명이 사망하고 여러 명의 아이들이 부상당하는데, 이 운동장을 건설한 회사가 직무태만으로 수사를 받던 도중이었기 때문에 돈이 담당하게 된다. 찰리가 로스앤젤레스 지역의 보건 문제를 분석하자, 이 회사가 건설한 운동장이 있는 지역에서 소아암 및 기타 질병이 비정상적으로 높게 발병한 것으로 나온다. 이 회사에서는 아스팔트 대신 유해 폐기물 재활용품을 썼던 것이다. 이 물질은 무해해 보였지만, 찰리는 회사로 반입된 폐기물과 생산된 마무리 재료 사이에 불일치점을 포착하고, 재처리하지 않은 폐기물 드럼통을 운동장 아래 파묻었다고 의심한다. 찰리는 묻혀 있는 드럼통을 찾아내기 위해 반사 지진학을 이용한다. 이는 소규모 지하 폭발을 일으켜 반사된 충격파를 수학적으로 분석하여 지표면 아래 지형의 영상을 얻어내는 방법이다.

10화—브루투스

캘리포니아 주 상원의원과 정신과 의사가 살해된다. 두 사건은 전혀 달라 보였지만, 돈은 이 두 살인사건이 관련돼 있다고 생각한다. 찰리는 연결망 이론을 써서 두 피해자 사이에 연관관계가 있는지 파헤치려고 한다. 흔적을 쫓다 보니 오랫동안 감춰져 있던 정부기관의 비밀이 드러난다. 이 에피소드는 찰리가 유체흐름의 수학에 근거하여 개발한 군중 감시 시스템을 테스트하는 장면으로 시작한다.

11화—살인자의 채팅

찰리는 돈을 도와 여러 명의 성범죄자를 살해한 살인범을 추적 중이다. 피해자들은 온라인 채팅으로 만난 10대 소녀들을 유린하던 자들이었으며, 살인범은 온라인에서 10대 소녀처럼 행세하며 이들을 꾀어내어 살해한 것이다. 찰리는 채팅 로그에 포착된 많은 채팅 참여자들의 언어 패턴을 분석하여 기여하는데, 실제 사법기관에서도 종종 쓰는 기술이다.

12화—아홉 명의 아내들

돈과 찰리와 돈의 동료들은 도주 중인 중혼범을 추적 중이다. 이 남자는 강간 및 살인 혐의로 FBI의 '10대 수배범' 명단에 올라 있다. 이 사건은 워런 스티드 제프스의 실제 사건을 가깝게 반영하고 있는데, 가상의 종교 집단 '아홉 명의 아내들'은 워런 스티드 제프스가 지도자로 있던 원리주의 예수그리스도 후기성도 교회FLDS에 근거한 것이다. 찰리는 이 집단의 은신처에서 발견된 연결망 도표를 분석하여 사건에 기여하는데, 칼사이의 수학과 학과장인 밀리는 이 도표가 유전자 후손 그래프라는 것을 알아챈다.

13화—찾는 사람이 임자

값비싼 고성능 경주용 요트가 경주 도중 침몰하자 돈을 비롯해 여러 사람이 개입된다. NSA에서 온 요원도 현장에 모습을 드러낸다. 찰리는 유체역학 방정식을 이용하여 요트가 발견될 가능성이 가장 큰 지점을 계산한다. 결국에는 다른 곳에서 요트가 발견되자, 애초에 생각했던 것과는 딴판인 뭔가가 있다는 것이 분명해진다. 찰리는 요트의 행적을 더 분석하여 선박 바닥에 무거운 짐을 싣고 있었음에 틀림없다는 결론을 내린다. NSA 요원은 자신들이 개입하게 된 이유를 밝힐 수밖에 없게 된다.

14화—테이크아웃

고급 레스토랑의 고객들을 털던 강도들이 그 와중에 식당 손님을 죽인다. 찰리는 레스토랑의 위치 패턴을 분석하여 범인들이 다음에 칠 가능성이 가장 큰 곳을 알아내려 한다. 이들이 찰리의 목록에 들어 있지 않은 다른 식당을 공격했기 때문에 찰리는 자신의 가정을 재고해야만 한다. 머지않아 단순히 돈을 갈취하는 것 이상의 강도짓임이 분명해진다. 이들을 추적하기 위해 찰리는 자금 세탁에 이용되는 연안 은행들의 자금 흐름을 추적할 방법을 찾아내야 한다.

15화―근무 종료

건설현장에서 LA 경찰의 배지가 나오자 돈의 팀이 미제사건을 다시 연다. 찰리는 대단히 복잡하고 수학이 많이 들어가는 기술인 '레이저 스캔 지도laser swath mapping'(LSM)를 이용하여 17년 동안 실종됐던 배지 주인의 시신이 묻힌 곳을 찾는다. LSM은 저고도 항공기로부터 고도로 집약된 레이저를 쏘아 땅속의 기복을 알아낸다. 에피소드 후반에서 찰리는 사망한 경찰의 사망 당일 행적을 재구성하기 위해 임계 경로 분석을 이용한다. 에피소드 제목 'End of Watch'는 경찰의 사망을 뜻하는 경찰 관용어다. 경찰의 장례식 때 경관이 사망한 날을 가리키는 말로 이 단어를 쓴다.

16화―경쟁자들

데이비드의 동창 친구가 권투 도중 스파링 파트너를 죽인다. 사고처럼 보였으나 전에도 같은 일이 일어났다는 것이 드러난다.

검시관이 사망한 선수가 중독됐다는 것을 발견하면서 데이비드의 친구에게는 안 좋아 보였으나, 핵심 증거의 DNA 분석 결과 데이비드의 친구는 결국 혐의를 벗는다. 찰리는 사망한 두 선수의 시합 내역을 분석하는 데 '개량한 크러스칼 계수법'을 이용하여 살인자일 만한 사람을 알아낼 수 있다고 말한다. 크러스칼 계수법은 카드를 추적하는 방법으로 무대 마술사가 카드를 섞는 도중 사라진 카드의 무늬와 숫자를 '예측'하는 데 쓰인다. 이런 기술을 찰리가 말하는 방식으로 어떻게 이용한다는 것인지 알기 힘들다. 이 에피소드의 두 번째 주제를 이루고 있는 포커 선수권대회에 참여하기로 돼 있는 찰리가 대회에 정신이 팔렸기 때문일 수도 있다.

17화─한 시간

돈이 연방수사국 정신과 의사의 상담을 받는 사이[4] 그의 팀은 320만 달러의 몸값 때문에 납치된 부유한 갱스터랩 프로듀서의 열한 살짜리 아들을 찾아내기 위해 분주하다. 납치범이 추적을 따돌리기 위해 콜비 그레인저 요원을 로스앤젤레스 전역에서 복잡한 이동 경로를 따르게끔 하는 것을 중심으로 대부분의 액션이 이루어진다. 이 장면은 클린트 이스트우드의 영화 〈더

---

[4] 세 번째 시즌 두 번째 에피소드와 관련이 있다. (옮긴이 주)

티 해리〉에서 따온 것이다. 찰리와 아미타는 납치범이 콜비를 시켜 따르게 한 경로에 논리가 숨어 있다는 것을 알아내어 돕지만, 어떻게 알아낸 것인지는 전혀 명백하지 않다. 상대적으로 적은 수의 자료점으로 알아낼 수 있을 것 같지는 않다.[5]

18화―민주주의

로스앤젤레스에서 발생한 몇 건의 살인사건이 전자투표기를 이용한 투표 사기와 엮여 있는 것처럼 보인다. 돈의 팀과 찰리는 다시 범행하기 전에 살인자들을 찾아내야 한다. 전자투표기의 보안성은 많은 고급 수학과 관련돼 있지만, 찰리는 초반부에서 특정한 사망사건들이 우연일 가능성을 계산할 때 사건의 해결에 기여한다. 이런 가능성이 대단히 낮게 나오자, 돈은 이들 사망이 모두 살인이라는 핵심 정보를 얻게 된다.

19화―판도라의 상자

소형 고급 제트기가 숲에 추락하고, 산림감시원이 이를 목격한다. 산림감시원이 조사하러 갔다가 총격을 당하자 제트기를 고

---

[5] 그보다 더 문제인 부분이 있다. 납치범이 몸값을 왜 그렇게 설정했는지 추정하는 데 수학을 동원한 듯이 보이나, 논리적 개연성이라고는 없다. 그리고도 이런 추정을 '논문'으로 출간해야 한다는 언급까지 하는 것은 조금 심했다고 생각한다. 다만, 수학과는 별개로 드라마 자체는 잘 만든 것으로 손꼽히고 있다. (옮긴이 주)

의로 고장 냈다는 의심이 증폭된다. 블랙박스 기록기를 회수하여 칼사이 연구실에서 찰리가 분석한 결과, 제트기의 고도 수치가 수천 미터나 차이가 난 것으로 보인다. 잔해지대를 분석한 찰리는 비행 제어 컴퓨터를 찾아낼 수 있었다. 찰리는 암호를 분석하여, 블랙박스를 읽기 위해 연방항공국FAA의 비행 제어 컴퓨터에 컴퓨터 암호를 입력하게 만들려는 책략으로 추락 사고를 일으킨 것을 밝혀낸다. 찰리는 핵심적인 뭉개진 지문을 또렷하게 만들기 위해 화질 개선을 사용하여 이 사건의 해결에 또 하나의 중요한 공헌을 한다.

20화―연소율
생명공학 연구에 항의하는 폭탄 소포 사건이 잇달아 발생하는데 이미 형을 선고받고 복역 중인 자의 소행과 특징이 동일하다. 찰리는 전반부에서 폭발물 잔해를 분석하여 폭탄의 성분을 알아내어 기여한다. 그런 뒤 폭탄을 발송한 주소의 패턴을 살펴 주요 용의자의 위치를 좁힌다. 하지만 자료가 지나치게 좋아서 벗어나는 것이 없다는 것을 깨닫자 돈이 추정하는 용의자는 폭파범일 수 없다는 것을 깨닫는다. 그렇다면 누구일까?

21화―계산 기술
사형 집행 대기 중인 전직 집단살인 청부업자가 심경의 변화를 일으켜, 처형되기 전에 딸을 만나는 조건으로 자신의 죄를 자백하기로 한다. 찰리는 돈에게 2인 경쟁 게임인 죄수의 딜레마를 반복적으로 할 때의 맞대응 전략을 설명하면서 협상 방법을 조언한다. 사형수가 거짓말을 하는 것인지 알기 위해 fMRI(기능성 자기공명영상)를 사용하는 것은 수많은 복잡한 수학에 의존하고 있지만, 이 모든 건 기술 속에 묻혀 있기 때문에 찰리가 수학을 할 필요는 없다.

22화—압박 속에서

예멘에서 취득한 노트북 컴퓨터에서 회수한 정보에서 테러리스트들이 로스앤젤레스 상수도에 신경가스를 주입하려고 한다는 것이 암시돼 있다. 찰리는 연결망 분석을 통해 핵심 공작원이 누구인지 알아내려고 노력한다. 찰리는 에피소드가 진행되기 전에 대부분의 기여를 한다.

23화—공짜

아프리카 구호 프로그램을 위해 의약품과 5000만 달러를 싣고 가던 트럭이 정교한 도둑 집단에 의해 강탈된다. 선적물을 찾기 위한 FBI의 노력은 현상금 사냥꾼들의 활동 때문에 혼란스러워진다. 찰리는 트럭의 탈출 경로를 수학적으로 분석한다.

24화―야누스 목록

영국 첩보부의 전직 암호 전문가가 다리 위에서 FBI와 대치하며, 자신에게 독을 주입한 이중 스파이를 밝히려는 절박한 계획의 일환으로 화염 폭발을 일으킨다. FBI가 암호 전문가의 복잡한 단서 흔적을 추적하는 것을 돕고, 이중 스파이의 명단을 얻기 위해 필요한 핵심 연락책을 알기 위해, 찰리는 양갈래 체스판 암호 및 음악 암호를 포함한 다양한 기술을 이용하여 암호화된 메시지를 해독해야 한다.

부록　　　　　　　　　　〈넘버스〉의 주요 등장인물

엡스 가족

- **찰리 엡스** Charlie Eppes

  어려서부터 천재였던 수학자. 어린 나이에 칼사이 대학 수학과의 정교수가 됐다. 형을 도와 FBI의 범죄수사에 도움을 주는 드라마의 주인공. 거의 모든 에피소드에서 사건 해결에 관련된 수학을 설명하는데, 수식보다는 비유를 들어 설명한다. 다들 이해할 수 있도록 설명한다고 본인은 생각하지만 진실은 그렇지 않다는 것이 나중에 밝혀진다. 암호, 통계학, 확률론은 물론이고 수학의 거의 전 분야에 능통한 것으로 설정돼 있다. 초기 시즌에서는 아버지의 집에서 독립하지 못한 상태다.

- **돈 엡스** Don Eppes

  찰리 엡스의 형으로 나이차가 약간 나는 것으로 설정돼 있다. 야구선수가 되려 했으나 부상으로 꿈을 접고 FBI 수사관이 되었다.

2년 전 어머니가 암 진단을 받자 직위 강등을 무릅쓰고 로스앤젤레스로 돌아와 수사팀의 팀장을 맡아 리더십을 발휘한다. 수학을 이용하여 돕겠다는 동생의 뜻을 과감히 수용한다. 연방수사국 근처에 따로 집이 있지만 아버지의 집에 자주 들른다. 여성들에게 인기가 많은 편이지만, 결혼에 얽매이고 싶어하지는 않는다. 시즌이 진행되면서 큰 사건에 휘말리면서 정신적인 갈등도 겪는다.

- **앨런 엡스**Alan Eppes

찰리와 돈의 아버지. 시청에서 도시계획 관련 일을 하다가 지금은 은퇴했다. 드라마가 시작하기 1년 전 아내와 사별했다. 두 아들 사이에서 균형을 잡는 역할을 하며, 사건을 해결하는 데 실마리를 주어 도움이 되기도 한다. 수학에는 천재지만 다른 일에는 서투르기만 한 아들 찰리를 잘 이끌어나간다. 마음이 열려 있는 편이고 등장인물 거의 모두를 스스럼없이 대한다.

찰리의 주변 인물

- **래리 플라인하르트**Larry Fleinhardt

칼사이 대학의 물리학과 교수로 우주론을 비롯한 이론물리학을 연구한다. 과거 천재소년이었던 찰리를 가르치기도 했으며 지금은 공동연구도 한다. 수사에 도움을 주느라 수학과 물리학 공부를 등한시한다며 나무라면서도, 정작 자신도 수사에 많이 관여한다. 오묘한 정신세계에서 나오는 뜬구름 잡는 얘기를 많이 하는데 그게 사건 해결에 힌트가 되기도 한다. 먹는 것, 사는 방식, 말하는 방식 등이 특이한 편인데 메건 수사관을 비롯한 몇 여성들에게 인기가 있는 것으로 밝혀진다. 후반 시즌에서는 한동안 우주비행사가 되어 지구를 떠나기도 했는데, 실은 당시 인기 드라마였던 〈24시〉 촬영 일정 때문이었다. 〈넘버스〉에서 가장 개성 넘치게 창조된 독창적 인물로 손꼽힌다.

- **아미타 라마누잔** Amita Ramanujan

인도 출신의 유명한 수학자인 라마누잔의 이름을 땄다. 인도인 부모를 둔 미국 태생으로 찰리에게서 박사학위를 받는다. 역시 수학천재로 찰리 및 래리와 함께 FBI의 수사에 많은 기여를 한다. 컴퓨터에 특히 능하다. 시즌 초반에는 비교적 미미한 역할이었으나, 찰리와 연인 관계로 발전하며 칼사이의 교수가 된다.

FBI 수사관들

- **데이비드 싱클레어** David Sinclair

부국장이 돈의 팀에 심은 낙하산으로 의심받은 수사관이었으나 머지않아 팀에 융화된다. 두 번째 시즌부터는 콜비 수사관과 짝을 이뤄 활동한다. 흑인으로 여러모로 뛰어나게 행동하여 돈의 신임을 받는다. 찰리를 포함한 남들의 말을 경청하며 붙임성도 있다.

- 테리 레이크Terry Lake

FBI의 법의학 및 심리전문가로 프로파일러 역할도 한다. 과거 돈 엡스와 데이트하기도 했다. 현재 이혼 상태였는데, 첫 번째 시즌 말에 전 남편을 만나러 떠나고 이후 등장하지 않는다.

- 메건 리브스Megan Reeves

테리의 뒤를 이어 돈의 팀에서 일하게 된 프로파일러. 이스라엘 무술인 크라브 마가 유단자이기도 하여 현장에서도 유능하다. 돈의 부재시에는 임시 팀장의 역할도 맡는다. 래리 교수와 다소 독특한 연애를 하기도 한다. 다이앤 파Diane Farr가 이 역을 맡았는데 한국인 남편과 결혼했고, 시리즈 도중 아이를 출산하기도 했다. 4시즌 이후 육아에 전념하기 위해 출연을 고사하여 전근 가는 것으로 처리된다.

- 콜비 그레인저Colby Granger

두뇌보다는 손과 발을 이용한 사건 해결이 특기인 요원이다. 아프가니스탄에서 근무한 적이 있다. 싱클레어와 둘도 없는 짝이지만, 3시즌 마지막 편에서 모두를 경악시킨 반전의 주인공이다. 찰리의 말을 경청하긴 하지만 관련된 수학에는 도통 관심이 없는 듯하다.

- **리즈 워너**Liz Warner

  돈의 팀에 합류한 여성 수사관. 여성이기보다는 수사관으로서의 능력을 인정받고 싶어한다. 과거 콴티코의 FBI 사관학교에서 돈이 훈련교관이었을 때 지도를 받은 적이 있으며, 잠시 돈과 사귀기도 한다. 미국 원주민의 혈통이 섞여 있다.

- **니키 베튼코트**Nikki Betancourt

  메건의 후임으로 돈의 팀에 들어온 여성 수사관으로 법학 학위를 가지고 있다. 로스앤젤레스 경찰에서 일했던 경력이 있으며, 다소 충동적으로 행동하는 면이 있다.

옮긴이의 말

2011년의 일이다. 당시 국가수리과학연구소와 한국과학창의재단은 국립과천과학관에서 '제1회 수학문화축전'을 개최하기로 하고 내게 수학 대중강연을 요청했다. 수학 전공자가 아닌 학생과 일반인 대상의 강연이었기에 고심 끝에 '수학과 영화: 넘버스Numb3rs'라는 주제로 강연하기로 했다. 수학이 나오는 영화들을 소개하고, 마지막으로 〈넘버스〉의 한 에피소드인 '주요 용의자Prime Suspect'를 시청하는 것으로 끝맺었던 기억이 난다.

〈넘버스NUMB3RS〉는 미국 CBS 방송사에서 2005년부터 2010년까지 6시즌에 걸쳐 방송한 드라마다. 제목 중간에 들어간 숫자 3은 오타가 아니라 영문자 E를 좌우 대칭한 것이다. 칼사이CalSci 대학의 천재 수학과 교수 찰스(찰리) 엡스Charlie Eppes의 형은 연방수사국FBI 수사관인 돈 엡스Don Eppes다. 찰리는 아버지 앨런Alan과 같이 사는데, 어느 날 아버지 집에 들른 돈이 펼쳐 놓은 지도 한 장을 계기로 찰리가 두고두고 형의 수사를 돕는 신세가 된다는 것이 이 드라마의 시작이다. FBI와 로스앤젤레스 경찰의 '범죄수사에 수학을 이용한다'는 듣도 보도 못한 개념을 다룬 드라마였음에도 평균 시청자 수 1000만에 육박하는 인기를 끌었다. 우리나라에서도 당시 유명한 미드 자막팀에서 끝까지 자막을 제작하였고 제법 마니아층을 확보했다. 케이블 방송사 XTM에서 3~4시즌 정도를 방송했으며 SBS에서 2시즌까지 더빙 방영하기도 했다.

비록 인기 드라마였지만 이 드라마를 시청한 많은 사람들은 '수학으로 범죄사건을 해결한다'는 것을 대개는 믿지 않았을 것이다. 정말로 그럴까? 이에 대한 답을 주는 것이 바로 이 책이다. 3시즌이 끝났을 무렵 발간된 이 책은 필자에게는 사연이 있는 책이다. 모 출판사에서 이 책을 번역 출판하기로 하고 어찌어찌해서 내게 의사를 타진한 바 있었다. 거의 단숨에 책을 읽고 이제나저제나 연락을 기다리던 참에 없었던 일이 되고 말았다. 이유는 듣지 못했지만 시장성이 없어서려니 하며 아쉬워했던 기억이 난다. 재작년 이 책의 공동저자 중 한 명인 키스 데블린의 《수학적으로 생각하는 법》을 옮기면서 그의 책을 번역할 뻔한 적이 있었다는 말을 했는데 그 책이 바로 이 책이다. 그러다 바다출판사에서 이 책의 번역 의뢰가 들어왔을 때 정말 나와 인연이 있는 책인가 보다 하고 생각할 수밖에 없었다.

이 책은 드라마에서는 깊이 다룰 수 없었던 수학을 조금 더 깊게 소개하고 있으며, 드라마로 제작되지 않은 것들도 다루고 있다. 범죄수사에 상상 이상으로 수학을 이용하고 있음을 보여주고 있는데, 사실 범죄수사뿐만 아니라 많은 곳에서 수학이 활약하는 요즘 세상에 어쩌면 당연한 얘기일지도 모르겠다. 당연히 내용 또한 만만하지만은 않아서 상당히 집중해야 할 수도 있지만, 다른 교양 수학책에서는 볼 수 없는 차별화된 내용이 많아서 읽고 나면 분명 얻는 것도 많을 것이다. 그나저나 이 책을 읽기 위해 드라마를 꼭 보아야 하는 것은 아니다. 사실 이 책에서 언급하는 에피소드 자체는 몇 편 되지 않는다. 이 책은 드라마에 대한 것이 아니라 수학에 대한 것이기 때문이다. 물론 드라마에 대해 어느 정도 알면 더 좋을 수도 있다. 이는 부록 및 드라마에 대한 간단한 소개를 참고하기 바란다.

이 책을 번역하면서 약간의 아쉬움도 있다. 이 책은 드라마가 방영된 지 절반밖에 지나지 않아서 출판됐다. 당연히 드라마 뒷부분에 나오는 수학은 다루지 못하고 있다. 예를 들어 수학으로 범죄가 일어날 장소를 예측하는 프로그램들마저 나오는 이 시대에 썼다면, 좀 더 많은 응용을 선보일 수 있었을 테니 말이다. 끔찍한 9/11 사건 이후 반테러주의의 분위기 속에서 쓴 데다, NSA의 자문위원들이 쓴 책답게 반테러리즘에 관련한 응용이 비교적 자주 언급된다는 점도 우리나라 독자들로서는 조금 아쉬운 점이다. 예를 들어 데블린이 스노든 사태 이후 동료 수학자들에게 NSA에 협력하지 말 것을 주창했던 점으로 미루어보아, 지금 이 책의 개정판을 낸다면 상당히 다른 모습이지 않을까 상상해보기도 한다.

이 책을 내면서 감사드릴 분들이 떠오른다. 먼저 어려운 드라마임에도 좋은 자막을 내주었던 NSC 자막팀 (나중에 USC 자막팀으로 옮겼다)에게 감사드리고 싶다. 특히 김철균, 김난주 두 분에게 고마움을 빚졌다. 수학문화축전 때 강연을 주선하고 지원해주었던 최태영 씨와 2014 세계수학자대회 조직위원회에도 감사하고 싶다. 과감히 책을 출간하기로 한 바다출판사와, 더 나은 책이 될 수 있도록 애써준 분들에게도 고마움을 전한다.

옮긴이 정경훈

서울대학교 수학과에서 박사학위를 받았다. 현재 서울대학교 기초교육원에서 강의 교수로 재직 중이다. 네이버캐스트 '오늘의 과학-수학산책'에 글을 연재하는 등 수학 대중화를 위해 노력하고 있다. 저서로는 《한번 읽고 평생 써먹는 수학 상식 이야기》, 《365수학》(공저)가 있으며, 《수학적으로 생각하는 법》, 《기하학과 상상력》, 《제타 함수의 비밀》, 《Mathematics-프린스턴 수학 안내서 1, 2》(공역), 《개념 잡기 아주 좋은 만화 미적분》 등을 번역했다.

넘버스

초판 1쇄 발행	2017년 8월 21일
개정판 1쇄 발행	2023년 1월 31일
지은이	키스 데블린, 게리 로든
옮긴이	정경훈
책임편집	이기홍
디자인	이미지, 정진혁
펴낸곳	(주)바다출판사
주소	서울시 종로구 자하문로 287
전화	322-3675(편집), 322-3575(마케팅)
팩스	322-3858
e-mail	badabooks@daum.net
홈페이지	www.badabooks.co.kr
ISBN	979-11-6689-135-9 03410